高等学校创新型实验教材

高等学校应用型"十三五"规划教材

有机化学实验

周淑晶 主 编

王桂艳 宿 辉 副主编

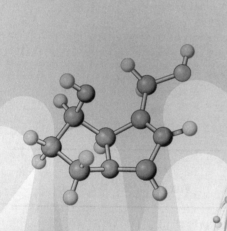

化 学 工 业 出 版 社

·北京·

《有机化学实验》内容包括有机化学实验的一般知识、有机化学实验基本操作、单元反应制备实验、多步反应合成实验、创新性实验5个部分，书后给出思考题答案以便于学习参考。

《有机化学实验》适应新形势下有机化学实验教学的新要求，强化了对基本操作要点的详细阐述，明确技术要点的数据指标；突出了新技术、新方法的应用以及综合性、设计性、创新性实验内容的编排，体系新颖，内容实用。本书有助于增强学生的绿色环保意识，注重综合创新能力的培养。

《有机化学实验》可作为高等院校化学、化工、制药、药学、环境、生物、食品等相关专业的教材使用，也可供化学、化工、医药、环境、生物等相关领域的工作人员参考。

图书在版编目（CIP）数据

有机化学实验/周淑晶主编．—北京：化学工业出版社，2018.8（2023.2重印）

高等学校创新型实验教材　高等学校应用型"十三五"规划教材　ISBN 978-7-122-32719-2

Ⅰ.①有…　Ⅱ.①周…　Ⅲ.①有机化学-化学实验-高等学校-教材　Ⅳ.①O62-33

中国版本图书馆CIP数据核字（2018）第166031号

责任编辑：马　波　杨　菁　闫　敏　　　　　　　文字编辑：孙凤英
责任校对：宋　夏　　　　　　　　　　　　　　　装帧设计：张　辉

出版发行：化学工业出版社（北京市东城区青年湖南街13号　邮政编码100011）
印　　装：三河市延风印装有限公司
787mm×1092mm　1/16　印张12　字数287千字　2023年2月北京第1版第6次印刷

购书咨询：010-64518888　　　　　　　　　售后服务：010-64518899
网　　址：http://www.cip.com.cn
凡购买本书，如有缺损质量问题，本社销售中心负责调换。

定　　价：39.80元　　　　　　　　　　　　　　　　　　　　版权所有　违者必究

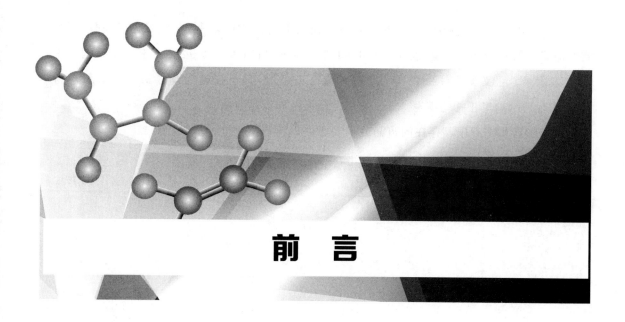

前 言

有机化学实验是有机化学课程教学的重要环节，是对有机化学理论的应用和验证过程，也是对理论知识巩固与提升的过程，旨在使学生熟悉有机化学实验基本原理，掌握有机化学实验基本操作技能，培养学生理论联系实际、严谨细致的科学态度与工作作风，锻炼学生分析问题、解决问题的能力，进一步增强学生的创新意识与创新能力。

本书根据教育部对化学类、药学类、化工与制药类等相关专业人才培养的要求，结合有机化学实验课程的教学实际，对实验内容进行了设计、编排、调整，使实验教材体系新颖、内容实用、操作规范。本书内容包括有机化学实验的一般知识、有机化学实验基本操作、单元反应制备实验、多步反应合成实验、创新性实验 5 个部分，书后给出思考题答案以便于学习参考。本书特色在于：

第一，合成实验设计为单元反应制备实验、多步反应合成实验及创新性实验 3 个部分，按照反应由易到难逐级递进的方式编排，符合认知发展规律。

第二，在基本操作部分，注重对操作要点进行详细阐述，明确技术要点的数据指标。

第三，单元反应制备实验、多步反应合成实验部分以涵盖各类有机化合物的合成方法为基础，同时侧重基本操作技术的训练，有利于学生巩固基本操作技能。

第四，在创新性实验部分选取了绿色有机合成、相转移催化合成、微量法合成、微波合成、外消旋体的拆分、天然有机化合物的提取与分离及自主设计实验 7 个模块实验供学生学习，选题更贴近实际应用。创新性实验突出对新技术、新方法的应用能力以及综合实践能力的培养，增强学生的绿色环保及创新意识，提高学生综合应用及创新能力。

第五，每个实验部分增加了应用背景及思考题两个部分，有利于对实验内容的理解和掌握。

本书由周淑晶担任主编，王桂艳、宿辉担任副主编。参加编写人员及具体编写分工如下：宫益霞编写1.1～1.5、张会竹编写1.6～1.11、周淑晶编写2.1～2.8，李进京编写2.9～2.12及附录，张义英编写3.1～3.7，宿辉编写3.8～3.14，张瑞仁编写3.15～3.21，杨兆柱编写4.1～4.4，王桂艳编写5.1～5.16。全书由周淑晶统稿。

由于编者水平有限，存在的疏漏或不妥之处，恳请读者批评指正。

编者

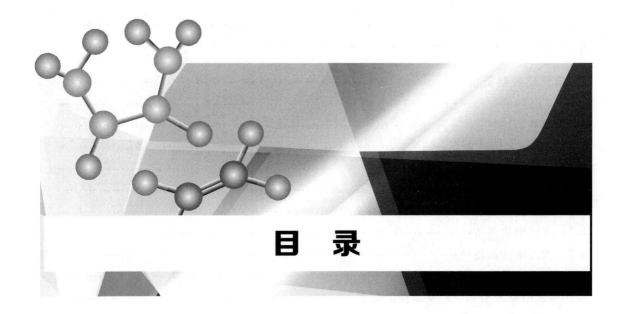

目 录

1 有机化学实验的一般知识 …………………………………………………………………… 1
1.1 课程简介 ……………………………………………………………………………… 1
1.2 有机化学实验的基本规则 …………………………………………………………… 1
1.3 有机化学实验事故的预防、处理与急救 …………………………………………… 2
1.4 有机化学实验常用的玻璃仪器和装置 ……………………………………………… 5
1.5 玻璃仪器的清洗与干燥 ……………………………………………………………… 11
1.6 有机物的干燥方法 …………………………………………………………………… 12
1.7 有机物的加热与冷却方法 …………………………………………………………… 16
1.8 有机物化学实验常用的搅拌方法 …………………………………………………… 18
1.9 无水无氧操作技术 …………………………………………………………………… 19
1.10 实验预习、实验记录和实验报告 …………………………………………………… 20
1.11 有机化学实验文献资料 ……………………………………………………………… 23

2 有机化学实验基本操作 ………………………………………………………………………… 28
2.1 塞子的钻孔及简单玻璃工操作 ……………………………………………………… 28
2.2 熔点的测定 …………………………………………………………………………… 32
2.3 蒸馏及沸点测定 ……………………………………………………………………… 36
2.4 分馏 …………………………………………………………………………………… 40
2.5 水蒸气蒸馏 …………………………………………………………………………… 42
2.6 减压蒸馏 ……………………………………………………………………………… 45
2.7 萃取 …………………………………………………………………………………… 50
2.8 重结晶 ………………………………………………………………………………… 55
2.9 升华 …………………………………………………………………………………… 60
2.10 液体有机化合物折射率的测定 ……………………………………………………… 62

2.11　旋光度的测定 …………………………………………………………… 64
2.12　色谱法 …………………………………………………………………… 66

3　单元反应制备实验 ……………………………………………………………… 74
3.1　环己烯的制备 ……………………………………………………………… 74
3.2　硝基苯的制备 ……………………………………………………………… 76
3.3　2-苯基乙醇的制备 ………………………………………………………… 78
3.4　二苯甲醇的制备 …………………………………………………………… 80
3.5　乙醚的制备 ………………………………………………………………… 81
3.6　正丁醚的制备 ……………………………………………………………… 83
3.7　环己酮的制备 ……………………………………………………………… 86
3.8　苯乙酮的制备 ……………………………………………………………… 87
3.9　苯甲酸的制备 ……………………………………………………………… 89
3.10　邻硝基苯酚和对硝基苯酚的制备 ……………………………………… 90
3.11　安息香缩合反应 ………………………………………………………… 92
3.12　肉桂酸的制备 …………………………………………………………… 94
3.13　己二酸的制备 …………………………………………………………… 95
3.14　苯甲酸和苯甲醇的制备 ………………………………………………… 97
3.15　呋喃甲酸和呋喃甲醇的制备 …………………………………………… 99
3.16　阿司匹林的制备 ………………………………………………………… 100
3.17　乙酸乙酯的制备 ………………………………………………………… 102
3.18　乙酸正丁酯的制备 ……………………………………………………… 104
3.19　乙酰苯胺的制备 ………………………………………………………… 106
3.20　苯胺的制备 ……………………………………………………………… 107
3.21　羧甲基纤维素钠的制备 ………………………………………………… 109

4　多步反应合成实验 …………………………………………………………… 112
4.1　乙酰乙酸乙酯的合成 ……………………………………………………… 112
4.2　苯佐卡因的合成 …………………………………………………………… 114
4.3　对氨基苯磺酰胺的合成 …………………………………………………… 116
4.4　香豆素-3-羧酸的合成 …………………………………………………… 119

5　创新性实验 …………………………………………………………………… 121
5.1　环己烯的绿色合成 ………………………………………………………… 121
5.2　乙酸异戊酯的绿色合成 …………………………………………………… 122
5.3　苦杏仁酸的相转移催化合成 ……………………………………………… 124
5.4　二茂铁的相转移催化合成 ………………………………………………… 126
5.5　微量法合成苯佐卡因 ……………………………………………………… 127
5.6　微量法合成 2,2'-二羟基-1,1'-联萘 ……………………………………… 130
5.7　微波辅助合成乙酰苯胺 …………………………………………………… 131

5.8 微波辅助合成 2-甲基苯并咪唑 ··· 133
5.9 外消旋苦杏仁酸的拆分 ··· 134
5.10 外消旋 α-苯乙胺的拆分 ··· 136
5.11 从茶叶中提取咖啡因 ··· 138
5.12 从红辣椒中分离红色素 ·· 140
5.13 菠菜色素的提取与分离 ·· 141
5.14 自主设计实验：分离苯酚、苯甲酸 ·· 144
5.15 自主设计实验：分离甲苯、苯胺、苯甲酸 ································· 145
5.16 有机化合物立体化学模型组装 ·· 146

思考题答案 ··· 151

附录 ··· 170
附录 1 常用元素的原子量 ·· 170
附录 2 有机化学实验常用有机化合物的物理常数 ························· 170
附录 3 水的饱和蒸气压 ·· 174
附录 4 常用有机溶剂的纯化 ·· 174
附录 5 部分共沸混合物 ·· 180
附录 6 化学药品、试剂毒性分类参考举例 ··································· 180
附录 7 实验室常见易制毒化学品 ··· 181
附录 8 常见有机化学实验常用名词及
试剂缩写中英文对照 ·· 181

参考文献 ··· 184

1 有机化学实验的一般知识

1.1 课程简介

化学是以实验为基础的科学，有机化学实验是有机化学的基础，通过有机化学实验课程的学习可以验证有机化学理论，巩固和加深学生对理论知识的理解；可以培养学生掌握有机化学实验的基本技术、基本操作技能，形成理论联系实际、实事求是、严谨的科学态度，使其掌握良好的实验工作方法，养成良好的工作习惯；从而具备初步的科研能力，能够成为具有发现问题、分析问题及解决问题能力的高素质人才，使学生在今后的学习及工作中能够利用化学的理念来建立自己的创新思维，提高创新能力。

本章主要介绍有机化学实验的一般知识，包括有机化学实验的基本规则，有机化学实验事故的预防、处理与急救，有机化学实验常用的玻璃仪器和装置，玻璃仪器的清洗与干燥，有机物的干燥方法，有机物的加热与冷却方法，有机化学实验常用的搅拌方法，无水无氧操作技术，实验预习、实验记录和实验报告及有机化学实验的文献资料。学生在进行有机化学实验之前，应当认真学习和熟悉领会这部分内容。

1.2 有机化学实验的基本规则

为了保证实验安全、正常地进行，培养严谨的工作态度和良好的实验习惯，学生必须遵守下列实验室规则。

① 进入实验室前，做好实验前的一切准备工作。必须认真地阅读有机化学实验的一般知识，明确实验目的、实验原理、操作方法、所需试剂与仪器及注意事项。充分考虑如何防止可能发生的事故和一旦发生事故时采用的处理措施。这样才能保证实验的顺利进行和从实验中学到更多的知识。

② 进入实验室，遵从教师的指导，必须穿实验服，注意安全。应熟悉实验室及周围的环境，知道水、电、气总闸，灭火器材，通风设备开关的位置和使用方法，了解实验室安全知识，严格遵守实验室的安全守则和每一个具体实验操作中的安全注意事项。检查仪器是否

有破损，装置是否正确稳妥。若有意外事故发生，要及时采取应急措施，并立即报请指导教师及实验室管理人员进一步处理。

③ 实验中应遵守纪律，保持安静。实验时严格按照实验教材所规定的步骤、仪器及试剂的规格和用量进行实验。如要更改或重做实验，必须征求指导教师的同意才可进行。操作时精神要集中，观察要认真细致，积极思考，不得擅自离开实验室，不做与实验无关的事情。要严密观察实验进行情况，观察实验是否异常，注意仪器有无炸裂或破损。如实记录原始数据，并根据实验记录及时写出实验报告，按时结束实验。

④ 保持实验室整洁，实验室要做到桌面、地面、水槽、仪器干净，把实验中产生的污物、废品分别放到指定地点和容器中，不得随意倾倒。药品用完后要立即盖好瓶盖。不要将未用完的药品倒回试剂瓶中，以免污染整瓶试剂，使其不能再用。

⑤ 爱护仪器，公用仪器和试剂须在指定地点使用并保持整洁，用后立即归还原处。节约水、电、煤气和药品。如果损坏仪器，要及时报告，并填写仪器破损记录。

⑥ 实验完毕，应及时清洗仪器，放回原处。清理实验台面，处理废物，拔掉电源插头。值日生负责整理公用仪器和试剂，打扫整个实验室卫生，最后关闭公用电器开关和电源总闸，关闭水龙头、煤气开关和门、窗。把实验过程中产生的垃圾送往垃圾存放点，把具有毒性和腐蚀性的废液按类别回收，便于统一回收处理。

1.3 有机化学实验事故的预防、处理与急救

有机化学实验所用的药品种类繁多，而且有很多药品是易燃易爆、有毒或具有腐蚀性的物质。实验中用到各种玻璃仪器和电器设备。因此，实验室的安全非常重要。只有认真预习实验，了解药品性质和仪器性能，严格遵守操作规程，加强安全措施，掌握事故的预防和处理方法，才能预防和避免事故的发生，使实验正常顺利进行。下面介绍实验室常见事故的预防及处理措施。

1.3.1 火灾

实验室中的有机化学药品大多数是易燃品且具有较大的挥发性，着火是实验室常见事故之一。

(1) 火灾的预防

有机化学实验室应该尽量避免使用明火。不得采用烧杯或敞口仪器盛装易挥发、易燃的溶剂，试剂瓶盛装液体不能过满，使用易燃的溶剂要远离火源，尤其是在反应中转移易燃有机溶剂时要暂时熄灭并移走火源。实验中易燃液体加热过程中尤其是在蒸馏或回流时应加放沸石，应有冷凝装置，防止溶液因过热暴沸而冲出，引起火灾，要注意实验室内排风和通风，及时将易燃气体排出室外。尽量防止或减少易燃气体外溢，处理大量的有机溶剂时，应尽量在通风橱内或指定地点进行。严禁将易燃液体倒入下水道。使用金属钠、钾、铝粉和电石等药品时，应注意使用和存放，避免其与水接触。实验室内不得存放大量易燃易挥发物质。

(2) 火灾的处理

实验室一旦失火，不要惊慌，室内人员要积极有秩序地采取相应的措施灭火。着火后，

为防止火势蔓延,应立刻切断电源,关闭煤气开关,搬走易燃物质。再根据易燃物性质和火势采用不同的灭火方法灭火。若少量溶剂着火,可用湿抹布盖住着火处,或用黄砂覆盖灭火,若火势较大,可用灭火器灭火。常用的灭火器有二氧化碳灭火器、干粉灭火器、泡沫灭火器等。有机化合物着火后要根据燃烧物的特点进行扑救。油类着火:要用沙子或二氧化碳灭火器灭火,也可以撒固体碳酸氢钠粉末。电器着火:用二氧化碳或四氯化碳灭火器灭火,因这些灭火剂不导电,不会使人触电,绝不能使用水或泡沫灭火器。衣物着火:切勿奔跑,就地躺倒,滚动将火压熄,邻近人员可用厚的外套等覆盖在其身上使之隔绝空气而灭火。地面或桌面着火:如火势不大可用淋湿的抹布灭火。反应瓶内着火:可用石棉布盖上瓶口,使瓶内缺氧灭火。

总之,当着火时,应根据起火原因和火场周围的情况,采取相应的方法扑灭火焰。无论使用哪一种灭火器材,都应该从火的四周开始向中心扑灭,并及时拨打119通报火警,烧伤严重者应立即送医院治疗。

1.3.2 爆炸

对爆炸事故应以预防为主,一旦发生爆炸时,首先要镇静,然后根据情况排除险情或及时撤离,并立即报警。

为了防止爆炸事故的发生,应注意以下几点。

① 在使用易燃易爆气体,如氢气、乙炔等时,防止气体散发在室内空气中,应保持室内通风良好。当大量使用可燃性气体时,应严禁使用明火并防止由于敲击、静电摩擦、开启和关闭电器引起的火星和电火花。

② 具有不稳定化学键和易分解原子团的化合物,如过氧化物、重氮和叠氮化合物、硝基和亚硝基化合物、硝酸酯类、炔和重金属炔化物等,受冲击、震动、摩擦、火花、暴晒、高温及与酸、碱、水、氧化性物质接触,即会猛烈反应、爆炸燃烧并释放出毒气。因此,这类试剂应置于阴凉、干燥、通风处存放并采取防震措施,实验中的这类残渣要小心销毁。强氧化剂和强还原剂必须分开存放,使用时应轻拿轻放,远离热源。

③ 进行常压操作时,切勿在密闭体系中进行反应或加热;安装仪器操作要正确,不能形成密闭体系,减压蒸馏时各部分仪器要具有一定的耐压能力,不能使用锥形瓶、平底烧瓶或薄壁试管等。

④ 在进行高压反应时,一定要使用特制的高压反应釜,禁止用普通的玻璃仪器进行高压反应。

1.3.3 中毒

(1) 中毒的预防

大多数化学药品具有一定毒性,中毒主要是通过呼吸道吸入或皮肤接触到有毒物质引起的,因此要避免中毒,应注意:实验时保持良好通风,尽量减少有机物蒸气和有毒有害气体在实验室内扩散,必要时戴口罩或防护面罩及防护眼镜;称量和加料药品时应使用工具,不得直接用手接触药品,尤其是剧毒药品更应注意;做完实验后,应认真洗手后再吃东西;任何实验药品禁止品尝。

(2) 中毒的处理

在吸入刺激性或有毒气体如氯气、氯化氢气体时，可吸入少量酒精和乙醚的混合蒸气解毒。因吸入硫化氢气体而感到不适（头晕、胸闷）时，立即到室外呼吸新鲜空气。

如有毒物质进入口中，可内服一杯含有 5～10mL 稀硫酸铜溶液的温水，再用手指伸入到咽喉部，促使呕吐，然后立即送医院治疗。

1.3.4　触电

使用电器时，应防止人体与电器导电部分直接接触，不能用湿手或手握湿的物体接触电插头。实验结束后，先关仪器电源开关，再拔电源插头。使用仪器设备时，一切仪器应按说明书连接适当的电源，需要接地的一定要接地；若是直流电器设备，应注意电源的正负极，不要接错；若电源为三相，则三相电源的中性点要接地，这样万一触电时可降低接触电压；连接三相电动机时要注意正转方向是否正确，否则，要切断电源，对调相线；接线时应注意接头要插牢，并根据电器的额定电流选用适当的连接导线；接好电路后应仔细检查无误后，方可通电使用；仪器发生故障时应及时切断电源。如不慎触电时，要立即切断电源并用非导电物体使触电者脱离电源。必要时进行人工呼吸，找医生抢救。

1.3.5　灼伤

强酸、强碱、液氨、强氧化剂、溴、磷、钠、钾、苯酚、乙酸等物质，都会灼伤皮肤，应注意不要让人体暴露在外的部分（如皮肤）与之接触，尤其防止溅入眼睛中。实验时要穿工作服，接触上述物质时要戴防护手套、眼镜，小心操作。开启易挥发性药品的瓶盖时，必须先充分冷却后再开启；开启瓶盖时，瓶口应指向无人处，以免由于液体喷溅而造成伤害。如遇瓶盖开启困难，必须注意瓶内物品的性质，切不可贸然用火加热或乱敲瓶盖等。轻微烫伤立即用冷水或冰水浸洗患处，再涂烫伤膏。重伤者涂以烫伤膏后，立即送医院就诊。如被酸、碱灼伤，都要立即用大量水冲洗。若被酸灼伤，再用1％碳酸氢钠溶液洗涤；若被碱灼伤，则用1％～2％硼酸液洗涤，最后都要用水洗净。被溴灼伤，立即用大量水冲洗，再用酒精擦洗，然后涂上甘油或烫伤膏。当有酸、碱或化学药品溅入眼中，应立即用自来水冲洗，再去医院治疗。

1.3.6　割伤

使用玻璃仪器时不要用力过猛以防破碎。皮肤一旦被玻璃割伤，用消过毒的镊子取出玻璃碎片，用蒸馏水洗净伤口，再涂上碘酒或红汞药水，并加以包扎。要防止伤口接触化学药品而中毒。如果是大伤口或伤口较深者，应立即用绷带扎紧伤口上部，使伤口停止出血，急送医院就医。

1.3.7　实验室常用急救设备

消防器材：干粉灭火器、二氧化碳灭火器、四氯化碳灭火器、砂、毛毡、石棉布、喷淋设备。

急救药箱：医用酒精、3％双氧水、碘酒、1％硼酸溶液、5％碳酸氢钠溶液、1％乙酸溶液、烫伤油膏、玉树油、硼酸膏或凡士林、万花油、药用蓖麻油、医用创可贴、纱布药棉、绷带、棉签、镊子、剪刀、胶布、洗眼杯等。

1.4 有机化学实验常用的玻璃仪器和装置

1.4.1 主要仪器用途简介

(1) 反应器

有机反应一般在烧瓶内进行,在烧瓶外部往往需要加热或冷却,反应时间也较长。为了满足实验的需要,实验室有多种烧瓶。

圆底烧瓶:耐沸腾溶液冲击,可用于减压反应和蒸馏。短颈圆底烧瓶瓶口结构坚实,在有机合成实验中最常使用。水蒸气蒸馏实验通常使用长颈圆底烧瓶。

平底烧瓶:用于常压反应,配制、储存溶液或作接收器,但不能用于减压实验。

梨形烧瓶:适用于半微量操作。

三颈烧瓶:又称三口瓶、三颈瓶,用于常减压反应和蒸馏(有时用于水蒸气蒸馏),中间瓶口可加装搅拌器,两个侧口可加装冷凝管、滴液漏斗、温度计、导气管等。

锥形烧瓶:也叫锥形瓶,用于常压反应、溶液结晶,有时用作接收器等,通常用作常压蒸馏实验的接收器。但不能用作减压蒸馏的接收器。

蒸馏烧瓶:用于常压蒸馏。

克莱森(Claisen)蒸馏烧瓶:又称克氏烧瓶,可由圆底烧瓶与克氏蒸馏头组合来代替,用于减压蒸馏和容易产生泡沫或暴沸液体的蒸馏。克莱森蒸馏烧瓶正口安装毛细管,带支管瓶口插温度计。

(2) 冷凝管

冷凝管是一种用作促成冷凝作用的实验室设备,起换热作用,通常由一里一外两支玻璃管组成,其中较小的玻璃管贯穿较大的玻璃管。冷凝管带走蒸气的热量使其冷凝成液体,用于反应和蒸馏。

直形冷凝管:用于蒸馏沸点在140℃以下的物质。冷凝管的内管和套管是玻璃熔接的,因此蒸馏物质的沸点在140℃以下时,要在套管内通水冷却;超过140℃时,冷凝管往往会在内管和套管的接合处炸裂,不宜使用直形冷凝管。

空气冷凝管:用于蒸馏沸点高于140℃的物质。

球形冷凝管:用于回流实验。

蛇形冷凝管:用于有机物制备的回流实验,适用于沸点较低的液体。

(3) 漏斗

普通漏斗:用于普通过滤操作。

分液漏斗:按其形状划分,有桶形、圆形和梨形等,用于液体的萃取、洗涤和分离;有时也用于滴加试料。

滴液漏斗:用于向反应器中滴加液体试料,并且在添加液体时不会有气体泄漏,可以通过控制滴液的速率来控制反应的速率,也可装在反应装置上,作滴加料液之用,可以不像分液漏斗那样需要另外的操作。

恒压滴液漏斗:既能使反应顺利进行,又可以避免易挥发或有毒蒸气从漏斗上口溢出。

保温漏斗:也称热滤漏斗,用于需要保温的过滤。

布氏（Büchner）漏斗：用于减压过滤。
抽滤三角漏斗：一般具磨口，可与磨口圆底瓶配套使用，进行过滤操作。
（4）其他玻璃仪器
接引管：也称接液管，用于连接冷凝管和接收瓶，有普通接引管和带支管的接引管。
干燥管：内置干燥剂，用于干燥气体。
分水器：用于在反应过程中分出生成的水。
Y形管：用于增加反应器口径数。

1.4.2 普通玻璃仪器

有机化学实验常用的普通玻璃仪器见图1-1。

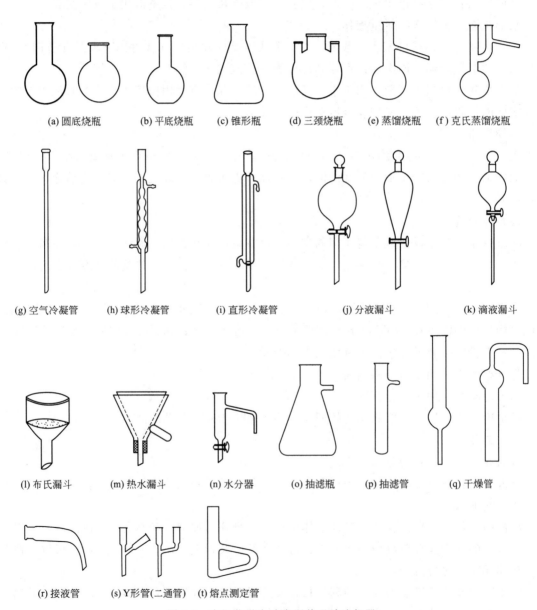

图1-1 有机化学实验常用普通玻璃仪器

1.4.3 标准磨口仪器

标准磨口仪器是带有标准内磨口或标准外磨口的玻璃仪器，相同编号的标准内外磨口可以相互紧密连接，不同编号的磨口仪器可借助变口相连接。标准磨口是根据国际通用的技术标准制造的，国内已经普遍生产和使用。

由于玻璃仪器容量大小及用途不同，标准磨口也有不同的大小。常用的标准磨口系列，见表 1-1。

表 1-1　常用的标准磨口仪器规格

编　　号	10	12	14	19	24	29	34
大端直径/mm	10.0	12.5	14.5	18.8	24.0	29.2	34.5

有机化学实验常用的标准磨口仪器见图 1-2。

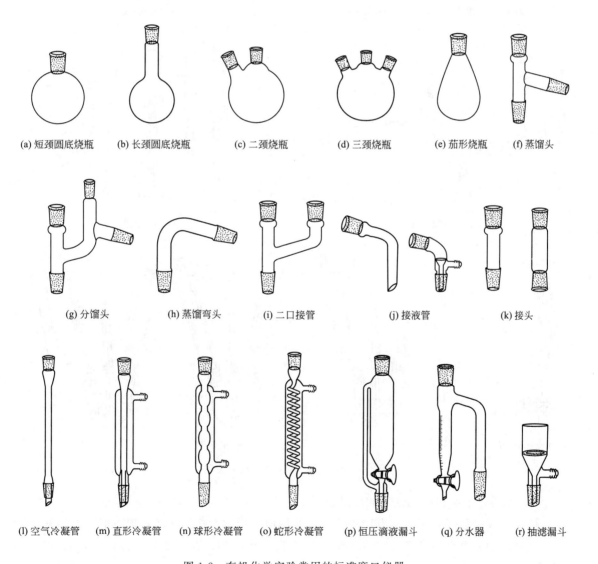

(a) 短颈圆底烧瓶　(b) 长颈圆底烧瓶　(c) 二颈烧瓶　(d) 三颈烧瓶　(e) 茄形烧瓶　(f) 蒸馏头

(g) 分馏头　(h) 蒸馏弯头　(i) 二口接管　(j) 接液管　(k) 接头

(l) 空气冷凝管　(m) 直形冷凝管　(n) 球形冷凝管　(o) 蛇形冷凝管　(p) 恒压滴液漏斗　(q) 分水器　(r) 抽滤漏斗

图 1-2　有机化学实验常用的标准磨口仪器

1.4.4 有机化学实验常用反应装置

有机化学实验常用的反应装置见图 1-3。

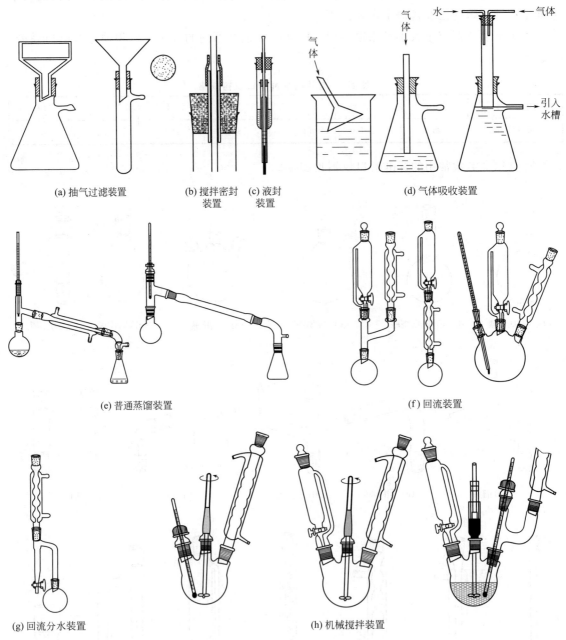

图 1-3 有机化学实验常用反应装置

(1) 使用标准磨口玻璃仪器的注意事项

① 磨口保持洁净,不得粘有固体物质,使用前宜用软布揩拭干净,但不能附上棉絮。

② 使用前在磨砂口塞表面涂以少量真空油脂或凡士林,以增强磨砂接口的密合性,避免磨面的相互磨损,同时也便于接口的装拆。

③ 一般使用时，磨口无需涂润滑剂，以免污染反应物或产物，如反应物中有强碱，则应涂润滑剂，以免接口处因碱腐蚀而粘连，无法拆开。对于减压蒸馏，所有磨口应涂润滑剂以达到密封的效果。装配时，把磨口和磨塞轻微地对旋连接，不宜用力过猛。但不能装得太紧，只要达到润滑密闭要求即可。

④ 用后应立即拆卸洗净，否则，对接处常会粘牢，以致拆卸困难。一旦玻璃接头被卡住无法拆开，一般不可强行分离。

⑤ 装拆时应注意相对的角度，不能在角度偏差时进行硬性装拆，否则，极易造成仪器破损。

⑥ 磨口套管和磨塞应该是由同种玻璃制成的。

(2) 仪器装配的注意事项

① 在装配一套装置时，所选用的玻璃仪器和配件都要干净。

② 所选用的器材要恰当。例如，在需要加热的实验中，如需选用圆底烧瓶时，应选用质量好的，其容积大小，应使其所盛反应物占其容积的 1/2 左右为好，最多也应不超过 2/3。

③ 装配时，应首先选好主要仪器的位置，按照先下后上、从左至右或从右至左的顺序逐个装配。在拆卸时，按相反的顺序逐个拆卸。

④ 仪器装配应做到严密、正确、整齐和稳妥。在常压下进行反应的装置，应与大气相通，不能密闭。

⑤ 铁夹的双钳内侧应贴有橡胶带或绒布，或缠上石棉绳、布条等。

总之，使用玻璃仪器时，最基本的原则是玻璃仪器应受力均衡，切忌对玻璃仪器的任何部分施加过度的压力，安装不正确的实验装置存在潜在的危险。扭歪的玻璃仪器在加热时会破裂，有时甚至在放置时也会崩裂。

1.4.5 金属用具

金属用具有铁架台、铁夹、十字夹、铁圈、三脚架、镊子、剪刀、三角锉、打孔器等。金属用具使用时不要乱拿乱放，注意防止生锈。

1.4.6 主要仪器设备

(1) 烘箱

实验室常用带有自动温度控制系统的电热鼓风干燥箱，其使用温度一般为 50~300℃。烘箱用来干燥玻璃仪器或烘干无腐蚀性、无挥发性、热稳定性比较好的物品。实验室内的烘箱是公用设备，放仪器时应自上而下依次放入，以免上层仪器上残留的水滴滴到下层，使已热的下层玻璃仪器炸裂。用于烘干铺好的色谱板时更应注意，防止铁屑等杂物污染下层的色谱板。仪器烘干后要用洁净的干布包住后取出，以防烫伤。取出的热玻璃仪器自然冷却时常有水汽凝在壁上，因此仪器取出后应先用吹风机或气流烘干器的冷风吹冷后再用。应该注意，橡胶塞、塑料制品不能放入烘箱烘烤。用完烘箱，要切断电源，确保安全。

(2) 气流烘干器

气流烘干器用来吹干玻璃仪器，有冷风挡和热风挡。气流烘干器的上表壳有多根带有许多小孔的吹气管，使用时将仪器按口径大小套在粗细不同的吹气管上吹干。气流烘干器可同时吹干多个玻璃仪器，是比较理想的烘干设备，使用时注意不要长时间运转，用完后及时关闭。特别要注意不要把温度计、移液管和玻璃棒等细物插入吹风管内，以免卡住主风扇或损坏仪器。

(3) 电动搅拌器

电动搅拌器在有机化学实验的搅拌操作中经常使用，适用于非均相反应。仪器由机座、小型电动机和变压调速器组成。一旦电动机超负荷，会导致发热而烧毁，所以不适用于搅拌过于黏稠的胶状液体。平时应注意保持仪器清洁和干燥，防潮、防腐蚀，要定期给轴承加润滑油并进行保管维修。

(4) 磁力搅拌器

磁力搅拌器是通过磁铁转动引起磁场变化，带动容器内的磁转子转动，起到搅拌作用。一般磁力搅拌器都附有控制转速和调节温度的装置。这种搅拌器使用简单、方便，常用在小量、半微量实验操作中。在使用磁力搅拌器时，须小心旋转控温和调速旋钮，不要用力过猛，以免磁转子打破烧瓶。应依挡次顺序调缓转速，高温加热不宜使用时间过长，以免烧断电阻丝。磁力搅拌器用完后存放在清洁和干燥的地方。

(5) 电热套

电热套也叫电加热套或者电热帽，是用玻璃和石棉纤维织成套，在套内嵌进镍铬电热丝制成的电加热器，外边加上金属外壳。电热套加热和蒸馏易燃有机物时，由于玻璃和石棉纤维有隔绝明火的作用，不易起火，使用比较安全。电热套的加热温度最高可达 400℃ 左右，热效率比较高，是有机实验中一种安全、简便的加热装置。电热套用后应保持清洁，不要将试剂、药品等洒在电加热套里，以免加热时试剂、药品挥发污染环境，注意维护，用完后放在干燥处。

(6) 旋转蒸发仪

旋转蒸发仪是由电动机带动的可旋转蒸发器（圆底烧瓶）、冷凝器和接收器组成，可在常压或减压下使用，可一次进料，也可分批吸入蒸料液。由于蒸发器的不断旋转，可免加沸石而不会暴沸。蒸发器旋转时，会使料液依附于瓶壁形成薄膜，这样蒸发面大大增加，加快了蒸发速度。因此，旋转蒸发仪是浓缩溶液、回收溶剂的理想装置，使用时须注意保持它的清洁，经常检查是否有污染物沾在冷凝系统和管路内侧，发现污染物要及时清除。可使用蒸馏纯溶剂的方法来洗净仪器。旋转蒸发仪加热用的水浴要防止干烧，要定期加水，应尽量防止连续长时间使用，当出现故障，如真空度下降等现象应及时修理。

(7) 循环水式多用真空泵

循环水式多用真空泵以循环水作为工作液体，该设备的优点是在水压不足或无水源情况下皆可使用。在有机化学实验中的减压蒸馏、减压结晶干燥、减压升华、抽滤等操作中使用。循环水式多用真空泵是理想的常用减压设备，一般应用于对真空度要求不高的减压体系中，使用时应注意防倒吸，经常补充更换水泵中的水，以保持水泵的清洁和真空度。

(8) 油泵

实验室配备油泵主要用在减压蒸馏操作中，油泵的真空效率取决于油泵的机械结构和泵油的蒸气压高低，好的油泵真空度可达 13.3Pa（0.1mmHg，1mmHg＝133.322Pa，下同）。油泵的结构比较精密，工作条件要求严格，为保障油泵正常工作，使用时应注意：水会腐蚀油泵，所以含水的物质禁止使用油泵抽真空；含有大量溶剂的物质应首先在烘箱中除去大部分的溶剂后，再使用油泵抽真空；应按正确的顺序使用油泵，以防止倒吸现象发生。油泵使用完毕，封好防护塔、测压和减压系统，保存在干燥和无腐蚀的地方。

(9) 红外线快速干燥箱

红外线快速干燥箱是实验室常备的小型烘干设备，箱内装有用作产生热量的灯泡，经常在烘干少量固体试剂或结晶产品时使用，烘干低熔点固体时要注意经常翻动，防止固体熔化，切忌把水溅到热灯泡上而引起灯泡炸裂。

(10) 台秤

在常量合成操作中常用台秤称量，实验室常用台秤的最大称量质量为500g，可准确称量到0.1g。台秤使用时，应用配套镊子取用砝码，取用砝码应轻拿轻放，注意保持台秤清洁，称量时应将物料放在干净的硫酸纸或表面皿上称量，物料不能直接放在秤盘上。

(11) 电子天平

在微量、半微量制备实验中，经常使用电子天平，电子天平根据使用目的的不同，有多种精度可供选择，与普通机械天平相比，它具有称量准确、操作简单、方便快捷的特点。电子天平是一种比较精密的仪器，勿在通风、有磁场、温度变化大或者存在腐蚀性气体的环境中使用，应放在清洁、稳定的环境中。操作时要小心，往秤盘里放置物品时手要轻；秤盘易受酸化物的腐蚀，要尽量避免与上述试剂接触；不小心掉在秤盘上的试剂要及时清理干净，可用蘸有中性清洁剂的湿布擦洗，再用一块干燥的软毛巾擦干；不要超过天平的称量范围；要有足够的通电预热时间以使天平趋向稳定；不使用时应关闭开关，拔掉变压器。

(12) 超声波清洗器

超声波清洗器利用超声波发生器所发出的交频信号，通过换能器转换成交频机械振荡而传播到介质。超声波作用于液体时，液体中每个气泡的破裂会产生能量极大的冲击波，相当于瞬间产生几百度的高温和高达上千个大气压的高压，这种现象称为空化作用，超声波清洗正是用液体中气泡破裂所产生的冲击波来达到清洗和冲刷工件内外表面的作用。它主要用于小批量的有机合成、清洗、混匀、脱气、提取、细胞粉碎等。

(13) 微波反应器

微波反应器主要由高精度温度传感器、波导截止管、液晶显示屏、不锈钢腔体、玻璃仪器、主面板键盘、微型打印机和磁力搅拌转速调节旋钮等部件组成。微波反应器在反应过程中，可进行冷凝回流、滴液和分水等操作，可通过液晶显示器实时观察反应容器内的反应变化，及时掌握反应情况，探索最佳反应条件。微波技术应用于有机合成反应，通过微波辐射，反应物从分子内迅速升温，反应速率比常规方法要加快数十甚至数千倍，同时由于微波为强电磁波，产生的等离子中常存在热力学得不到的高能态原子、分子和离子，通常能合成出常规方法难以生成的物质。除用于合成反应外，该仪器还可用于常压微波萃取反应。有时候微波反应器也可用家用微波炉替代。

1.5 玻璃仪器的清洗与干燥

在做有机化学实验时，必须使用玻璃仪器，这些仪器的干净与否，直接影响到实验的进行和结果的准确性，所以仪器应保证干净。洗涤玻璃仪器简易的方法是，先用水冲洗一下容器，倒掉冲洗水，再用湿毛刷蘸上洗衣粉或去污粉反复刷洗，将污物刷净后，用自来水清洗干净。有时在肥皂里掺入一些去污粉或硅藻土，洗涤效果更好。若难于洗净时，则要根据污垢的性质采用适当的洗涤剂洗涤。酸性和碱性残渣分别用碱性（如稀氢氧化钠）和酸性（如稀盐酸或稀硫酸）液处理；有机残渣用碱液或有机溶剂洗涤。焦油状物质和炭化残渣，往往用去污粉、肥皂、强酸或强碱洗刷不掉，应在将其尽量刮掉后，用铬酸洗液洗涤。当将玻璃容器倒置时，器壁上挂有一层均匀的水膜，不挂水珠时，即已洗净。

铬酸洗液是由浓硫酸和重铬酸钾配制而成，呈暗红色，具有很强的氧化性，对有机物和油污的去污能力特别强。铬酸洗液的配制方法如下：在一个250mL烧杯内，把5g重铬酸钠溶于5mL水中，然后在搅拌下慢慢加入100mL浓硫酸。加硫酸过程中，混合物的温度将升高到70～80℃。待混合物冷却到40℃左右时，把其倒入干燥的磨口严密的细口试剂瓶中保存起来。铬酸洗液呈暗红色，经长期使用变成绿色时，即告失效。铬酸洗液有腐蚀性，使用时应注意安全。洗涤时先加几滴洗液到玻璃仪器干燥的部分，观察现象，如不发生剧烈反应，再加几毫升洗液用力振摇，使仪器的全部表面都浸到洗液，然后放置片刻，倒出多余的洗液（可回收继续使用），用少量水洗涤仪器（注意会放热），最后用洗涤剂洗后再用大量水冲洗干净。

玻璃仪器的干燥与否有时甚至是实验成败的关键。有些实验严格要求无水操作，否则阻碍反应正常进行。干燥玻璃仪器最简便的方法是放在干燥架上自然晾干，或者用气流干燥器吹干，也可以用少量1∶1的无水乙醇-乙醚或无水乙醇-丙酮混合液荡洗仪器后，用电吹风吹干，或者用烘箱烘干。自然晾干应尽量应用于实验前仪器干燥，仪器洗净后，先尽量倒净其中的水滴，然后晾干。气流烘干器注意调节热空气的温度，不宜长时间连续使用，否则易烧坏电机和电热丝。如果用电热鼓风干燥箱烘干玻璃仪器，烘箱温度保持在100～120℃，仪器放入前应将仪器内的水倒净，开口朝上放入烘箱，若开口向下，滴下的水滴会落在下面已烘热的玻璃仪器上，引起爆裂。带有活塞的仪器需取出活塞再烘干。计量仪器、冷凝管、抽滤瓶等不宜在烘箱中烘干。取仪器时要等烘箱内的温度降低后再取，以免仪器破裂。干燥好的仪器，接口垫上滤纸条塞上塞子，防止灰尘和有害气体进入。

玻璃仪器使用时应注意：玻璃仪器用后应及时清洗、干燥，置于干燥无尘处保存。玻璃仪器用于加热时，应先检查并确认完好后才可使用。用火焰或电炉加热时，需隔石棉网并逐步升温，避免骤冷骤热。磨口仪器不能盛放碱液。瓶口与塞子不能干态转动摩擦，使用时应涂以凡士林并转动，使之密合。

1.6 有机物的干燥方法

干燥是指除去固体、液体或气体中少量水分或少量有机溶剂的方法。例如合成得到的产物，需要经过干燥处理，再进行有机物波谱分析、定性或定量分析以及测定物理常数，否则测定结果便不准确。此外，许多有机反应需要在绝对无水条件下进行，因此，溶剂、原料和仪器等均要经过干燥处理。可见，试剂和产物的干燥对于有机反应来说具有重要的意义。

有机物的干燥方法，可以根据去除原理分为物理方法和化学方法两种。物理方法有自然晾干、加热烘干、物理吸附、分馏、共沸蒸馏和冷冻干燥等。化学方法是使用干燥剂与水发生反应来达到除水的目的。干燥剂有硫酸、无水氯化钙、无水硫酸镁、金属钠等。

1.6.1 液体有机化合物的干燥

(1) 干燥剂的选择

常用液体有机化合物的干燥剂（desiccant）种类很多，选用时应注意以下几点。

① 干燥剂不能与有机物发生化学反应或催化作用。

② 干燥剂应不溶于液态有机物中。

③ 当选用与水结合生成水化物的干燥剂时，必须考虑干燥剂的吸水容量和干燥效能。吸水容量指单位质量干燥剂吸水量的多少，干燥效能指达到平衡时液体被干燥的程度。如无水硫酸钠可形成 $Na_2SO_4 \cdot 10H_2O$，即 1g Na_2SO_4 最多能吸水 1.27g，其吸水容量为 1.27g，但其水化物的水蒸气压也较大（25℃时为 255.98Pa），故干燥效能差。无水氯化钙能形成 $CaCl_2 \cdot 10H_2O$，其吸水量为 0.96g，此水化物在 25℃水蒸气压为 39.99Pa，故无水氯化钙的吸水容量虽然较小，但干燥效能却较好。在干燥含水量较大而又不易干燥的化合物时，常先用吸水量较大的干燥剂除去大部分水分，再用干燥效能好的干燥剂进一步干燥。

(2) 干燥剂的用量

干燥剂的用量非常重要。若用量不足，则不可能达到干燥目的；若用量太多，则由于干燥剂的吸附而降低产率。根据水在液体中的溶解度和干燥剂的吸水量，可计算出干燥剂的最低用量。但由于液体产品中水分含量不同、干燥剂质量不同、颗粒大小不同，干燥剂的实际用量要大大超过计算量。操作时，一般投入少量干燥剂到液体中，进行振摇，如出现干燥剂附着器壁或相互黏结时，则说明干燥剂用量不足，应继续添加干燥剂；如投入干燥剂后出现水相，必须用吸管把水吸出，然后再添加新的干燥剂。一般干燥剂的用量为每 10mL 液体需 0.5~1g。水分基本除去的标志是：干燥前液体呈浑浊状，经干燥后变成澄清。

(3) 常用干燥剂

常用液体有机化合物的干燥剂的种类很多，常用干燥剂见表 1-2，常用干燥剂性能与适用范围可参考表 1-3。

表 1-2 各类有机物常用干燥剂

化合物	干燥剂	化合物	干燥剂
烃	$CaCl_2$、$CaSO_4$、Na、P_2O_5	羧酸、酚	$MgSO_4$、Na_2SO_4、$CaSO_4$
卤代烃	$CaCl_2$、$MgSO_4$、Na_2SO_4、$CaSO_4$、P_2O_5	酯	$MgSO_4$、Na_2SO_4、$CaSO_4$、K_2CO_3
醇	K_2CO_3、$MgSO_4$、Na_2SO_4、CaO	酰卤	$MgSO_4$、Na_2SO_4
醚	$CaCl_2$、$MgSO_4$、$CaSO_4$、Na、P_2O_5	硫醇	$MgSO_4$、Na_2SO_4
胺	KOH、$NaOH$、K_2CO_3、CaO	硝基物、腈	$CaCl_2$、$MgSO_4$、Na_2SO_4
醛	$MgSO_4$、Na_2SO_4、$CaSO_4$	缩醛	K_2CO_3
酮	K_2CO_3、$MgSO_4$、$CaCl_2$、Na_2SO_4	杂环	$MgSO_4$、K_2SO_4、$NaOH$

表 1-3　常用干燥剂的性能与适用范围

干燥剂	吸水作用	干燥容量	干燥强度	适用范围(举例)	不适用范围(举例)	注意
P_2O_5	$P_2O_5+3H_2O \Longrightarrow 2H_3PO_4$		强	中性气体、CS_2、烃、卤代烃、酸溶液(用于干燥器)	碱性物质、HCl、HF、醇、醚、胺、酮	用于干燥气体，需与载体混合
$CaCl_2$	$CaCl_2 \cdot 6H_2O$	0.97	中	烃、丙酮、醚、中性气体、HCl(用于干燥器)	醇、胺、氨、某些醛、酮、酸、腈	含碱性杂质
$MgSO_4$	$MgSO_4 \cdot 7H_2O$	1.05	弱	广泛，代替 $CaCl_2$，并可用于 $CaCl_2$ 不适用的化合物		中性
$CaSO_4$	$CaSO_4 \cdot H_2O$	0.06	强	与 $MgSO_4$、Na_2SO_4 配合		中性
Na_2SO_4	$Na_2SO_4 \cdot 10H_2O$	1.25	弱	用于有机液体初步干燥		中性
H_2SO_4	溶于水		强	中性及酸性气体(用于干燥器和洗气瓶)	不饱和化合物、醇、酮、碱性物、H_2S、HI	不适用于高温下的真空干燥
NaOH	溶于水		中	氨、胺、杂环、醚(用于干燥器)	酸、酯、醇、醛、酮、酚	吸湿性强
CaO	$CaO+H_2O \Longrightarrow Ca(OH)_2$		强	中性及碱性气体、醇、醚、胺	醛、酮、酸性物质	特别适用于气体
K_2CO_3	$K_2CO_3 \cdot 1/2H_2O$	0.2	弱	醇、酮、酯、胺、杂环化合物等碱性物质	酸性物质、酚	有吸湿性
金属钠	$2Na+2H_2O \Longrightarrow 2NaOH+H_2 \uparrow$		强	烃、醚、叔胺	卤代烃、有活泼氢物质	切成小块或压条
硅胶	吸附		强	用于干燥器	HF	吸收残余溶剂
分子筛	吸附	0.25	强	流动气体(可达100℃)、有机溶剂(用于干燥器)	不饱和烃	易吸附水、有机气体或液体

（4）操作步骤

① 首先要把被干燥液中的水分尽可能除净，不应有任何可见的水层或悬浮水珠。应尽量将水层分净，这样干燥效果好，且产物损失少。

② 把待干燥的液体放入干燥的锥形瓶中，取颗粒大小合适（如无水氯化钙，应为黄豆

粒大小且不夹带粉末）的干燥剂放入液体中，用塞子盖住瓶口，轻轻振摇（干燥易挥发液体如乙醚时，注意轻摇，以免塞子冲出而损坏），观察判断干燥剂是否足量，静置一段时间（0.5h 以上）。

③ 把干燥好的液体滤入适当的容器中，密封保存或者过滤后进行蒸馏。

1.6.2 固体有机化合物的干燥

干燥固体有机化合物，主要是为了除去残留在固体中的少量低沸点溶剂，如水、乙醚、乙醇、丙酮和苯等。由于固体有机物的挥发性比溶剂小，所以可采取蒸发和吸附的方法来达到干燥的目的。

(1) 自然晾干

自然晾干是最经济、方便的方法。但要注意，被干燥的固体有机物应在空气中稳定、不易分解、不吸潮。干燥时应将待干燥的固体放在表面皿或滤纸上，薄薄摊开，在空气中自然晾干。

(2) 加热干燥

对于熔点较高遇热不分解的固体，可使用红外灯（放置温度计以便控制温度）干燥或放置于恒温烘箱中烘干。也可以把要烘干的物质放在表面皿或蒸发皿中，放在水浴上、沙浴上或两层隔开的石棉铁丝网的上层烘干，在烘干过程中，要注意防止过热。

(3) 干燥器干燥

对于不能用上述方法干燥的易分解或升华的有机固体化合物，应放在干燥器内干燥。干燥器有普通干燥器、真空干燥器、真空恒温干燥器等（图1-4）。

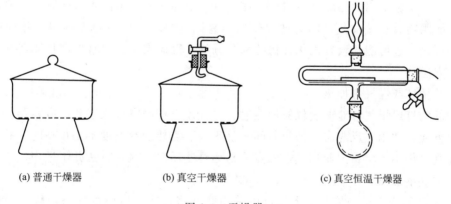

(a) 普通干燥器　　　　(b) 真空干燥器　　　　(c) 真空恒温干燥器

图 1-4　干燥器

1.6.3 气体的干燥

气体干燥，一般是使其通过盛有固体干燥剂的干燥塔，见图 1-5(a)。不能保持固有形态的干燥剂如五氧化二磷，应与石棉绒、玻璃纤维、浮石等载体混合使用。为防止潮气进入反应装置，可在开口处装上盛有固体干燥剂的干燥管。低沸点气体，可通过冷阱将其中的水及可凝杂质冷冻除去，见图 1-5(b)。

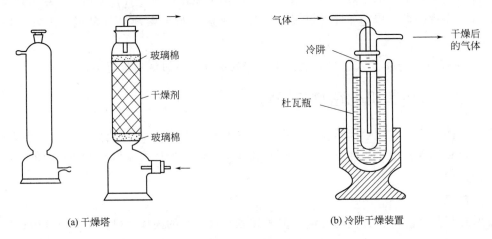

(a) 干燥塔　　　　　　　　　　(b) 冷阱干燥装置

图 1-5　干燥装置

1.7　有机物的加热与冷却方法

有些有机反应在室温下进行得很慢或很难进行，通常需要在加热条件下进行；而有些反应，反应非常剧烈，常常放出大量的热，使反应难以控制或增加副产，因此需要控制反应温度。因此加热与冷却是有机反应中最常用的技术，在有机合成中经常用到。另外，有机物的分离提纯也常用此技术。

1.7.1　加热方法

有机化学实验常用的热源有酒精灯、煤气灯、电加热套、恒温水浴锅等。一般情况下玻璃仪器不能用明火直接加热，因为玻璃仪器容易因受热不均匀或温度剧烈变化而破裂。同时，局部过热，很可能导致有机化合物的部分分解，因此实验室中常根据具体情况，采用不同的加热方法。

(1) 酒精灯或煤气灯加热

使用酒精灯或煤气灯对玻璃仪器加热时，必须用石棉网隔开火焰和反应容器。这种加热方法简单方便，适用于反应需要加热时间不是很长、需要加热温度不是很高的实验。此加热方法器皿受热仍不均匀，因而加热低沸点或易燃烧物质时，这一方法并不适用。

(2) 空气浴加热

沸点在 80℃以上的液体原则上均可以采用空气浴加热。所谓空气浴，就是利用空气进行间接加热，实验室中常用的就是电热套加热。

电热套是一种较好的热源，其最大的优点是方便安全、容易控制。电热套的加热部分电热丝是用绝缘玻璃纤维包裹着的，织成窝状半圆形的加热器。一般电热套可以在 50～300℃范围内任意温度恒温加热。电热套规格有 250mL、500mL、1000mL 等，可根据反应容器大小进行选择。使用电热套加热时，要注意让烧瓶外壁与电热套内壁大约留 1cm 的距离，利用间隔的空气进行导热，防止局部过热。使用电热套时要注意：电热套的容积大小与容器相匹配；不得让有机物或液体药品流到电热套中，否则会引起电阻丝腐蚀或短路，使电热套损坏。

（3）水浴加热

加热温度不超过100℃时，可以选择水浴加热。可使用水浴锅或烧杯盛水用电加热套加热。将盛物料的容器浸在水中，使水的液面稍高于容器内液面，注意不要使容器接触水浴锅底部，以免局部过热。调节水浴锅的功率或热源火焰大小，控制水温。与空气浴相比，水浴加热方法更适用于低沸点物质的回流加热，而且温度更好控制，物质受热更均匀。

使用水浴加热时，水会不断蒸发，应及时添加水。当用到活泼金属（如钠、钾）时，不可使用水浴加热。实验室中水浴加热常用恒温水浴锅［图1-6(a)］，加热控温方便。

（4）油浴加热

加热温度在100~250℃之间时可使用油浴加热。油浴加热的优点在于容器内的反应物受热均匀。油浴加热时容器内物料的温度一般要比油浴温度低20℃左右。常用的油类有液体石蜡、植物油、硅油、硬化油（如氢化棉籽油）等。

油浴加热时，使用集热式恒温磁力搅拌器［图1-6(b)］，要注意安全，防止着火。油浴加热的缺点是温度升高时会有油烟冒出，当油的冒烟程度较大时应停止加热。油浴中应悬挂温度计，防止温度过高。实验中常在油浴中放置一根电热棒，方便控制油浴温度。油浴锅中的油量不宜过多，不能溅入水滴，否则加热时会产生泡沫或引起飞溅。加热完毕后，把容器提离油浴液面，仍用铁夹夹住，悬于油浴上面。等附着于容器外壁上的油流完后，用纸和干布把容器擦净，再移走油浴锅。使用油浴时避免明火。

(a) 水浴锅　　　　　　　　　　　　　(b) 集热式恒温磁力搅拌器

图1-6　加热装置

（5）砂浴加热

砂浴加热可达到350℃，一般用铁盘或铁锅装砂，将反应容器半埋在砂浴中加热。砂浴加热的缺点是砂对热的传导能力差，因此，容器底部的砂要薄些，使容器易受热；容器周围的砂要厚些，使热不易散失。砂浴中应插温度计，温度计的水银球应靠紧容器壁以控制温度。使用砂浴加热时，桌面要铺石棉板，以防辐射热烤焦桌面。

1.7.2　冷却方法

在有机化学实验中，有些反应以及分离、提纯过程要求在低温下进行，通常根据不同要求,选用不同的冷却方法。

(1) 空气冷却

热的反应物在空气中放置一定时间,使其自然冷却至室温。

(2) 水冷却

当需要快速冷却时,将容器置于冷水流中冲淋或用冷水浸泡使其冷却。

(3) 冰-水混合物冷却

冰-水混合物冷却可使反应物冷却至0～5℃,操作时使用碎冰块效果更好。若需要更低的冷却温度,可以在碎冰中加入一定的无机盐(表1-4)。

表1-4 冰-盐浴温度

盐类	100g冰中加入盐的质量/g	冰浴最低温度/℃	盐类	100g冰中加入盐的质量/g	冰浴最低温度/℃
NH_4Cl	25	-15	NaCl	33	-21
$NaNO_3$	50	-18			

(4) 液氮冷却

使用液氮冷却剂可以获得-196℃的低温,为了安全和保持冷却剂的效力,液氮需存放在保温瓶或保温桶中,使用时要戴护目镜和手套。如果需要维持冷却温度在-78℃左右,可使用液氮-丙酮浴。

1.8 有机物化学实验常用的搅拌方法

搅拌是有机制备的常用技术,目的是使反应物更快地充分混合。在非均相反应中,搅拌可以增大接触面积,缩短反应时间。对于一些特殊的放热反应,搅拌可以防止局部过热。

(1) 手动搅拌或振荡

反应物量不多,反应时间不长,且不需要加热或者加热温度不高的操作中,用手振荡反应瓶,就可以达到充分混合的目的。溶剂不易挥发,反应体系中放出的气体无毒的实验可以用手动搅拌。

(2) 电动搅拌

对于比较复杂的,反应时间较长,溶剂较易挥发的,或需要按一定速率比长时间持续投料的反应,可使用电动搅拌。

电动搅拌常用电动搅拌器。装置主要包括三个部分:电动机、搅拌棒和密封器[图1-7(a)]。搅拌装置安装好后,要先用手转动搅拌棒,确定搅拌棒在转动时不会摩擦瓶底和温度计以后,才可以缓慢旋转转速旋钮,调整转速。

(3) 磁力搅拌

磁力搅拌器是目前有机实验中广泛使用的搅拌装置。它是由一个小电机带动磁铁旋转,磁铁再控制磁子旋转[图1-7(b)]。磁子是一个外壁包裹惰性材料的小磁体,直接放在反应瓶中。一般磁力搅拌器带有加热控温功能,在反应物比较少,所需温度不太高的情况下,磁力搅拌应用较多。

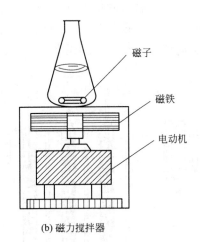

(a) 电动搅拌器　　　　(b) 磁力搅拌器

图 1-7　搅拌装置

在使用磁力搅拌时要注意：加热温度不能超过搅拌器的最高使用温度；搅拌速度要适宜，若反应物黏稠需缓慢搅拌，搅拌速度过快，会使磁子跳动而撞击反应瓶；圆底烧瓶在磁力搅拌器上受热不均，有时可以用锥形瓶代替。

1.9　无水无氧操作技术

某些有机物对水和空气非常敏感，涉及的有机反应必须要在无水无氧条件下，才能顺利进行。无水无氧操作线又称为史莱克线，是一套惰性气体的净化及操作系统［图1-8(a)］。通过这套系统，可以将无水无氧惰性气体导入反应系统，从而使反应在无水无氧条件下顺利进行。

史莱克线主要由鼓泡器、除氧柱、干燥柱、双排管、真空计等部分组成。首先惰性气体在一定压力下由鼓泡器导入干燥柱进行初步除水，再进入除氧柱除氧，然后进入干燥柱，吸收除氧柱中生成的微量水，最后进入双排管，分配导入到反应体系或其他操作系统。

在对合成装置或其他仪器进行除水除氧操作时，将要求除水除氧的仪器通过带旋塞的导管，与无水无氧操作线上的双排管相连以便抽换气，在该仪器的支口处要接上液封管方便放出空气，同时保持仪器内惰性气体为正压，使空气不能入内，关闭支口处的液封管，旋转双排管的双斜三通活塞使体系与真空管相连，抽真空同时用电吹风烘烤处理系统各部分，以除去系统内的空气及内壁附着的潮气。烘烤完毕，待仪器冷却以后打开惰性气体阀，旋转双排管上的双斜三通活塞，使待处理系统与惰性气体管路相通，重复处理三次，即抽换气完毕，体系完成无水无氧处理。在利用史莱克线进行除水除氧操作时，应事先对干燥柱和除氧柱进行活化。在干燥中，常填充脱水能力强并可再生的干燥剂，如5A分子筛。在除氧柱中则选用除氧效果好且能够再生的除氧剂，如银分子筛。

已经除氧除水的系统，液体试剂常通过注射器针头加入反应瓶，固体则可事先加入到反应瓶内，再进行无水无氧处理，但要注意抽换气过程中控制好气流速度。

如果对无水无氧要求不高的实验,可以采用简便方法,操作时,液体或固体反应物按照上面的方法加入,然后将充满惰性气体的带有针头的气球插入带有橡胶塞的反应瓶上,再插一根针头在橡胶塞上用于排空气。待瓶内被惰性气体充满后,拔去放气针头,如图1-8(b)所示。这一方法简便实用,对实验设备要求不高。

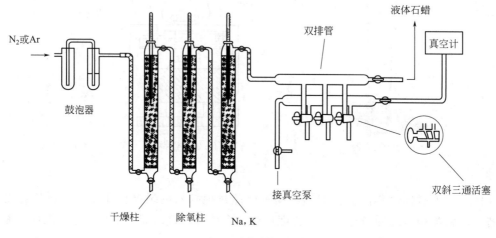

(a) 史莱克线

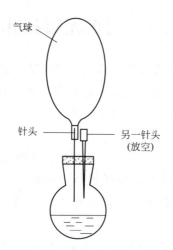

(b) 惰性气体气球保持法

图1-8 无水无氧操作系统

1.10 实验预习、实验记录和实验报告

1.10.1 实验预习

为了使实验能够达到预期的效果,在实验前必须认真预习,书写预习报告,做好充分准备工作。实验预习要求如下。

① 了解实验目的。

② 了解反应及操作原理，写出主反应及可能的副反应的反应式，并简单叙述操作原理。

③ 根据实验内容从手册或参考书或其他文献资源中查出有关化合物的物理常数。

④ 画出主要反应装置图，并标出仪器名称。

⑤ 写出操作步骤。

⑥ 对于将要做的实验可能会出现的问题（包括安全和实验结果），要明确防范措施和解决办法。

合成实验的预习笔记包括以下内容。

① 实验题目和实验目的。

② 主反应和重要副反应的反应式。

③ 原料、产物和副产物的物理常数。

④ 原料用量（g、mL、mol），计算过量试剂的过量百分数，计算理论产量。

⑤ 正确而清楚地画出实验仪器装置图。

⑥ 用图表形式表示整个实验步骤的流程。

1.10.2 实验记录

实验记录是实验的原始资料，是分析实验成败原因、改进实验方案、深入理论探讨的根据，必须做到完整、真实、简练。

实验记录必须注意以下问题。

① 实验者必须在做实验时认真做好记录，不许事后凭记忆补写，保证记录的准确性。

② 实验者不可只记录符合自己设想的事项而随便舍弃与预料相反的事实，预料之外的现象需要引起重视，详细记载。

③ 实验者可用缩写和略语记录，但缩写和略语等应尽可能与通用的一致并前后统一。

④ 实验者发现书写错误应在旁边做适当更正，但不应撕页。订正时，用横线将有错误的地方划去，但不能涂抹得无法辨认，以便日后发现或怀疑订正有错误时可查考。订正时不要只改个别数字或文字，要把差错的整个数据或句子全部重写，必要时应记上订正日期和理由。

实验记录的项目和格式：

日期：　年　月　日　　室温：　℃　　气压：　Pa

时　间	步　骤	现　象	备　注

1.10.3 实验报告

实验报告是实验的总结，必须认真写出并及时上交，实验报告的格式可以根据实验内容、类型的不同而异，一般应包括以下内容。

制备实验报告：题目、实验目的、实验原理（包括主反应和副反应）、实验装置图、主要反应试剂和产物的物理常数（包括分子量、密度、熔点、沸点、溶解度）、实验步骤流程、实验记录（日期、时间、步骤、现象、备注）、实际产量、产率和问题讨论。

性质实验报告：题目、日期、实验目的、实验原理、操作步骤、现象、反应式、解释、结论和问题讨论。

有机化学实验报告格式（Ⅰ）

实验题目			
姓名		同组人	
实验地点		起止时间	
一、实验目的 二、实验原理 三、仪器及药品 四、实验内容			
实验步骤	实验现象		解　释
五、讨论			
六、思考题			

有机化学实验报告格式（Ⅱ）

实验题目							
姓名				同组人			
实验地点				起止时间			

一、实验目的

二、实验原理

三、主要试剂、产物、副产物的物理常数

名称	分子量	状态	熔点/℃	沸点/℃	相对密度 d_4^{20}	折射率 n_D^{20}	溶解性		
							水	乙醇	乙醚

四、药品与试剂的用量及产物的理论产量

名　称	实际用量	理论用量	过量/%	理论产量

五、主要仪器、器材名称及型号

六、仪器装置图

七、流程图

八、实验记录

时间	操作步骤	现　象	解释或备注

续表

九、产品外观与产率计算
1. 产品外观
2. 产率 $=\dfrac{实际产量}{理论产量}\times 100\%=$
十、总结与讨论
（可根据自己在实验过程中对本次实验的理解和体会进行总结和讨论。如讨论影响产品产率低的原因；实验失败的原因所在；实验成功了有哪些经验与收获。）
思考题
教师评语 ___年___月___日

1.11 有机化学实验文献资料

1.11.1 工具书

①《化工辞典》由化学工业出版社出版，是一本化工工具书，包括化学及化工的名词10500余条。

②《化学药品辞典》由上海科技出版社出版，本书列出6000余种药品的英文名称、化学式、性状、常数、来源和用途等。

③《精细化学品制备手册》由科学技术文献出版社出版。单元反应部分共十二章，分章介绍磺化、硝化、卤化、还原、胺化、烷基化、氧化、酰化、羟基化、酯化、成环缩合、重氮化与偶合，从工业实用角度介绍这些单元反应的一般规律和工业应用。实例部分收入大约1200个条目，大体上按上述单元反应的顺序编排。实例条目以产品为中心，每一条目按条目标题（中文名称、英文名称）、结构式、分子式和分子量、别名、性状、生产方法、产品规格、原料消耗、用途、危险性质、国内生产厂和参考文献等顺序介绍，便于读者查阅。

④《Aldrich Catalog Handbook of Fine Chemicals》由美国Aldrich化学试剂公司出版。本书是一本化学试剂目录，收集了41000多个化合物。一个化合物作为一个条目，内含分子量、分子式、沸点、折射率、熔点等数据。较复杂的化合物还附有结构式。并给出了化合物的核磁共振谱和红外光谱谱图的出处。书后附有分子式索引，便于查找，还列出了化学实验中常用仪器仪表的名称、图形和规格。目前还有光盘版。此外，Aldrich公司与其他公司合作组建网络版（http：//www.sigmaaldrich.Corn/Local/SA-Splash.htrnl）。

⑤《Handbook of Chemistry and Physics》是美国橡胶公司（CRC）出版的英文版的物理及化学手册，内容丰富，为实验室常备的一本手册。全书共分六大部分，多以表格形式编排，各部分内容为：A部 数学表及数学公式等；B部 元素及无机化合物；C部 有机化合物；D部 普通化学；E部 一般物理常数；F部 杂项。

⑥《Beilsteins Handbuch der Organischem Chemie（拜耳斯坦有机化学大全）》，通常简

称为《拜耳斯坦》，为德文版，它是目前有机化学方面资料收集得最为齐全的有机丛书。

⑦《实用有机化学手册》由李述文、范如霖编译，上海科学技术出版社出版。全书共分六大部分：实验技术导论、一般原理、有机制备、有机物质的鉴定、重要试剂、溶剂和辅助试剂。

⑧《Organic Sythesis》主要介绍各种具有代表性的有机化合物的制备方法，所选实验步骤叙述得非常详细，并讨论介绍者的经验及注意点。书中每个实验步骤都经专人复核过，内容成熟可靠，是有机制备很好的参考书。目前，该书出版有网络版（http：//www.orgsyn.org）。

⑨《Textbook of Practical Organic Chemistry》是一本较完备的实验教科书，内容包括有机化学实验操作技术、基本原理及实验步骤，所列出的典型反应数据可靠，是一本较好的实验参考书。

1.11.2　期刊文献

① 中国科学，月刊，原为英文版，自1972年开始出中文和英文两种版本，刊登我国各个自然科学领域中高水平的研究成果。

② 科学通报，半月刊，是自然科学综合性学术刊物，有中、英文两个版本。

③ 化学学报，月刊，原名中国化学会会志，主要刊登化学方面有创造性的高水平学术文章。

④ 有机化学，双月刊，刊登有机化学方面的重要研究成果

⑤ 化学通报，月刊，以报道知识介绍、专论、教学经验交流等为主，也有研究工作报道。

⑥ Journal of Chemical Society（简称 Chem Soc），为英国化学会会志，从1962年起取消了卷号，按公元纪元编排，本刊为综合性化学期刊，研究论文包括无机化学、有机化学、生物化学、物理化学，全年末期有主题索引及作者索引，从1970年起分四辑出版，均以公元纪元编排，不另设卷号。

　　a. Doton Transactions 主要刊载无机化学、物理化学及理论化学方面的文章。

　　b. Elkin Transactions Ⅰ：有机化学与生物有机化学；Elkin Transactions Ⅱ：物理有机化学。

　　c. Faraday Transactions Ⅰ：物理化学；Faraday Transactions Ⅱ：化学物理。

　　d. Chemical Communication。

⑦ Journal of the American Chemical Society（简称 J Am Chem Soc），美国化学会会志，是自1879年开始的综合性双周期刊，主要刊载研究工作的论文，内容涉及无机化学、有机化学、生物化学、物理化学、高分子化学等领域，并有书刊介绍，每卷末有作者索引和主题索引。

⑧ The Journal of Organic Chemistry（简称 J Org Chem），月刊，主要刊载有机化学方面的研究工作论文。

⑨ Chemical Reviews（简称 Chem Rev），创刊于1924年，双月刊，主要刊载化学领域中的专题及发展近况的评论，内容涉及无机化学、有机化学、物理化学等各方面的研究成果与发展。

⑩ Tetrahedron，创刊于1957年，它主要是为了迅速发表有机化学方面的研究工作和评论性综述文章，大部分论文是用英文写的，也有用德文或法文写的论文，原为月刊，自

1968 年起改为半月刊。

⑪ Journal of Organmetallic Chemistry（简称 J Organomet Chem），主要报道金属有机化学方面的最新进展。

⑫ Chemical Abstracts，美国化学文摘，简称 CA，是化学化工方面最主要的二次文献，包含生化类、有机化学、大分子类、应化与化工、物化与分析化学类内容。

1.11.3　专利文献

专利文献的网络检索网站有如下几个方面的内容。

① 国家知识产权局网站（http：//www.sipo.gov.cn）　该网站是由国家知识产权局（SIPO）主办，收录了 1985 年以来中国专利局公布的所有专利，内容更新快，数据权威，并且是目前国内唯一提供免费下载专利说明书全文的网站。

② 中国知识产权网（http：//www.cnipr.com）　该网站由国家知识产权局知识产权出版社创建，其专利数据库收录了 1985 年《中华人民共和国专利法》实施以来公开的全部中国发明、实用新型和外观设计专利，是每周法定出版的《专利公报》的电子版数据。其检索途径分基本检索和高级检索两种，基本检索是免费的，设有专利号、公告号、专利名称、分类号、摘要、申请人、申请人地址、公开日等八个检索选项，基本检索只能检索出专利摘要和著录项目等基本信息，不能看到专利全文说明书及外观设计图形。高级检索需收费，与基本检索相比，增加了检索字段，检索方式更加快捷，在内容上增加了专利法律状态和专利主权项，同时还提供专利说明书在线下载。

③ 中国专利信息网（http：//www.patent.com.cn）　该网站必须注册才能使用，注册后免费会员可检索中国专利文摘数据库。中国专利信息网收集了自 1985 年以来所有的发明专利和实用新型专利。该检索系统为全文检索，所有的检索途径都在一个检索对话框内实现，检索词之间用空格分开即可，使用简单、方便。免费用户可以自由浏览专利全文说明书的首页，正式和高级用户可以查看并打印、下载发明专利、实用新型专利说明书的全部内容。

④ 中国期刊网中国专利数据库（http：//www.cnki.net）　该网站免费提供自 1985 年以来中国专利题录和文摘，该检索系统具有 CNKI 统一的检索功能及特点，允许在第一次检索的基础上进行二次检索，可提高命中率。

⑤ 美国专利商标局网站数据库（http：//www.uspto.gov）　该数据库用于检索美国授权专利和专利申请，免费提供 1790 年至今的图像格式的美国专利说明书全文，1976 年以来的专利还可以看到 HTML 格式的说明书全文。专利类型包括：发明专利、外观设计专利、再公告专利、职务专利等。

1.11.4　SciFinder 数据库

在需要用到一个不常见的有机物时，可以先到网上搜索一下是否能买到。买不到就需要自己合成，要去查文献，看看以前有没有人将它制备出来。如果已经有制备该化合物的方法了，就先用这个方法。由于化学文献的数量很大，如果不对化学文献进行准确的检索，要找到某个化合物的一些特定信息，不仅难度大而且耗时多。幸好现在有一些电子数据检索工具可以用来进行这种检索。

化学文献可以分为两大类：第一类是原始文献，包括杂志上发表的研究论文、专利、学位论文和会议报告；第二类又可细分为数据库文献、综述和有关化合物性质、毒性和危险性的数据汇编。SciFinder（或 SciFinder Scholar）（www.cas.org/SCIFINDER/SCHOLAR/index.html）或 Chemical Abstracts、Web of Science（Thomson Scientific）以及 Reaxys（http://www.elsevier.com/online-tools/reaxys）是有机化学工作中最常用的数据库。很多高校和科研单位都已购买了使用权，不再计时收费。

化学文摘（Chemical Abstracts，CA）由美国化学会出版，是世界上最完整的化学信息源。而 SciFinder 是将化学文摘数据库（Chemical Abstracts Service Databases）与联机医学文献分析和检索系统 MEDLINE 整合而成的数据库系统，其中包括以下几方面内容。

① CAplus　现有 3900 万条记录，曾从 180 多个国家以 50 余种语言出版的 50000 多种期刊制作过化学索引，目前仍然涵盖着 10000 余种现存期刊，对最重要的 1500 种化学期刊迅速进行分析，覆盖 63 个专利发行机构的专利，各种会议记录、技术报告、图书、学位论文、评论、会议摘要、电子期刊以及网络预印本等，时间可追溯到 19 世纪早期。

② Registry　现有 8900 万种有机物质与无机物质，如合金、配合物、矿物、聚合物、盐类等，还有 6500 万个序列，时间可追溯到 19 世纪早期。

③ CASREACT　记录了 1840 年至今 6000 万余个单步反应和多步反应，以及 1340 万个合成制备反应。

④ CHEMLIST　从 1980 年至今收集了有关全球重要市场上化学品管制信息的电子数据库，其中收集了 31 万余种化学品。

⑤ CHEMCATS　记录化学品的来源信息，包括化学品目录手册及图书馆等内的供应商的地址、价格等信息，目前已有超过 6500 万条商业化学物质记录，2800 万余种独立 CAS 登记号，来自全球超过 870 家供应商的 980 余种目录。

⑥ MARPAT　包括 104 万条以上的可查询 Markush 结构，以及超过 428000 条专利记录。

⑦ MEDLINE　截至 2014 年 7 月，共收录 5653 种期刊，引文来自生命科学期刊和在线书籍中的生物医学文献，超过 2300 万条。

化学文摘数据库的 CAplus 和 Registry 每天更新。世界各地新发表的论文或专利在几天到几周内就会出现在 CA 上。杂志上在线发表的新论文在没有印刷时，CA 通常先将电子版进行索引，然后等印刷版出来再进行文献信息更新。CASREACT 每周更新一次。

SciFinder 中可获得的信息见表 1-5。

表 1-5　SciFinder 中可获得的信息

区　域	信　息
文献信息	标题 作者/发明人 公司名称/法人/专利权人 发表年份 来源、出版、日期、发行人、卷、期、页码、代码、国际期刊号 专利标识，包括专利、应用、优先级、专利著者成员信息，论文或专利摘要 补充条款 引用 物质、顺序和反应、讨论

1 有机化学实验的一般知识

续表

区　域	信　息
物质信息	化学名称 CAS注册号® 分子式 结构图 顺序信息,包括基因库®和专利解释 物性数据 从化学供应目录中得到商业来源信息 监管信息 编辑信息 物质引用文档 化合物参与的反应 STN(Scientific & Technical Information Network)网络可用的其他数据库列表、相关信息
反应信息	反应式,包括反应物、产物、试剂、催化剂、溶剂和步骤说明 文献记录中引用超链接 附加反应、参考文献、物质明细、化学来源和所有参与反应监管信息

27

2 有机化学实验基本操作

2.1 塞子的钻孔及简单玻璃工操作

2.1.1 应用背景

用普通的玻璃仪器或标准磨口仪器装配成一套实验装置时，一般是用塞子、玻璃管、橡胶管等将这些仪器连接在一起。这就要求，首先要选择合适的塞子和玻璃管，然后对所有的塞子和玻璃管进行简单加工，使它们适合装配工作的需要。因此，塞子的钻孔及简单玻璃工操作是有机化学实验人员的一项基本技能。只有通过反复练习，才能达到熟练掌握该项基本操作技能的目的。

2.1.2 实验目的和要求

① 练习塞子的钻孔和玻璃管的简单加工。
② 了解塞子大小的选择标准。
③ 掌握塞子钻孔、玻璃管的截断与弯制技术要领。

2.1.3 实验仪器、试剂与材料

仪器与材料：橡胶塞（或软木塞）、钻孔器、玻璃管、小三角锉刀（或小砂轮）、酒精喷灯、石棉网、火柴（或打火机）等。

试剂：酒精。

2.1.4 实验操作

2.1.4.1 塞子的钻孔操作要求

（1）塞子大小的选择

有机化学实验室常用的塞子有橡胶塞和软木塞两种。橡胶塞的优点是不漏气，也不易被酸碱腐蚀，但易被有机物侵蚀或溶胀；软木塞的优点是不易和有机化合物作用，但易漏气，

也容易被酸碱腐蚀。二者各有优缺点。选择塞子大小的标准是塞子的大小应与仪器的口径相适合，塞子进入瓶颈或管颈的部分不能少于塞子本身高度的1/2，也不能多于2/3。如果使用新的软木塞，只需要能塞入1/3～1/2即可。如图2-1所示，图2-1(b)合适，图2-1(a)、图2-1(c)不合适。

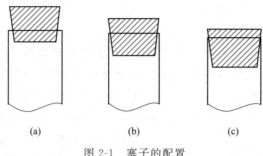

图 2-1　塞子的配置

（2）钻孔器的选择

塞子钻孔用的工具叫钻孔器（或打孔器），见图2-2。

每套钻孔器有5～6支直径不同的钻嘴，以供选择。若在软木塞上钻孔，就应选用比欲插入的玻璃管等的外径小或接近的钻嘴。若在橡胶塞上钻孔，则要选用比欲插入的玻璃管等的外径稍大一点的钻嘴。无论哪种塞子，孔径的大小都应该保证塞子与要插入的玻璃管等紧密贴合固定。

图 2-2　钻孔器

（3）钻孔的方法

如图2-3所示，把塞子小的一端朝上，平放在桌面上的一块木板上。钻孔时，左手持稳塞子，右手握住钻孔器的柄，在预定好的位置使劲地、垂直地将钻孔器以顺时针方向向下钻动，直至钻通为止。也可以先从小的一端钻至约塞子高度的一半时，拔出钻孔器，然后在塞子大的一端钻孔，注意对准小的一端的孔位，照上述同样的操作方法钻孔，直至钻通为止。逆时针旋出钻孔器，通出钻孔器内的塞芯。为了减少钻孔时的摩擦，特别是橡胶塞钻孔时，可在钻孔器的刀口上涂一些水或甘油。特别提示：在钻孔过程中必须始终保持钻孔器与塞子平面垂直，不能左右摇摆，更不要倾斜，否则钻出的孔道会发生偏斜。软木塞在钻孔之前须事先用压塞机压紧，以防钻孔时塞子破裂。

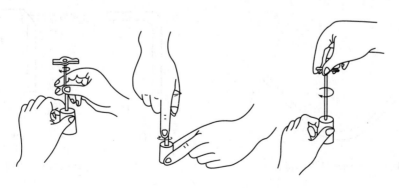

图 2-3　塞子的钻孔

2.1.4.2 简单玻璃工加工操作要求

（1）玻璃管的洁净

玻璃管在操作前要求是洁净的。管外上有灰尘可用抹布擦净，管内有灰尘可用自来水冲洗干净。若管内外有油腻，可将玻璃管浸在铬酸洗液中数分钟后，取出用自来水冲洗干净，甩去水滴晾干或烘干。

（2）玻璃管的截断

截断玻璃管可用扁锉、三角锉或小砂轮片。切割时把玻璃管平放在桌子边缘，将锉刀的锋棱压在玻璃管要截断处，然后用力把锉刀向前或向后拉[1]，同时把玻璃管略微朝相反的方向转动，在玻璃管上锉出一条清晰、细直的凹痕，凹痕约占管周的1/6。

要折断玻璃管时，只要用两手的拇指抵住凹痕的背面，再稍用七分拉力和三分弯折的合力，就可使玻璃管断开[2]，如图2-4所示。如果在锉痕上用水沾一下，则玻璃管更易折断。断口处应整齐，否则玻璃管的断口很锋利，容易划破皮肤，又不易插入塞子的孔道中，所以，要把断口在灯焰上烧平滑。

图2-4 玻璃管的折断

（3）玻璃管的弯曲

连接仪器有时需用弯成一定角度的玻璃管，这要由实验者自己来做。弯曲玻璃管的操作如图2-5所示，双手持玻璃管，手心向外把要弯曲的地方放在酒精喷灯火焰上预热，预热管的宽度约5cm，然后放进火焰中加热，使玻璃管缓慢、均匀而不停地向同一个方向移动[3]，当玻璃管受热至足够软化时（玻璃管颜色变黄），即从火焰中取出，保持两手水平持着轻轻用力，逐渐弯成所需要的角度。然后放在石棉网上自然冷却，不能立即和冷的物体接触，以免热的玻璃管骤冷而炸裂。为了维持管径的大小，两手持玻璃管在火焰中加热尽量不要往外拉，弯好的玻璃管从管的整体来看尽量在同一平面上。如果需要弯成较小的角度，则需要按上述方法分几次弯成，每次弯一定的角度后，再次加热的位置需稍有偏移，用累积的方式逐渐完成所需要的角度。检查弯好的玻璃管的外形，图2-6(a)所示的为合用，图2-6(b)所示的则不合用。注意：不可用力过猛，操之过急或不得法，弯曲的部位会出现瘪陷或纠结。

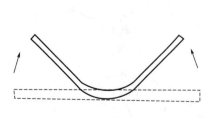

图2-5 弯曲玻璃管的操作

图2-6 弯好的玻璃管的形状

（4）熔点管和沸点管的拉制

这两种管的拉制实质上就是把玻璃管拉细成一定规格的毛细管。拉制的步骤：把一根干净的直径约 1cm 的玻璃管，拉成内径约为 1mm 和 4～5mm 的两种毛细管，然后将直径约 1mm 的毛细管截成 15～20cm 长，把此毛细管的两端在小火上封闭，当要使用时，在这根毛细管的中央截断，这就是两根熔点管。

玻璃管拉细操作时，两肘搁在桌面上，用两手持玻璃管的两端，掌心相对，加热方法和弯曲玻璃管的方法相同，只不过加热程度要强一些，待玻璃管被烧成红黄色时，从火焰中取出，立即水平地将玻璃管向两端拉长，开始拉要慢些，然后再较快地拉长。在拉的同时要注意玻璃管的粗细变化，直到拉至所需要的规格为止，但两手仍要拉着两端保持直线状态，待稍冷后再放到石棉网上冷却。

沸点管的拉制：将直径为 4～5mm 的毛细管截成 7～8cm 长，在小火上封闭其一端，以此作为沸点管的外管；另将直径约为 1mm 的毛细管截成 4～5cm 长，封闭其一端，作为沸点管的内管。这两根毛细管就可以组成微量法测沸点用的沸点管了，留作沸点测定的实验使用。

（5）玻璃管插入橡胶塞的方法

要先用水或甘油润湿选好的玻璃管的一端，左手拿住橡胶塞，右手捏住玻璃管一端，距管口约 4cm 处，稍加用力转动，逐渐插入橡胶塞，切不可用力过猛，以免折断玻璃管刺破手掌，最好用揩布包住玻璃管较为安全。插入和拔出玻璃弯管时，手指均不能捏住弯曲的部位，否则极易折断。

2.1.4.3　操作练习

（1）塞子的钻孔

① 选择 1 个适用于 100mL 的圆底烧瓶的橡胶塞，并在橡胶塞上钻一个连接温度计的孔。

② 选择 1 个适用于 500mL 抽滤瓶的橡胶塞，并在橡胶塞上钻两个连接玻璃管的孔。

（2）简单玻璃工操作

① 弯制 30°、75°、90°的玻璃弯管各 1 支。

② 拉制沸点测定管外管 2 支。

本实验需 4～6h。

2.1.5　注释

【1】不可来回锉，否则断口处不齐，而且易使锉刀变钝。

【2】折断玻璃管时一定要远离眼睛，避免玻璃碎粒伤到眼睛。

【3】如果两个手用力不均匀，玻璃管就会在火焰中扭歪，造成浪费。

2.1.6　思考题

① 选用塞子大小的标准是什么？

② 截断和弯制玻璃管时要注意哪些问题？

③ 刚弯制好的玻璃管，如果立即和冷的物体接触，会发生什么不良后果？应怎样避免？

④ 把玻璃管或温度计插入塞子孔道中时要注意什么？

2.2 熔点的测定

2.2.1 应用背景

熔点（melting point，缩写为 m.p.）是一个晶体有机化合物的重要物理常数之一，纯晶体物质具有固定和敏锐的熔点。因此，通过将测定的某未知样品熔点与已知样品的熔点进行比较，可以达到鉴定物质的目的；如果纯物质中混入了少量杂质通常会使熔点下降，熔程（熔点距）变长，因此，通过测定熔点也可以检验物质的纯度；还可以利用两种物质混合后熔点是否下降，判断两种熔点相近的物质是否相同。

2.2.2 实验目的和要求

① 了解熔点测定的基本原理及应用。
② 掌握熔点测定的方法。

2.2.3 实验原理

晶体物质加热到一定温度时，即可以从固态转变成液态，达到固-液两相平衡时的温度就是该化合物的熔点，见图 2-7。

对于一个纯化合物而言，在一定压力下，固液两态之间的变化是非常敏锐的，从开始熔化到完全熔化为液体，温度变化一般不超过 0.5℃，这一温度变化范围称为熔程。纯净的固态物质通常都有固定的熔点，如有其他物质混入，则对其熔点有显著的影响，不但使熔程增大，而且往往使熔点降低。因此熔点的测定可以用来鉴定物质，也可以定性检验物质的纯度。

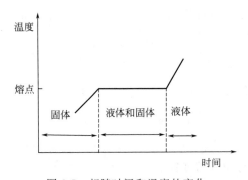
图 2-7 相随时间和温度的变化

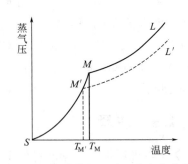
图 2-8 物质蒸气压随温度变化曲线

上述熔点的特性可从物质的蒸气压与温度的关系曲线来理解。固体和液体物质的蒸气压随温度的升高而增大，见图 2-8；曲线 SM 表示一种物质固态时温度与蒸气压的关系，曲线 ML 表示液态时温度与蒸气压的关系，在交叉点 M 处，固、液、气三态可同时共存，且达到平衡（即所谓三相点），温度 T_M 即是该物质的熔点。当有杂质存在时，根据拉乌尔（Raoult）定律可知，在一定的压力和温度下，在溶剂中增加溶质后导致溶液蒸气压降低。因此，该物质固态时的蒸气压与温度的关系不变，液态时的蒸气压相应降低，$T_{M'}$ 所代表的熔点也低于 T_M，这就是通常情况下杂质的存在导致熔点降低的原因。

2.2.4 实验仪器、试剂与材料

（1）毛细管法

仪器与材料：Thiele 管（提勒管、b 形管）、测熔点毛细管、玻璃管、温度计、表面皿、玻璃钉、铁架台、铁夹、双口夹、酒精灯、胶塞、橡胶圈、火柴等。

试剂：液体石蜡[1]（甘油或浓硫酸或有机硅油）、乙酰苯胺（分析纯，粗品）、尿素（分析纯）、肉桂酸（分析纯）。

（2）显微熔点测定法

仪器与材料：X-6 显微熔点测定仪、表面皿、玻璃钉、载玻片等。

试剂：乙酰苯胺（分析纯）、乙酰苯胺（粗品）、尿素（分析纯）、肉桂酸（分析纯）。

2.2.5 实验操作

2.2.5.1 毛细管法

有机化合物的熔点通常用毛细管法来测定，而毛细管法最常用的装置是 Thiele 管。

（1）实验装置

Thiele 管熔点测定装置见图 2-9。

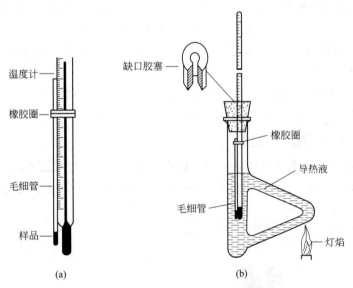

图 2-9 Thiele 管熔点测定装置

（2）熔点测定实验操作

① 熔点测定毛细管的熔封　取内径约 1mm、长 7～8cm 的毛细管作为熔点管，将一端在酒精灯上熔封，使其封闭严密，但封口处不宜过厚。也可自己拉制，其拉制方法见实验 2.1。

② 样品填装　取 0.1～0.2g 样品，置于干净的表面皿上，用玻璃钉研成粉末，聚成小堆。将毛细管开口一端倒插入粉末堆中，样品便被挤入管中，再把开口一端向上，轻轻在桌面上敲击，使粉末落入管底。也可将装有样品的毛细管，反复通过一根长 40～60cm 直立于桌面上的玻璃管，均匀地落下，重复操作，直至样品高度为 2～3mm 为止。注意操作要迅

速，以免样品受潮；样品要研得很细，装样要结实。

③ 仪器的组装　将 b 形管用铁夹、双口夹固定在铁架台上，装入液体石蜡，至液面高出上侧管约 1cm，b 形管口配一缺口胶塞（或软木塞）。装样品的毛细管用橡胶圈固定在温度计（200℃）旁，保持样品位于水银球的中部，见图 2-9(a)。再把温度计插入孔中，刻度朝向胶塞（或软木塞）缺口，缺口朝向观察者。温度计插入 b 形管中的深度以水银球恰在 b 形管的两侧管的中部为准，见图 2-9(b)。这种装置测定熔点的好处是管内液体因温度差而发生对流作用，省去人工搅拌的麻烦。但常因温度计的位置和加热部位的变化而影响测定的准确度。

④ 熔点的测定　如图 2-9(b) 所示，用酒精灯小火缓缓加热，加热时，火焰须与 b 形管的倾斜部分接触。对已知熔点样品测定时，一般以每分钟约 5℃ 的速度升温，当导热浴的温度与样品熔点差 15℃ 左右时，减弱加热火焰，使温度上升速度减缓，以每分钟升温 1~2℃ 为宜，一般可在加热中途试着将热源移去，观察温度是否上升，如果停止加热后温度停止上升，说明加热速度比较合适。当温度接近熔点时，加热要更慢，每分钟约上升 0.2~0.3℃，此时应特别注意温度的上升和毛细管中样品的情况。当毛细管中样品开始塌落和有湿润现象，出现小滴液体时，表示样品开始熔化，此时是始熔，记下温度，继续微热至微量的固体样品消失成为透明液体，此时是全熔，记下温度，此温度范围即为样品的熔程。如乙酰苯胺在 112℃ 时开始萎缩或塌落，113℃ 时有液滴出现，在 114℃ 时全部变成液体，应记录其熔点为 113~114℃[2]，112℃ 塌落（或萎缩）。熔点测定至少要有两次重复的数据，每次测定都必须用新的毛细管另装样品，不能将已经测过熔点的毛细管重复使用[3]。

实验结束后，把温度计放好，让其自然冷却至接近室温，用废纸擦去导热液，再用水冲洗，否则，容易发生水银柱断裂，导热液也必须在冷至室温后方可倒回瓶中。

2.2.5.2　显微熔点测定法

显微熔点测定法的优点是可测微量及高熔点（室温至 350℃）试样的熔点，较毛细管法样品用量少，试样的最小测试量不大于 0.1mg。利用此法，可以通过显微镜观察试样在加热过程中变化的全过程。

实验仪器图见图 2-10。

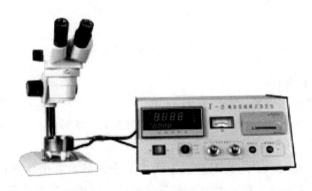

图 2-10　X-6 显微熔点测定仪

简要操作方法：

① 取两片载玻片，将适量的待测样品均匀放在一片载玻片上，盖上另一片载玻片，轻轻压实，放在加热台中心，盖上隔热玻璃。

② 调节调焦手轮，使能清晰观察到样品的外形。

③ 开启电源加热，调节加热速度，当温度接近试样熔点时，控制温度每分钟上升 1~2℃。

④ 观察样品的熔化过程，样品结晶的棱角开始变圆时的温度为初熔温度，结晶完全消失变成液体时的温度为全熔温度，记录下这两个温度即为该样品物质的熔程。

注意：重复测定需使仪器温度降至样品熔点以下 40℃即可。

本实验需 4~6h。

2.2.6 注释

【1】用浓硫酸作导热浴时，应特别小心，不仅要防止灼伤皮肤，还要注意勿使样品或其他有机物接触硫酸，所以，装填样品时，沾在管外的样品须拭去。否则，硫酸的颜色会变成棕黑色，妨碍观察。如已变黑，可酌加少许硝酸钠（或硝酸钾）晶体，加热后便可褪色。一般来说，待测物的熔点在 140℃以下，最好用液体石蜡或甘油或有机硅油作导热浴。导热浴所用的液体介质使用温度为：植物油，100~220℃；石蜡油，60~200℃；硅油，0~250℃；甘油，0~260℃；浓硫酸，20~250℃。

【2】实际测得的数据往往由于温度计的误差而导致结果不准确，因此需要提前对温度计进行校正，校正方法如下：

① 用标准温度计校正　取一支标准温度计在不同的温度下与待校正的温度计相比较。

② 用标准样品校正　在校正温度计时，选定若干已知的纯净固体样品作标准，以实测的熔点作横坐标，测得的熔点与标准熔点之差作纵坐标，描出相应的点，绘制出温度计刻度校正曲线。任意温度的校正数可通过曲线直接找出。校正温度计常用的标准样品见表 2-1。

表 2-1　校正温度计常用标准样品

标准样品名称	标准熔点/℃	标准样品名称	标准熔点/℃
蒸馏水-冰	0	二苯基羟基乙酸	151
α-萘胺	50	水杨酸	159
二苯胺	53~54	D-甘露醇	168
苯甲酸苄酯	71	对苯二酚	173~174
萘	80.55	马尿酸	187
间二硝基苯	90.02	3,5-二硝基苯甲酸	205
二苯乙二酮	95~96	蒽	216.2~216.4
乙酰苯胺	114.3	咖啡因	236
苯甲酸	122.4	酚酞	262~263
尿素	132.7		

【3】测定未知物的熔点时，应先将样品填装入三根毛细管，首先将其中一根在快速加热下测得未知物的大概熔点，必须待热浴的温度下降约 30℃后，再换第二根和第三根样品管进行仔细的测定。

特殊化合物熔点的测定方法：
① 易升华的化合物　装好样品后将毛细管上端也封闭起来，毛细管全部浸入导热液中。
② 易吸潮的化合物　装样动作要快，装好后立即将上端在小火上加热封闭，以免吸潮。
③ 易分解的化合物　测定易分解样品的熔点与加热快慢有关。如酪氨酸慢慢升温测得熔点为280℃，快速加热测得熔点为314～318℃。因此常需要作详细说明，并用括号注明"分解"。
④ 低熔点（室温以下）的化合物　将装有试样的毛细管与温度计一起冷却，使试样结成固体，再将毛细管与温度计一起移至一个冷却到同样低温的双套管中，撤去冷却浴，容器内温度慢慢上升，观察熔点。

2.2.7　思考题

① 以下情况对熔点测定结果有无影响？若有影响，将会产生什么样的结果？
a. 毛细管内径增加。
b. 毛细管管壁太厚。
c. 加热速度过快。
d. 样品没完全干燥或含有杂质。
e. 样品没研细或填装不紧密。
② 是否可以使用第一次测熔点时已经熔化了的有机化合物再进行第二次测定呢？为什么？
③ 如何判断两种形状相似、熔点相近的样品是否为同一物质？

2.3　蒸馏及沸点测定

2.3.1　应用背景

沸点（boiling point，缩写为b.p.）是一个液体有机化合物的重要物理常数之一，纯液体物质在一定压力下沸点范围很小（0.5～1℃）。因此，通过测定沸点也可以鉴定有机化合物。

蒸馏就是将液态物质加热到沸腾变为蒸气，又将蒸气冷凝变为液体这两个过程的联合操作。利用蒸馏可以测定沸点；也可以将沸点相差较大（相差30℃以上）的液态有机混合物分离开，还可以回收溶剂，浓缩溶液或除去不挥发性杂质。蒸馏广泛应用于分离和提纯液体有机化合物，是一个重要的基本操作。

2.3.2　实验目的和要求

① 了解蒸馏及测定沸点的意义。
② 掌握常量法及微量法测定沸点的原理和方法。

2.3.3　基本原理

当液态物质受热时，随温度的升高其蒸气压增大，待蒸气压大到和大气压相等时，液体沸腾，这时的温度称为该液体的沸点。通常所说的沸点是指在 1.013×10^5 Pa 的压力下液体沸腾的温度。例如，水的沸点是 100℃，即是指在一个大气压（1.013×10^5 Pa）下水在 100℃沸腾。在其他压力下的沸点应标明压力，例如在 8.50×10^4 Pa 时，水在 95℃沸腾。这时水的沸点可以表示为 95℃/8.50×10^4 Pa。显然，液体物质的沸点与外界压力有关。每种纯液态有机化合物在一定压力下都具有固定的沸点，但是沸点恒定的液体不一定都是纯净物，因为某些有机化合物常常与其他组分形成二元或三元共沸混合物，它们的沸点也是固定的。共沸物的沸点有时高于、有时低于组分的沸点。

在室温下具有较高蒸气压的液体其沸点比在室温下具有较低蒸气压的液体的沸点要低。当一个液体混合物沸腾时，液体上面的蒸气组成富集的是易挥发的组分，即低沸点组分。因此，蒸馏沸点差别较大的混合物液体时，沸点较低者先蒸出，沸点较高者随后蒸出，不挥发者留在蒸馏器内，这样，就可以达到分离和提纯的目的。

蒸馏可以用来测定沸点，用蒸馏法测定沸点叫常量法，此法用量较大，要 10mL 以上，若样品不多时，可采用微量法。

2.3.4 实验仪器、试剂与材料

（1）蒸馏

仪器与材料：圆底烧瓶、蒸馏头、温度计、直形冷凝管、接液管、锥形瓶、长颈漏斗、铁架台、铁夹、双口夹、升降台、电加热套、沸石等。

试剂：水、高锰酸钾。

（2）微量法测沸点

仪器与材料：b 形管、沸点测定毛细管内管、沸点测定毛细管外管、温度计、酒精灯、铁架台、铁夹、双口夹、胶塞（缺口）、橡胶圈等。

试剂：液体石蜡（甘油或浓硫酸或有机硅油）、水（或乙醇）。

2.3.5 实验操作

2.3.5.1 蒸馏

（1）蒸馏装置

蒸馏装置图见图 2-11。

（2）仪器的安装

实验室的蒸馏装置主要包括加热、冷凝和接收三个部分（图 2-11）。装配时要注意以下几点：

① 将电加热套放在升降台上，再将圆底烧瓶用铁夹、双口夹固定在铁架台上，置于电加热套中，保持圆底烧瓶底部距加热套 1cm 左右。再依次安装蒸馏头、温度计、冷凝管[1]、接液管、接收瓶（锥形瓶或圆底烧瓶）。一般自下而上、由左至右安装仪器，做到横平竖直，整齐美观。

② 保证温度计水银球的上缘与蒸馏头支管下沿在一个水平线上。

③ 固定冷凝管的铁夹应夹在冷凝管的重心部位（中部）。

④ 接收部分常用接液管和锥形瓶，两者之间应与外界大气相通，避免发生爆炸。如果馏出液易受潮分解，须在接收器部分连接一个装有无水氯化钙的干燥管；如果蒸馏的同时还

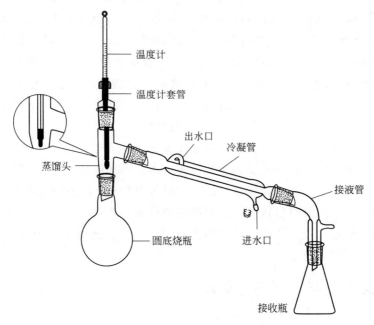

图 2-11 蒸馏装置图

产生有毒气体,则需要再安装一个气体吸收装置,见图 2-12。

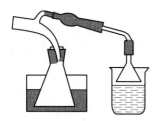

图 2-12 带干燥和吸收的蒸馏装置图

如果馏出液易挥发、易燃或有毒,则可在接液管的支嘴上连接一个长的橡胶管,通入水槽的下水管内。

(3) 蒸馏操作

① 加料 用长颈漏斗经蒸馏头向 100mL 圆底烧瓶中加入待蒸馏的液体(本实验用 40mL 水加 0.1g 高锰酸钾),液体的体积应为圆底烧瓶容量的 1/3~2/3。加入数粒沸石(止暴剂)[2],安装好温度计等,仔细检查气密性[3]。

② 加热收集馏分 加热前,先向冷凝管内缓缓通入冷水,把上口流出的水引入水槽中。然后加热[4],最初宜用小火,以免圆底烧瓶因局部受热而破裂。慢慢增大火力使液体沸腾进行蒸馏,调整加热套的电压,使蒸馏速度以每秒钟自接液管滴下 1~2 滴馏液为宜。在蒸馏过程中,应使温度计水银球常有被冷凝的液滴,此时温度计的读数就是馏出液的沸点,收集所需温度范围的馏液。蒸馏前至少要准备两个接收瓶,因为在达到预期物质的沸点之前,常有低沸点的馏分先蒸出,这部分馏液称为前馏分或馏头。前馏分蒸完,温度升高且趋于稳定后再蒸出的就是较纯的物质,这时应更换一个干燥、洁净、称好质量的接收瓶接收,记录该馏分开始馏出至最后一滴馏出时温度计的读数,即为该馏分的沸程。沸程越短,物质的纯度越高。

③ 停止蒸馏 如果维持原来的加热温度,不再有馏液蒸出,温度突然下降时,就应停止蒸馏,即使杂质的量很少,也不能蒸干。否则,容易发生意外事故。蒸馏完毕,先停止加热,取下电加热套,待不再有馏液蒸出后停止通水。将装有馏出液的接收瓶再次称重,记录馏出液的质量。拆卸仪器,其程序和装配时相反,即按次序取下接收瓶、接液管、冷凝管、温度计、蒸馏头和圆底烧瓶,将所用的玻璃仪器清洗干净。

2.3.5.2 微量法测定沸点

取一根直径4~5mm、长7~8cm的毛细管，用小火封闭其一端，作为沸点管的外管，放入欲测定沸点的样品（乙醇）2~3滴，在此管中放入一根直径约1mm、长4~5cm的上端封闭的毛细管，作为沸点管的内管，将其开口端浸入样品中。与测定熔点的装置相似，安装装置，把微量沸点管贴于温度计水银球旁，用橡胶圈固定（橡胶圈应高于导热液面），将沸点管浸入导热液中，见图2-13。

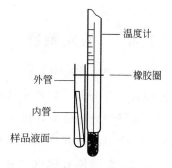

图2-13 微量法测沸点的装置

以每分钟5℃左右的速度加热升温。由于气体膨胀，内管中有断断续续的小气泡冒出，到达样品的沸点时，将出现一连串的小气泡，此时应停止加热，使浴液温度自行下降，气泡逸出的速度即渐渐减慢，仔细观察，最后一个气泡出现而刚欲缩回至内管的瞬间，表示毛细管内液体的蒸气压和大气压平衡，此时的温度就是该液体的沸点。记录温度数据。每支毛细管只可用于测定一次，一个样品需要重复测定2~3次。

本实验需4~6h。

2.3.6 注释

【1】液体的沸点高于140℃时用空气冷凝管，低于140℃时用直形冷凝管。冷凝管下端侧管为进水口，用橡胶管接自来水龙头，上端的出水口套上橡胶管导入水槽中。上端的出水口应向下，才可保证套管内充满水。

【2】必须注意加入沸石的时间，绝不能向沸腾或接近沸腾的溶液中直接加入，否则易引起暴沸。当加热后发现忘记加沸石时，需要待溶液稍冷却后再加入；若加热中途停止，后需要继续蒸馏时，必须在加热前补加沸石。

【3】装配蒸馏装置时尽量做到紧密不漏气。如果漏气，可用熟石膏粉封口，方法是：取少量煅烧过的熟石膏粉，加入少量水混合均匀（成糨糊状），在漏气处薄薄地涂上一层，涂层要光滑均匀。

【4】当蒸馏易挥发和易燃的物质（如乙醚）时，不能用明火（如酒精灯、煤气灯）加热。否则，容易引起火灾事故，因此要用热浴，一般热浴的温度超过液体沸点的20~30℃即可顺利蒸馏。如沸点在80℃以下，易燃的液体等即可在热水或沸水浴中进行加热蒸馏。

2.3.7 思考题

① 安装蒸馏装置时应注意什么问题？
② 蒸馏加入沸石的目的是什么？加入沸石需要注意什么？
③ 当加热后有馏液出来时，才发现冷凝管未通水，此时应该怎么办？
④ 蒸馏沸点为34.6℃的乙醚应选择什么作热源？
⑤ 如果温度计位置高于或低于蒸馏头支管的下沿会产生什么结果？

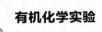

⑥ 如果测定一液体物质的沸点恒定，可否说明该液体为一纯净物？为什么？

2.4 分　　馏

2.4.1 应用背景

普通蒸馏法能够分离沸点差至少在30℃以上的组分，而且只有当沸点差在110℃以上时才能使其充分分离。如果要分离沸点相差不大的两种或两种以上能互溶的液体有机化合物，且达到良好的分离效果，用普通的蒸馏法则很难实现，此时，使用分馏柱代替蒸馏装置中的蒸馏头，则可以使其得到分离和纯化，这种方法称为分馏。因此，通过分馏可以分离、提纯沸点很接近的液体有机混合物。分馏在实验室和化学工业中应用非常广泛，工程上常称为精馏。

2.4.2 实验目的和要求

① 了解分馏的原理和意义、分馏柱的种类。
② 学习实验室常用的分馏操作方法。

2.4.3 实验原理

分馏是分离提纯沸点很接近的有机液体混合物的一种重要方法，其基本原理与蒸馏类似，不同之处就是将蒸馏头换为分馏柱，使液体汽化、冷凝的过程由一次改进为多次。因此，简单地说，分馏即是多次蒸馏。

在实验室中常用的分馏设备为分馏柱。分馏柱的作用就是使沸腾着的混合液的蒸气进入分馏柱时，由于柱外空气的冷却作用，蒸气中易被冷凝的高沸点组分就被冷却为液体，回流至烧瓶中，而低沸点组分除少量被冷凝外，大部分继续汽化上升，当上升的蒸气与下降的冷凝液相接触时，上升的蒸气部分冷凝所释放的热量使下降的冷凝液部分汽化，两者进行热交换。其结果是上升的蒸气中低沸点组分含量增加，而下降的冷凝液中高沸点组分增加，这样，就相当于进行了多次的气液平衡，达到了多次蒸馏的效果。靠近分馏柱顶部的低沸点组分含量高，而烧瓶中高沸点的组分含量高，因此，分馏能更有效地分离沸点相近的液体混合物。

2.4.4 实验仪器、试剂与材料

仪器与材料：圆底烧瓶、分馏柱[1]、温度计、直形冷凝管、接液管、锥形瓶、铁架台、铁夹、双口夹、电加热套、沸石等。

试剂：甲醇、水。

2.4.5 实验操作

2.4.5.1 实验装置

分馏装置图见图2-14。Vigreux 柱、Duftom 柱、Hempel 柱见图2-15。

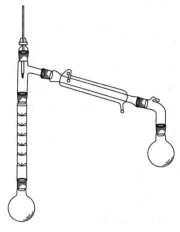

图 2-14 分馏装置图

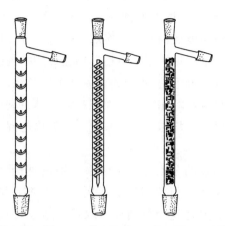

图 2-15 Vigreux 柱、Duftom 柱、Hempel 柱

2.4.5.2 分馏实验操作

（1）安装装置

按照图 2-14 安装分馏装置，与蒸馏装置安装要求基本一致，将电加热套放在升降台上，再将圆底烧瓶用铁夹、双口夹、铁架台固定在电加热套中，保持圆底烧瓶底部距加热套 1cm 左右。再依次安装分馏柱[1]、温度计、冷凝管、接液管、接收瓶（锥形瓶或圆底烧瓶）。

（2）加料

向 100mL 圆底烧瓶中加入 20mL 甲醇和 20mL 水的混合液，再加入少量沸石。

（3）加热分馏

缓慢加热圆底烧瓶，开始微沸后控制加热强度，使蒸气慢慢升入柱中，防止过热。当液体沸腾时，可观察到一圈圈气液沿分馏柱缓缓上升，当蒸气上升到分馏柱顶部，开始有馏出液流出时记下温度，调节加热强度，使蒸馏以每分钟 0.5～0.65mL（10～15 滴）的速度范围进行（回流比[2]为 2～3），每馏出 1mL 记 1 次柱顶温度。

需要注意的是，在分馏过程中，应注意避免液泛现象的发生，即避免回流液体在柱内聚集。否则会减少液体和蒸气的接触面积，或者使上升的蒸气将液体冲入冷凝管中，达不到分离的目的。因此需要对分馏柱进行保温处理，保证柱内具有一定的温度梯度，简单的方法就是在分馏柱外缠绕石棉绳。

以沸点为纵坐标、馏出液的体积为横坐标作图，得一分馏曲线，曲线的转折点即为甲醇与水的分离点。当甲醇蒸出后，馏分就暂时停止流出，温度很快上升，迅速达到水的沸点。注意在温度开始上升时及时更换接收瓶，此时馏出的是水。

将收集的甲醇再进行一次简单分馏，就可以得到纯净的甲醇。

（4）结束实验

做完实验，记录分馏出甲醇的体积，计算分离效率。把甲醇馏液倾入指定的回收瓶中，清洗玻璃仪器。

本实验需 4～6h。

2.4.6 注释

【1】分馏柱的种类很多，一般实验室常用的分馏柱有 Vigreux 柱、Duftom 柱和 Hempel

柱，见图 2-15。Vigreux 柱又称刺形分馏柱，是实验室最常用的一种，柱子阻力小，附液量（分馏时残留在柱中液体的量）少，容易清洗，但分离效率中等。Duftom 分馏柱，柱内部有一个绕在玻璃轴上的玻璃螺旋，这种分馏柱适用于沸点低于 100℃ 的物质的分离。为了提高分离效率，可使用填料柱，即在分馏柱内装入具有大比表面积的惰性填料，如玻璃（玻璃球、短段玻璃管）、陶瓷或金属（金属丝绕成固定形状）。填料的作用是在柱中增加蒸气与回流液的接触，填充物比表面积越大，越有利于提高分馏效率。填料之间应保留一定的空隙，要适当紧密且均匀。一般来说，待分离的混合物沸点差越大对分馏柱的要求越低，反之，要求越高。

分馏柱的分馏能力和效率分别用理论塔板值和理论塔板等效高度（HETP）来表示。一个理论塔板值就相当于一次简单蒸馏，如果说一个分馏柱的分馏能力为六个理论塔板值，那么通过这个分馏柱所取得的结果就相当于六次简单蒸馏的结果。表 2-2 是两组分的沸点差与分离所需理论塔板值的关系，沸点差越大，所需的理论塔板值越小，对分馏柱的要求越低，由表 2-2 可知，沸点差在 100℃ 以上可以不用分馏柱，用一次蒸馏就可将二者分离。

表 2-2 两组分的沸点差与分离所需理论塔板值的关系

沸点差/℃	108	72	54	43	36	20	10	7	4	2
分离所需理论塔板值	1	2	3	4	5	10	20	30	50	100

一个具有同样分馏能力的分馏柱可以有不同的长度，例如两个分馏柱，都具有 20 个理论塔板值的分馏能力，但一个长 60cm，一个长 20cm，从单位长度的效率讲后者效率高。所谓 HETP 即是理论塔板值除以分馏柱的长度所得的数值，因此，60cm 长的分馏柱的 HETP 为 3，而 20cm 长的分馏柱的 HETP 为 1。由此可见，分馏柱的 HETP 越小，单位长度的分馏效率越高。

【2】回流比是指在单位时间内由柱顶冷凝返回圆底烧瓶中液体的量与从蒸气通过冷凝管冷却流出的液体的量之比。如回流每 4 滴收集 1 滴馏出液，则回流比为 4∶1。对于非常精密的分馏，使用高效率的分馏柱，回流比可达 100∶1。回流比越大，分离效率越好。

2.4.7 思考题

① 分馏和蒸馏在原理和装置上有哪些异同？
② 为什么分馏时加热要平稳并控制好回流比？
③ 什么是液泛现象？出现液泛现象怎么办？
④ 为什么不能用分馏法分离共沸混合物？

2.5 水蒸气蒸馏

2.5.1 应用背景

水蒸气蒸馏是用来分离和提纯液态或固态有机化合物的一种方法，常用在下列几种情况：
① 某些沸点高的有机化合物，在常压蒸馏虽可与副产品分离，但易被破坏。
② 混合物中含有大量树脂状杂质，采用蒸馏、萃取等方法都难于分离。
③ 从较多固体反应物中分离出被吸附的液体。

被提纯物质必须具备以下几个条件：
① 不溶或难溶于水。
② 共沸腾下与水不发生化学反应。
③ 在100℃左右时，必须具有一定的蒸气压［至少5～10mmHg（1mmHg=133.322Pa）以上］。

2.5.2 实验目的和要求

① 学习水蒸气蒸馏的原理及应用。
② 掌握水蒸气蒸馏装置的安装及实验操作方法。

2.5.3 实验原理

根据道尔顿分压定律，在不溶或微溶于水的有机物中通入水蒸气时，整个体系的蒸气压等于各组分的蒸气压之和，即：

$$p_\text{总} = p_\text{水} + p_\text{物}$$

式中，$p_\text{总}$ 为总蒸气压；$p_\text{水}$ 为水的蒸气压；$p_\text{物}$ 为与水不相溶或难溶物质的蒸气压。

当总蒸气压与大气压力相等时，则液体沸腾，此时的温度就是这一混合物的沸点。显然，混合物的沸点低于任何一个组分的沸点。即有机物可在比其沸点低得多的温度下，且在低于100℃的温度下随水蒸气一起被蒸馏出来。这种操作即为水蒸气蒸馏。

水蒸气蒸馏法的优点在于使所需要的有机物可在较低的温度下从混合物中蒸馏出来，可以避免在常压下蒸馏时所造成的损失，提高分离提纯的效率。同时在操作和装置方面也较减压蒸馏简便一些，所以水蒸气蒸馏可以应用于分离和提纯有机物。

根据道尔顿分压定律和理想气体状态方程（$pV=nRT$）可知，伴随水蒸气馏出的有机物和水，两者的质量（$m_\text{物}$ 和 $m_\text{水}$）比等于两者的分压（$p_\text{物}$ 和 $p_\text{水}$）分别和两者的分子量（$M_\text{物}$ 和 $M_\text{水}$）的乘积之比，因此，在馏出液中有机物同水的质量比可按下式计算：

$$\frac{m_\text{物}}{m_\text{水}} = \frac{M_\text{物} p_\text{物}}{M_\text{水} p_\text{水}}$$

例如，用水蒸气蒸馏1-辛醇和水的混合物，1-辛醇的沸点为190.5℃，1-辛醇与水的混合物在99.4℃沸腾，纯水在99.4℃时的蒸气压为744mmHg，在此温度下，1-辛醇的蒸气压为760－744＝16（mmHg），1-辛醇的分子量为130，在馏液中1-辛醇与水的质量比为：

$$\frac{m_\text{物}}{m_\text{水}} = \frac{130 \times 16}{18 \times 744} = \frac{0.155}{1}$$

即每蒸出0.155g 1-辛醇，伴随蒸出1g水，馏液中1-辛醇占13%，水分占87%。

又如，苯甲醛（沸点为178℃）进行水蒸气蒸馏时在97.9℃沸腾。纯水在97.9℃时的蒸气压为703.5mmHg，在此温度下苯甲醛的蒸气压为760－703.5＝56.5（mmHg），苯甲醛的分子量为 106。所以，馏出液中苯甲醛与水的质量比为（106×56.5)/(18×703.5)＝0.473/1，馏出液中苯甲醛占 32.1％。

2.5.4 实验仪器、试剂与材料

仪器与材料：圆底烧瓶、三颈烧瓶、T 形管、直形冷凝管、接液管、锥形瓶、玻璃弯管、直玻璃管、分液漏斗、弹簧夹、电加热套、橡胶塞、橡胶管等。

试剂：苯甲醛（或鲜橙皮）、二氯甲烷、无水硫酸钠。

2.5.5 实验操作

（1）实验装置

实验装置包括水蒸气发生部分、蒸馏部分、冷凝部分和接收部分，见图 2-16。

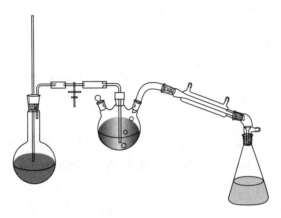

图 2-16 水蒸气蒸馏装置

（2）水蒸气蒸馏实验操作

取一个 500mL 圆底烧瓶作为水蒸气发生器，瓶内盛水量不超过其容量的 3/4，瓶口配一双孔橡胶塞，一孔插入长 60～70cm、内径约 5mm 的玻璃管作为安全管[1]，安全管插入至接近瓶底；另一孔插入内径约 8mm、90°的水蒸气导出管。这段水蒸气导管应尽可能短些，以减少水蒸气的冷凝。导出管用橡胶管与一个 T 形管[2]相连，T 形管的支管套上一短橡胶管，橡胶管上用弹簧夹夹住，T 形管的另一端用橡胶管连接玻璃导管，导管插入装有 5mL 苯甲醛（或 2～3 个剪碎的鲜橙皮）的 100mL 三颈烧瓶[3]中，距瓶底约 5mm，被蒸馏的液体量不能超过三颈烧瓶容积的 1/3。三颈烧瓶的一个瓶口用玻璃塞塞住，一个瓶口连接 75°玻璃弯管，再顺次连接直形冷凝管、接液管、50mL 锥形瓶。

检查整个装置不漏气后，打开 T 形管的弹簧夹，加热至圆底烧瓶中的水沸腾。当有大量水蒸气产生从 T 形管的支管冲出时，立即用弹簧夹夹住支管上的橡胶管，水蒸气便进入蒸馏部分，开始蒸馏。

当馏出液无明显油珠、澄清透明时，便可停止蒸馏。必须先打开 T 形管的弹簧夹，然后移去热源，以免发生倒吸现象。

将锥形瓶中的混合液倒入分液漏斗中，充分静置，待彻底分层后分液，分出有机层，用

量筒量出蒸出苯甲醛的体积，计算蒸馏效率。若是蒸馏鲜橙皮，最后分离出橙皮油，可经二氯甲烷萃取，无水硫酸钠干燥，蒸馏法除去溶剂二氯甲烷，即得橙油，计算橙皮中橙油的含量。

本实验需 4～6h。

2.5.6 注释

【1】通过水蒸气发生器安全管中水面的高低，可以观察到整个水蒸气蒸馏系统是否畅通，若水面上升很高，则说明有某一部分堵塞住了（一般多数是水蒸气导入管下端被树脂状物质或者焦油状物堵塞），这时应立即打开弹簧夹，然后移去热源，拆下装置进行检查和处理。否则，就有发生塞子冲出、液体飞溅的危险。

【2】T形管用来除去水蒸气中冷凝下来的水，有时在操作中发生不正常的情况时，可使水蒸气发生器与大气相通。

【3】为了减少由于反复移换容器而引起的产物损失，常直接利用原来的反应器，进行水蒸气蒸馏，如产物不多，则改用半微量装置，见图 2-17。

在蒸馏过程中，如由于水蒸气的冷凝而使烧瓶内液体量增加，以至超过烧瓶容积的 2/3 时，或者水蒸气蒸馏速度不快时，则将蒸馏部分隔石棉网用酒精灯加热，蒸馏速度为 2～3 滴/s。

图 2-17 半微量水蒸气蒸馏装置

2.5.7 思考题

① 水蒸气蒸馏适用于哪些情况？
② 水蒸气蒸馏时，被提纯物质必须具备的条件是什么？
③ 进行水蒸气蒸馏时，蒸气导入管的末端为什么要插入到接近于容器底部？
④ 如何观察终点？
⑤ 提纯苯甲醛为什么要用水蒸气蒸馏的方法？可否用蒸馏法？为什么？

2.6 减压蒸馏

2.6.1 应用背景

减压蒸馏是分离提纯液态有机化合物常用的方法之一，减压蒸馏又称真空蒸馏。某些沸点较高的有机化合物在加热还未达到沸点时往往发生分解、聚合或氧化现象，所以，不能用常压蒸馏，而使用减压蒸馏便可避免这种现象的发生。因此，减压蒸馏对于分离或提纯沸点较高或性质比较不稳定的液态有机化合物具有特别重要的意义，广泛应用于化学、化工、制药等领域。

2.6.2 实验目的和要求

① 学习减压蒸馏的原理及应用。

② 熟悉减压蒸馏的主要仪器、设备。
③ 掌握减压蒸馏仪器的安装和减压蒸馏操作方法。

2.6.3 实验原理

当一个液体有机化合物的蒸气压与外界大气压相等时，液体开始沸腾，此时的温度就是该液体有机化合物的沸点，显然沸点与外界压力有关。如果用真空泵将普通蒸馏系统抽真空，使系统内蒸气压下降，则液体就会在低于常压下的沸点温度时沸腾，即在减压下液体的沸点也会降低，这种在减压下的蒸馏操作就是减压蒸馏。当压力降低到 10～15mmHg 时，许多有机化合物的沸点可以比其常压下的沸点降低 80～100℃。

在进行减压蒸馏前，应先从文献中查阅清楚该化合物在所选择压力下相应的沸点，如果文献中缺乏此数据，可用下述经验规律大致推算，以供参考。一般的规律是外压每降低到原来的 1/2，沸点则降低 10～15℃。当蒸馏在 10～15mmHg 下进行时，压力每相差 1mmHg，沸点相差约 1℃。也可以用图 2-18（哈斯-牛顿简图，也叫沸点-压力列线图）来查找，即从某一压力下的沸点便可近似地推算出另一压力下的沸点。

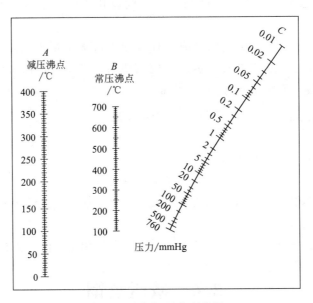

图 2-18 沸点-压力列线图

例如，水杨酸乙酯常压下的沸点为 234℃，减压至 15mmHg 时，可在图 2-18 中 B 线上找到 234℃ 的点，再在 C 线上找到 15mmHg 的点，然后两点连一直线通过与 A 线的交点为 113℃，即水杨酸乙酯在 15mmHg 时的沸点约为 113℃。

2.6.4 实验仪器、试剂与材料

仪器与材料：圆底烧瓶、克氏蒸馏头（或蒸馏头）、温度计、直形冷凝管、多尾接液管、茄形瓶（梨形瓶）、抽滤瓶、二通旋塞、橡胶塞、螺旋夹、冷却阱、测压计、干燥塔、橡胶管、磁力加热搅拌器、减压泵等。

试剂：呋喃甲醛、凡士林。

2.6.5 实验操作

2.6.5.1 实验装置

图 2-19 是常用的减压蒸馏装置，主要包括蒸馏、吸收、测压和减压 4 个部分。

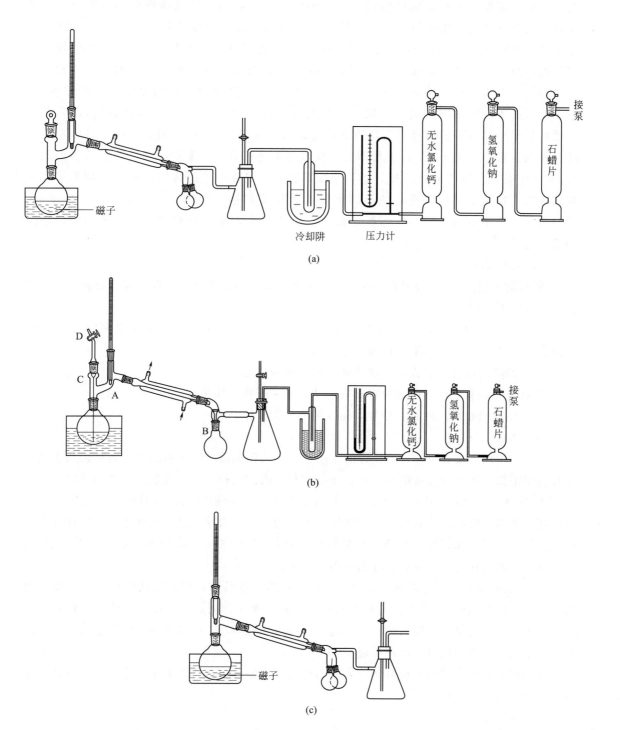

图 2-19 减压蒸馏装置

(1) 蒸馏部分

蒸馏部分主要由圆底烧瓶、克氏蒸馏头、温度计、直形冷凝管、真空接液管、接收瓶[1]组成，见图2-19(a)。圆底烧瓶中所装样品的体积不得超过其容积的1/2，用克氏蒸馏头的主要优点是可以减少液体沸腾时由于暴沸或泡沫的发生而产生溅入冷凝管现象。为了平稳地蒸馏，避免液体过热而产生暴沸溅跳现象，可在圆底烧瓶中加入磁子，加热搅拌，也可在克氏蒸馏头的直口一端插入一根末端拉成毛细管的玻璃管，见图2-19(b)，毛细管口距瓶底约1~2mm，毛细管口要很细，检查毛细管口的方法是，将毛细管插入小试管的乙醚内，用洗耳球在玻璃管口轻轻吹气，若毛细管能冒出一连串的细小气泡，如一条细线，即为合用。玻璃管另一端应在管口上套一段橡胶管，用螺旋夹夹住橡胶管，用于调节进入瓶中的空气量。否则，将会引入大量空气，达不到减压蒸馏的目的。蒸馏物质的量很少时可直接用蒸馏头代替克氏蒸馏头，见图2-19(c)，加热搅拌，可以避免暴沸。蒸馏少量物质或150℃以下物质时，接收器前连接直形冷凝管冷却，若物质沸点超过150℃，需要用空气冷凝管冷却。如果蒸馏不能中断或要分段接收馏出液时，则要采用多尾接液管，转动多尾接液管可使不同馏分流入指定的接收瓶内。安全瓶一般用抽滤瓶，壁厚耐压。安全瓶与减压泵和测压计相连，活塞用来调节压力及放气，起缓冲和防止倒吸等作用。

(2) 吸收部分

吸收部分的作用是吸收对真空泵有损害的各种气体或水蒸气，以保护减压设备，吸收装置一般由以下几部分组成：

① 冷却阱　用来冷凝水蒸气和一些挥发性物质，冷却阱放入广口的保温瓶中，外用冰-盐混合物冷却，必要时可用干冰-丙酮等冷却。

② 干燥塔　内装硅胶或无水氯化钙，用来吸收水蒸气。

③ 氢氧化钠吸收塔　内装粒状氢氧化钠，用来吸收酸性蒸气。

④ 石蜡片吸收塔　内装石蜡片，吸收某些烃类气体。

(3) 测压部分

在冷却阱后连接测压计，测压计的作用是指示减压蒸馏系统内的压力，通常采用水银测压计或精密数字压力计。水银测压计有开口式和封闭式两种，其结构如图2-20所示。

① 开口式水银测压计如图2-20(a) 所示。U形管两臂汞柱高度之差即为大气压力与系统中压力之差。因此，蒸馏系统内的实际压力应为大气压力减去这一汞柱之差。这种测压计装汞方便，比较准确，缺点是所用玻璃管的长度需超过76cm，较笨重，而且由于装汞多，又是开口，若操作不当，汞容易冲出，很不安全。

② 封闭式压力计在厚玻璃管内盛水银，管背后装有移动标尺，移动标尺将零度调整到接近活塞一边玻璃管（B）中的水银平面处，当减压泵工作时，A管汞柱下降，B管汞柱上升，两者之差即为蒸馏系统内的压力。这种压力计比较轻巧，读数方便，但在装汞或使用时易混入空气，使测出的真空度不准确。

使用时必须注意勿使水或脏物侵入压力计内，水银柱中也不得有小气泡存在。否则，将影响测定压力的准确性。

(4) 减压部分

实验室通常使用的减压泵有水泵和油泵两种，若不需要很低的压力时可用水泵，如

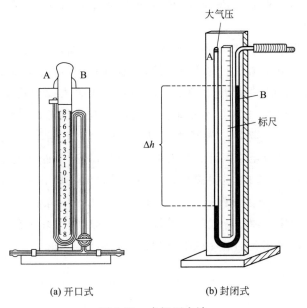

(a) 开口式　　　(b) 封闭式

图 2-20　水银压力计

果水泵的构造好，且水压又高时，在室温下其抽空效率可以达到 8~25mmHg，水泵所能抽到的最低压力理论上相当于当时水温下的水蒸气压力，例如，水温在 25℃、20℃、10℃时，水蒸气压力分别为 24mmHg、18mmHg、9mmHg，如果水泵抽气，可不设干燥塔。

若需要较低的压力，则要用油泵，好的油泵应能抽到 1mmHg 以下。油泵的好坏取决于其机械结构和油的质量，使用油泵时必须把它保养好。如果蒸馏挥发性较大的有机溶剂时，有机溶剂会被油吸收，结果增加了蒸气压，从而降低了抽空效能；如果蒸馏酸性蒸气，就会腐蚀油泵，如果蒸馏水蒸气就会使油成乳浊液，破坏真空油。因此，使用油泵时必须注意下列几点：

① 在蒸馏系统和油泵之间，必须装有吸收装置。
② 蒸馏之前必须先用水泵彻底抽去系统中的有机溶剂的蒸气。
③ 如能用水泵抽气的，则尽量使用水泵。如蒸馏物中含有挥发性杂质，可先用水泵减压抽除，然后再改用油泵。

减压系统必须保持密封不漏气，所用橡胶塞的大小和孔道都要十分合适，橡胶管要用厚壁的真空用的橡胶管。若真空度在 1mmHg 以上可在磨口玻璃塞处涂凡士林，若真空度在 1mmHg 以下须涂上真空脂，不宜过多，旋转至磨口处透明即可。

目前，实验室经常用旋转蒸发仪进行减压蒸馏除去溶剂，其优点是蒸发速度快，操作简便。

2.6.5.2　减压蒸馏操作

① 取 100mL 圆底烧瓶、50mL 茄形瓶 2 个、200℃温度计、直形冷凝管等，见图 2-19 (a)，去掉冷却阱、干燥塔和吸收塔，按上述要求把仪器安装完毕，玻璃磨口处涂少量凡士林。先检查系统能否达到所要求的压力，检查方法为：首先关闭安全瓶上的活塞，然后用减压泵抽气，观察能否达到要求的压力（如果仪器装置紧密不漏气，系统内的真

空情况应能保持良好），然后慢慢旋开安全瓶上活塞，放入空气，直到内外压力相等为止。

② 量取 40mL 呋喃甲醛【2】加入圆底烧瓶中，开启抽气泵，缓缓关闭安全瓶上的活塞，观察压力计的读数，调节安全瓶上的活塞，使系统内的压力达到 6.40kPa（48mmHg）。

③ 当达到所要求的低压，且压力稳定后，便开始用磁力搅拌器水浴加热【3】，热浴的温度一般较液体的沸点高出 20~30℃，液体沸腾时，应调节热源，经常注意测压计上所示的压力，如果不符，则应进行调节，蒸馏速度以 0.5~1 滴/s 为宜。待达到 75℃ 时，移开热源，更换接收器，继续蒸馏至温度计读数有明显变化时停止。即使温度计读数不变，当圆底烧瓶内只剩余 1~2mL 残余物时也要停止蒸馏。计量蒸出呋喃甲醛的体积。

④ 蒸馏完毕，去除热源，慢慢打开安全瓶上的活塞【4】解除真空，待内外压力平衡，使测压计的水银柱缓慢地恢复原状，关闭测压计活塞，然后拔掉减压泵胶管，关闭减压泵电源开关。最后按照与安装时相反的顺序依次拆除仪器，清洗干净。

本实验需 6~8h。

2.6.6 注释

【1】接收瓶和反应瓶必须用圆底或梨形烧瓶，不可用平底烧瓶或锥形瓶，防止在减压时由于外部压力过大发生爆炸。

【2】呋喃甲醛又名糠醛，是实验室制备呋喃甲酸、呋喃甲醇的主要原料，是无色或浅黄色油状液体，沸点为 161.7℃，久置后易被氧化成棕褐色甚至黑色，同时常常含有水，因此，使用前需减压蒸馏进行纯化。通过哈斯-牛顿简图（沸点-压力列线图）可以查到，当压力达到 6.40kPa（48mmHg）时，呋喃甲醛的沸点为 75℃。

【3】不能直接用火加热，应按照实际情况选用各种热浴，如磁力加热搅拌器。

【4】若放开得太快，水银柱很快上升，有冲破测压计的可能。待内外压力平衡后，才可关闭抽气泵，以免抽气泵中的水倒吸入安全瓶或油倒吸入干燥塔。

2.6.7 思考题

① 什么是减压蒸馏？怎样的情况下才用减压蒸馏？
② 减压蒸馏装置对仪器有何特殊要求？
③ 在减压蒸馏时，应先减到一定压力，再进行加热，还是先加热再抽真空？为什么？
④ 在用油泵减压蒸馏高沸点化合物前，为什么要先用水浴加热，蒸去绝大部分低沸点物质？
⑤ 在减压蒸馏系统中各吸收装置的作用是什么？

2.7 萃 取

2.7.1 应用背景

萃取是有机化学实验中用来分离和提纯有机化合物的常用操作方法之一。应用萃取可以从固体或液体中提取所需要的物质，也可以用来洗去混合物中的少量杂质。通常把前者称为萃取或抽提，后者称为洗涤。萃取与洗涤的原理相同，只是目的不同而已。从液体中萃取又称为液-液萃取，常用分液漏斗，分液漏斗的使用是有机化学实验的基本操作之一。从固体中萃取称为固-液萃取[1]，也称为浸取，常用连续提取器，如索式（Soxhlet）提取器。萃取广泛应用于化学、化工、制药、食品等工业领域。

2.7.2 实验目的和要求

① 熟悉萃取法的原理及应用。
② 掌握液-液萃取的操作方法，熟悉使用分液漏斗的注意事项。

2.7.3 实验原理

萃取的基本原理是利用物质在两种不相溶（或微溶）溶剂中溶解度（或分配比）的不同，使物质从一种溶剂中转移至另一种溶剂中，经过多次提取，达到分离、提纯及纯化的目的。

设某溶液由溶质 X 溶于溶剂 A 而成，现要从 A 中萃取溶质 X，取对 X 溶解度极好的溶剂 B（萃取剂），萃取剂的用量一般为溶液体积的 1/3。B 与 A 不混溶，也不起化学反应。将 B 倒入溶液中充分混合静置后，则溶液分成两层，此时溶质 X 在 A 和 B 溶剂中各有一部分。依分配定律：在一定温度下，有机物在两种互不相溶的溶剂中的浓度比为一定值（分配系数）。则：

$$K(\text{分配系数}) = \frac{X \text{在 A 溶剂中的浓度}}{X \text{在 B 溶剂中的浓度}} = \frac{c_A}{c_B}$$

有机物在有机溶剂中的溶解度一般大于在水中的溶解度，所以，利用有机溶剂能将有机物从其水溶液中萃取出来，但是，除非分配系数极大，否则用一次萃取是不可能将全部物质都转移至新的有机相中。萃取时，可在水溶液中先加入一定量的电解质（如食盐），利用"盐析效应"可以降低有机物和萃取剂在水中的溶解度，提高萃取效率。利用分配定律的关系，可以计算出经过萃取后溶液中化合物的剩余量。

设 V 为原溶液的体积，m_0 为溶液中被萃取物 X 的总质量，m_1 为萃取一次后 X 在 A 溶剂中的剩余量，m_2 为萃取两次后 X 在 A 溶剂中的剩余量，m_n 为萃取 n 次后 X 在 A 溶剂中的剩余量，V_e 为萃取剂 B 的体积。

经第一次萃取，原溶液中 X 的质量浓度为 m_1/V；而萃取剂 B 中 X 的质量浓度为 $(m_0-m_1)/V_e$；两者之比等于 K（分配系数），即：

$$\frac{m_1/V}{(m_0-m_1)/V_e} = K$$

整理后得：

$$m_1 = m_0 \frac{KV}{KV+V_e}$$

同理，经过二次萃取后，则有：

$$\frac{m_2/V}{(m_1-m_2)/V_e} = K$$

整理后得：

$$m_2 = m_1 \frac{KV}{KV+V_e} = m_0 \left(\frac{KV}{KV+V_e}\right)^2$$

因此，经 n 次萃取后：

$$m_n = m_0 \left(\frac{KV}{KV+V_e}\right)^n$$

由于上式中括号内项 $KV/(KV+V_e)$ 总是小于1，所以 n 越大，m_n 越小，也就是说把一定量的溶剂分成多次萃取的效果好。以上公式仅适用于与水几乎不互溶的溶剂，而与水有部分互溶的情况上式只是近似结果。

例如：在15℃时，4g 正丁酸溶于100mL 水溶液中，用100mL 苯来萃取正丁酸。15℃时，正丁酸在水中与苯中的分配系数为 $K=1/3$，若一次用100mL 的苯来萃取，则萃取后正丁酸在水溶液中的剩余量为：

$$m_1 = 4 \times \frac{1/3 \times 100}{1/3 \times 100 + 100} = 1.0 \text{（g）}$$

萃取效率为：$[(4-1)/4] \times 100\% = 75\%$。

若100mL 苯分三次萃取，即每次用33.33mL 苯来萃取，经过第三次萃取后正丁酸在水溶液中的剩余量为：

$$m_3 = 4 \times \left(\frac{1/3 \times 100}{1/3 \times 100 + 33.33}\right)^3 = 0.5 \text{（g）}$$

萃取效率为：$[(4-0.5)/4] \times 100\% = 87.5\%$。

从上面的计算可知，用100mL 苯一次萃取可以萃取出正丁酸3.0g，而分三次萃取，则可萃取出3.5g，其效率高于用全量溶剂一次萃取，即少量多次萃取效率高。但并非萃取次数越多越好，从诸多因素综合考虑，一般萃取三次为宜。

另外，萃取效率还与萃取剂的性质有关，选择萃取剂一般应考虑如下因素：与原溶剂不相混溶，对被提取物的溶解度大、纯度高、沸点低、毒性小、价格低廉。常用的萃取剂有乙醚、苯、四氯化碳、氯仿、石油醚、二氯甲烷、乙酸乙酯等。难溶于水的物质常用石油醚等萃取，水溶性较小的一般用乙醚或苯萃取，水溶性较大的用乙酸乙酯或类似溶剂萃取。

洗涤常用于在有机物中除去少量酸、碱等杂质。这类洗涤剂一般用5%的氢氧化钠、碳酸钠或碳酸氢钠、稀硫酸等，目的是使杂质与碱或酸成为盐溶于水被分离除去。也用浓硫酸从饱和烃中除去不饱和烃，从卤代烷中除去醚或醇，从苯中除去噻吩。

2.7.4 实验仪器、试剂与材料

仪器与材料：分液漏斗[2]、移液管、锥形瓶、铁架台、铁圈等。
试剂：冰醋酸、乙醚。

2.7.5 实验操作

本实验用液-液萃取法，以乙醚从冰醋酸水溶液中萃取冰醋酸为例来说明实验步骤。

2.7.5.1 实验装置

分液装置见图 2-21。

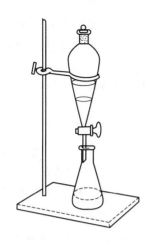

图 2-21 分液装置

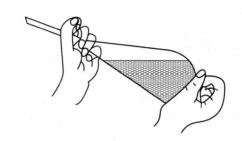

图 2-22 振荡后放气示意图

2.7.5.2 萃取实验操作

（1）一次萃取法

按图 2-21 安装装置，用移液管准确量取 20mL 冰醋酸与水的混合液（冰醋酸与水以 1∶9 的体积比相混合），放入事先准备好的分液漏斗中。再量取 21mL 乙醚加入分液漏斗中，注意近旁不能有明火，否则易引起火灾。加入乙醚后，先用右手拇指和中指握住分液漏斗，食指根部压住玻璃塞，防止其脱落，用左手握住旋塞，保持拇指与食指便于控制并转动旋塞。将分液漏斗放平，上下轻轻振摇或旋摇，每隔几秒钟将分液漏斗倾斜倒置，如图 2-22 所示，下口略向上倾斜，及时开启下口旋塞，放出因振摇而生成的气体，以解除分液漏斗内的压力，这是因为乙醚的沸点低且易挥发。所以，要及时释放乙醚气体，以平衡内外压力，避免由于内部压力过大，漏斗塞子被顶开，使液体喷出。重复操作 2~3 次，然后再用力振摇[3] 2~3min，使乙醚与冰醋酸水溶液充分接触，以提高萃取效率。

将分液漏斗静置于铁圈上，下端靠在用于接收的 50mL 锥形瓶内壁上，打开上口的玻璃塞（或旋转玻璃塞，使玻璃塞的凹槽对准漏斗上口颈部的小孔，以便与大气相通），静置，使溶液分层。当溶液分成清晰的两层，液面高度不再变化后，小心旋开旋塞，缓缓放出下层水溶液于锥形瓶内，如图 2-23 所示。

当液面间的分界线接近旋塞时，关闭旋塞，静置片刻，这时，下层液体会逐渐增多一些，待液面不再变化时，再把下层液体仔细放出[4]，将上层液体从上口倒入另一洁净、干燥的锥形瓶中。向锥形瓶中加入适量无水氯化钙或无水硫酸镁（至干燥剂不聚团、不挂瓶壁为宜），干燥 30min。过滤，除去干燥剂，将滤液进行蒸馏（用水浴加热），除去乙醚（或用旋转蒸发仪旋蒸除去乙醚），将剩余物称重。计算用 21mL 乙醚一次萃取

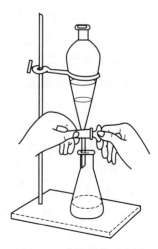

图 2-23 分液操作示意图

出冰醋酸的质量及百分率。

（2）多次萃取法

准确量取 20mL 冰醋酸与水的混合液（冰醋酸与水以 1∶9 的体积比相混合）于分液漏斗中，每次用 7mL 乙醚同上法分三次进行萃取，合并三次萃取分离的上层乙醚溶液。如上法依次进行干燥、过滤、蒸馏、称重。计算用 21mL 乙醚分三次萃取出冰醋酸的总质量及百分率。

根据萃取结果，比较用同量的萃取剂分一次和三次萃取的萃取效率。

本实验需 6～8h。

2.7.6 注释

【1】固-液萃取法就是用溶剂直接从固体混合物中萃取所需要物质的方法，如中药煎煮。将水或其他溶剂加入到固体物质中，让其在常温或加热条件下浸泡，使易溶于溶剂的物质提取出来，然后再分离纯化，如果使用的是有机溶剂，则提取时应使用回流装置。

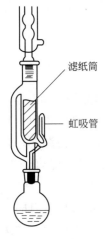

图 2-24 Soxhlet 提取装置

对于少量固体物质的萃取，实验室中常用 Soxhlet 提取器进行萃取。Soxhlet 提取器利用溶剂回流及虹吸原理，使固体物质连续不断地被纯溶剂萃取，萃取效率高，装置图见图 2-24。

萃取时，将研细的固体样品装入滤纸筒放入提取器内，注意不要使滤纸筒内物质高出提取器的虹吸管顶端。按图 2-24 安装好装置，加热圆底烧瓶，溶剂沸腾时，蒸气从支管上升被冷凝管冷凝滴入到提取器中对固体浸泡萃取，当提取器中液面高度超过虹吸管最高处时，即发生虹吸流回烧瓶中。溶剂就这样在装置内循环流动，把固体中可溶物不断地富集到烧瓶中。提取数小时后，去除热源，冷却后，拆下仪器，用蒸馏法回收溶剂，将得到的萃取物干燥称重即可定量，也可用其他方式进一步分离纯化。

【2】常用的分液漏斗有梨形、锥形和球形三种，在有机化学实验中常用的是梨形分液漏斗，分液漏斗的大小应比待萃取液体的体积大一倍以上。

分液漏斗主要应用于：

① 分离两种分层而不起作用的液体。

② 从溶液中萃取某种成分。

③ 用水或酸或碱洗涤某种产品。

④ 用来滴加某种试剂（即代替滴液漏斗）。

在使用分液漏斗前必须检查：

① 分液漏斗的旋塞有没有用橡胶筋或橡胶圈绑住。

② 玻璃塞和旋塞是否紧密，如有漏水现象，应及时按下述方法处理：脱下旋塞，用纸或干布擦净旋塞及旋塞孔道的内壁，然后，用玻璃棒蘸取少量凡士林，避开旋塞孔道，在旋塞近把手端抹上一层凡士林，再在远离把手端处也抹上一层凡士林，注意一定不要抹在旋塞的孔道中，然后插上旋塞，旋转几圈将凡士林涂抹均匀，直至测试不漏水为止。

使用分液漏斗时应注意：

① 不能把旋塞上附有凡士林的分液漏斗放在烘箱内烘干；漏斗上口的玻璃塞不要涂抹凡士林。

② 不能用手拿分液漏斗的下端。

③ 振摇过程中必须随时放出产生的气体。

④ 不能用手拿着分液漏斗进行分离液体。

⑤ 打开上口的玻璃塞（或旋转玻璃塞，使玻璃塞的凹槽对准漏斗上口颈部的小孔，以便与大气相通），才能开启下口的旋塞进行分液。

⑥ 下层的液体应从下口放出，而上层的液体必须从上口倒出。

分液漏斗用后，应清洗干净，玻璃塞和旋塞用纸包裹后塞回去。

【3】溶液经剧烈振摇后易出现乳化现象，使溶液不能分层或不能很快分层，例如在萃取某些碱性或表面活性较强的物质时（如蛋白质、长链脂肪酸、皂苷等）会出现乳化现象。出现这种现象可按以下方法来处理：长时间静置、加无机盐或饱和食盐水溶液、过滤、滴加数滴醇类化合物（改变表面张力）、加热等。当然，在处理之前，应分析产生乳化的原因，进而采取恰当的破乳方法。如因为萃取剂与水部分互溶引起的乳化，可通过长时间静置达到分层目的；由于两种溶剂的相对密度极为接近而不易分层引起的乳化，可以加入无机盐溶于水溶液中，增加相对密度促进分层；由于有树脂状、黏液状悬浮物等轻质固体存在而引起的乳化，可将分液漏斗中的混合物，用质地密致的滤纸，进行减压过滤，过滤后的液体则容易分层和分离；在提取含有表面活性剂的溶液而形成乳化时，只要改变溶液的 pH 值就能分层。

【4】仔细观察液面分界线的位置，待分界线刚流入旋塞，即刻旋紧旋塞，使上下两层液体均被封闭在旋塞中，确保上下两层液体分离彻底。

2.7.7 思考题

① 什么是萃取？什么是洗涤？指出两者的异同点。

② 使用分液漏斗时要注意哪些事项？

③ 影响液-液萃取法萃取效率的因素有哪些？选择萃取剂应考虑哪些因素？

④ 在萃取过程中如果出现乳化现象，应怎样处理？

2.8 重 结 晶

2.8.1 应用背景

重结晶是将晶体溶于热的溶剂以后，又重新冷却，将其从溶液中结晶出来的过程，是一种提纯固态有机化合物常用的重要分离方法之一。从有机化学反应中制得的固态有机化合物，往往是不纯的，常常混有生成的副产物、使用的催化剂及未反应的原料等杂质，通常需要经过重结晶法提纯才能得到纯品。因此，重结晶被广泛应用于固体有机化合物的分离和纯化，主要适用于产品与杂质性质差别较大、产品中杂质含量小于5%的固体混合物的分离提纯。

2.8.2 实验目的和要求

① 学习重结晶的基本原理。
② 熟悉用于重结晶的溶剂须具备的条件。
③ 掌握重结晶的基本操作方法。

2.8.3 实验原理

重结晶是根据不同温度条件下,被提纯的有机化合物及杂质在溶剂中溶解度的差异而将它们分离开的一种提纯方法。

重结晶的一般过程为:
① 选择适当的溶剂。
② 将待纯化的固体样品溶于适量的热溶剂中制成饱和溶液。
③ 趁热过滤除去不溶性杂质(如溶液的颜色深,则应加活性炭脱色,再过滤)。
④ 将过滤后的溶液冷却,或蒸发溶剂,使结晶慢慢析出,少量可溶性杂质则留在母液中;或者杂质析出,而欲提纯的化合物则留在溶液中。
⑤ 减压过滤分离母液,洗涤并分出晶体或杂质。
⑥ 干燥需要的晶体,测定熔点。

2.8.4 实验仪器、试剂与材料

仪器与材料:锥形瓶、球形冷凝管、布氏漏斗、抽滤瓶、烧杯、二通旋塞、玻璃塞、表面皿、循环水真空泵、滤纸、橡胶塞、硬质橡胶管、活性炭等。

试剂:乙酰苯胺粗品、液体石蜡。

2.8.5 实验操作

2.8.5.1 实验装置

加热回流装置见图 2-25。常压过滤装置见图 2-26。减压过滤装置见图 2-27。

图 2-25 加热回流装置

图 2-26 常压过滤装置

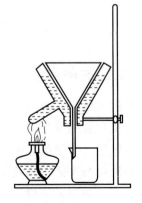

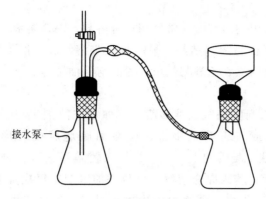

图 2-27 减压过滤装置

2.8.5.2 操作要求

（1）选择溶剂

在重结晶时选择一种适宜的溶剂，是能否达到分离纯化的关键。理想的溶剂应符合下面几个条件：

① 与被提纯的有机物不起化学反应。

② 被提纯的有机物必须具备在热溶剂中溶解度较大，而在冷溶剂中溶解度则较小的特性。

③ 杂质在溶剂中溶解度很大（杂质不随被提纯的有机物析出，而留在母液中）或很小（趁热过滤可除去杂质）。

④ 纯的物质能生成较整齐的晶体。

⑤ 溶剂的沸点适中，不宜太低，容易损耗；也不宜过高，否则附着于晶体表面的溶剂不易除去。

⑥ 价廉易得、毒性低、回收率高、操作安全。

常用的溶剂为水、乙醇、丙酮、苯、乙醚、氯仿、石油醚、乙酸和乙酸乙酯等。

根据相似相溶原理，在选择溶剂时还必须考虑到被溶解物质的结构。因为溶质往往易溶于结构与其相似的溶剂中，一般来说，极性溶剂易溶解极性固体，非极性溶剂易溶解非极性固体。如羟基化合物选择甲醇、乙醇作溶剂，羰基化合物选择丙酮作溶剂，芳香族化合物选择苯或乙醚作溶剂等。所选溶剂的沸点应低于待结晶物质的熔点，以免其受热分解变质。

溶剂的选择可以通过查阅文献，以待纯化的物质在各种溶剂中的溶解度作参考，当然，在实际工作中一般还是通过实验来决定。其方法是：取 0.1g 样品于一小试管中，用滴管滴加某溶剂，同时不断振荡，待加入的溶剂约 1mL 时，观察溶解情况。若小心加热至沸腾（注意溶剂的可燃性），如完全溶解，冷却后，能析出大量晶体，这种溶剂可认为合适；若样品完全溶解或加热时完全溶解，但冷却后无晶体析出，表示这种溶剂不适用；若样品不溶于 1mL 沸腾溶剂中时，再分批添加溶剂，每次加入 0.5mL，并加热至沸腾，当溶剂共加入 3mL，而样品仍未溶解时，表示这种溶剂不合用；若样品溶于 3mL 以内的热溶剂中，冷却后仍无结晶析出，表示这种溶剂仍不合用。按照上述方法逐一实验不同的溶剂，如发现冷却后都有结晶析出，可比较结晶的收率，选择其中最佳的作为重结晶的溶剂。

如果难于选择一种合用的溶剂时，常使用混合溶剂。混合溶剂一般由两种能以任何比例互溶的溶剂组成，其中一种易溶解结晶，另一种较难溶解。一般常用的混合溶剂有乙醇与水、乙醇与乙醚、乙醇与丙酮、乙醇与氯仿、乙醚与石油醚等。

（2）溶解样品

将待纯化的样品加入圆底烧瓶或锥形瓶中（如水作溶剂也可用烧杯），为了避免溶剂挥发及可燃性溶剂着火或有毒溶剂中毒，应在圆底烧瓶或锥形瓶上安装球形冷凝管（图 2-25），添加溶剂可从冷凝管的上口加入。加入较需要量稍少的适宜溶剂，边搅拌边加热，微微沸腾一段时间后，若未完全溶解，可再添加溶剂，每次加溶剂后需再加热使溶液沸腾，直至样品完全溶解（但应注意，在补加溶剂后，发现未溶解固体不减少，应考虑是不溶性杂质，此时就不要再补加溶剂，以免溶剂过量）。再多加 20% 左右的溶剂，这样可避免热过滤时，晶体在漏斗上或漏斗颈中析出造成损失。切不可再多加溶剂，否则冷却后析不出晶体。

（3）脱色

若溶液有颜色或存在少量树脂状物质、悬浮状微粒，用简单的过滤方法不能除去，需要用活性炭进行处理。活性炭必须待样品溶解且溶液稍冷后加入，切不可在沸腾的溶液中加入，否则会有暴沸的危险，活性炭的用量一般为固体样品质量的 1%～5%，煮沸 5～10min。如一次脱色不好，可再加少量的活性炭，重复操作。活性炭对水溶液脱色效果好。

（4）热过滤

热过滤就是趁热过滤除去不溶性杂质、活性炭及吸附在活性炭上的有色杂质。热过滤主要分常压过滤和减压过滤两种方法。

① 常压过滤　如果溶液量少，可以选一颈短而粗的玻璃漏斗，提前在烘箱预热，过滤时趁热取出使用，滤纸需用热的溶剂润湿，迅速倒入溶液进行过滤；如果溶液量较多，可用热水保温漏斗趁热过滤。热水漏斗见图 2-26。

它是把玻璃漏斗[1]套在一个金属制的热水漏斗套上。漏斗套的两壁间充水，过滤前将夹套内的水烧热，如果溶剂是水时，过滤时也可加热热水漏斗的侧管，如果溶剂是可燃的务必熄灭火焰。

② 减压过滤　为了使结晶和母液迅速有效地分离和有利于干燥，一般采用减压过滤（抽气过滤）的方法，简称为抽滤，其装置包括漏斗、抽滤瓶、安全瓶和水泵四个部分，见图 2-27。

漏斗常使用布氏漏斗，选用时应与所要过滤物的量相称。布氏漏斗上铺的滤纸要圆，其直径应略小于漏斗内径，以能贴于漏斗的底部，恰好盖住所有小孔为宜。抽滤瓶用来接收滤液，选用时除应与漏斗大小相称外，还要根据滤液量的多少而选定。

减压过滤时应注意：漏斗下的斜口要正对抽滤瓶的侧管；在抽滤之前必须用同一种溶剂将滤纸湿润，使纸紧贴于布氏漏斗的底面；然后，打开水泵将滤纸吸紧，避免固体在抽滤时从滤纸边缘吸入抽滤瓶中；停止抽滤时，先将抽滤瓶与水泵间相连接的橡胶管拔出，或者将安全瓶上的活塞打开与大气相通，才关闭水泵，以防止水倒流入抽滤瓶内。

抽滤少量的结晶时，可用三角抽滤漏斗代替布氏漏斗、圆底烧瓶代替吸滤瓶进行减压抽滤。

（5）冷却析晶

将盛有热的滤液的烧杯（或茄形瓶）封口后在室温静置使其慢慢冷却，进行析晶[2]，这样析出的晶体颗粒大，纯度高。若将滤液迅速冷却或在冷却下搅拌，则析出的晶体颗粒小，纯度低。

（6）过滤并干燥晶体

将析出的晶体进行减压过滤，过滤时用干净的玻璃塞在布氏漏斗上挤压晶体，尽量除去母液，晶体表面残留的母液可用少量的溶剂进行洗涤，再减压过滤将溶剂除去，一般重复操作1～2次。将晶体取出[3]放在表面皿上进行干燥，可放在室温内（数天）晾干，表面皿上盖一层滤纸；也可以放在红外灯下烤干，对于易吸潮、易分解的有机物可放在真空恒温干燥箱中干燥。

（7）回收溶剂

如果重结晶选择的是有机溶剂，则需要通过蒸馏法进行回收。

（8）测定熔点

将干燥好的晶体测定熔点，与标准品对照，以此检验重结晶后的纯度，如果不理想，可以再进一步重结晶进行纯化。

2.8.5.3 重结晶实验操作

安装回流装置，称取5g粗乙酰苯胺，放入100mL圆底烧瓶中，慢慢向烧瓶中加适量水，边加边搅拌。加热至沸腾，直至乙酰苯胺完全溶解，若仍不溶，可适当添加少量热水。共加入约50mL水。观察溶液颜色，若溶液有颜色，则稍冷后，加入适量（约0.3g）活性炭于溶液中，搅拌，再煮沸约5～10min。趁热过滤（用减压过滤法或用热水保温漏斗过滤），将滤液收集在一洁净烧杯中，室温冷却，使乙酰苯胺结晶析出。待析出完全后，按照减压过滤的操作要求进行减压过滤。用玻璃塞挤压晶体，尽量把母液抽干。缓缓打开安全瓶上的旋塞，关闭水泵，在布氏漏斗上加少量冷水，用玻璃棒均匀搅拌松动晶体（注意不要触碰滤纸），洗涤晶体，进一步除去水溶性杂质。再打开水泵，关闭安全瓶上的旋塞重新抽滤，如此重复洗涤两次。停止抽滤，取出结晶，把滤纸上的晶体用刮刀清理干净放在表面皿上晾干，或在烘箱中100℃以下烘干后称重，测定纯化后已干燥的乙酰苯胺的熔点，与粗品比较，计算回收率。

纯乙酰苯胺的熔点为114.3℃。本实验约需6h。

2.8.6 注释

【1】漏斗内放置折叠滤纸，其折叠顺序见图2-28。

折叠时，折纹切勿折至滤纸的中心。否则，折叠滤纸的中央易在过滤时破裂，妨碍工作。在使用时，将折好的滤纸翻转，并整理好，放入漏斗中，避免弄脏的一面接触滤液。

折叠滤纸过滤面积较大，可以加速过滤，同时减少在过滤时析出结晶的机会。

【2】若室温放置一段时间仍不析出晶体，可以将滤液放入冷水（或冰水）中冷却，使之析晶。若冷却后仍无晶体析出，则可试用下列方法使晶体析出：

① 用玻璃棒摩擦容器内壁。

② 投入待纯化的纯净有机物作为"晶种"。

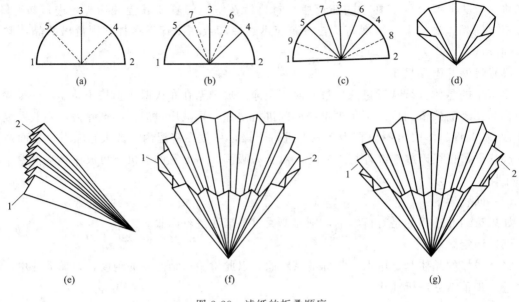

图 2-28 滤纸的折叠顺序

③ 放入冰箱中冷冻。

【3】从漏斗上取出晶体时常连同滤纸一起取出,待干燥后用刮刀轻轻敲打滤纸,晶体即可全部取下来。

2.8.7 思考题

① 选择重结晶用的溶剂时,应考虑哪些因素?
② 重结晶一般包括哪几个步骤?各步骤的主要目的是什么?
③ 重结晶时,溶剂的用量为什么不能过量太多,也不能过少?正确的量应该如何选择?
④ 用活性炭脱色为什么要待固体物质完全溶解后才加入?为什么不能在溶液沸腾时加入?
⑤ 用水重结晶乙酰苯胺,在溶解过程中有无油状物出现?这是为什么?
⑥ 使用布氏漏斗过滤时,如果滤纸大于漏斗瓷孔面时,有什么不好?
⑦ 停止抽滤前,如不先拔除吸滤瓶与水泵间相连接的橡胶管或者将安全瓶上的活塞打开与大气相通,就直接关闭水泵电源会有什么问题产生?

2.9 升 华

2.9.1 应用背景

具有较高蒸气压的固态物质加热时不经过液态而直接变为气态,这个过程即为升华。然而对有机化合物的提纯来说重要的却是一些物质的蒸气不经过液态而直接转变成固态,这样能得到高纯度的物质。一般情况下,对称性较高的固态物质,具有较高的熔点,而且在熔点温度以下具有较高(高于 2.67kPa)的蒸气压,才可采用升华法来提纯。另外,利用升华法还可以除去不挥发性杂质或分离挥发性明显不同的固体混合物。

2.9.2 实验目的和要求

① 了解升华的基本原理和方法。
② 掌握升华的基本操作技能。

2.9.3 实验原理

一种物质的正常熔点是其固、液两相在标准大气压下平衡时的温度。在三相点时的压力是固、液、气三相的平衡蒸气压,所以三相点时的温度和正常的熔点有些差别,通常差别只有几分之一摄氏度。温度在三相点以下,物质只有固、气两相,若降低温度,蒸气就不经过液态而直接转变成固态;若升高温度,固体也不经过液态而直接转变成气态。若某物质在三相点温度以下的蒸气压很高,则其汽化速率很大,就可以较容易地从固体转换为蒸气。物质蒸气压随温度降低而下降非常显著,稍降低温度即能由蒸气直接转变成固体,则此物质可在常压下用升华方法进行提纯。

2.9.4 实验仪器、试剂与材料

仪器与材料:电热套或酒精灯、蒸发皿、短颈玻璃漏斗、石棉网、脱脂棉、滤纸、烧杯等。

试剂:粗萘。

2.9.5 实验操作

(1) 实验装置

实验装置如图 2-29 所示。蒸发皿上盖一张扎过数个小孔的滤纸,滤纸上倒扣一个口径略小的短颈玻璃漏斗,漏斗颈部塞一些脱脂棉。实验过程中,用电热套或酒精灯加热。

(2) 升华实验操作

称取 0.5g 烘干的粗萘,放入蒸发皿中,铺匀。取一大小合适的短颈玻璃漏斗,将颈口处用少量脱脂棉堵住[1],选一张略大于漏斗底口的滤纸,在滤纸上扎一些小孔后盖在蒸发皿上,用漏斗盖住。将蒸发皿放在石棉网上,用电加热套或酒精灯缓慢加热,控制在 80℃ 以下,数分钟后,可轻轻取下漏斗,小心翻起滤纸,如发现下面已挂满了萘[2],则可将其移入干燥的样品瓶或烧杯中,并立即重复上述操作,直到萘升华完毕,使杂质留在蒸发皿底部。称重可得约 0.4g 纯萘,为白色晶体,萘的熔点为 80.6℃。

本实验约需 2h。

图 2-29 升华装置

2.9.6 注释

【1】将颈口处用少量脱脂棉堵住,以免蒸气外逸,造成产品损失。
【2】当蒸气开始通过滤纸上升至漏斗中时,可以看到滤纸和漏斗壁上有晶体析出。如晶

体不能及时析出,可在漏斗外面用湿布冷却。

2.9.7 思考题

① 升华分离方法的必要条件和适用范围是什么?
② 升华法用于物质的提纯优缺点是什么?

2.10 液体有机化合物折射率的测定

2.10.1 应用背景

折射率是有机化合物重要的物理常数之一,作为液体物质纯度的标准,它比沸点更为可靠。利用折射率,可鉴定未知化合物。如果一个化合物是纯的,那么就可以根据所测得的折射率排除考虑中的其他化合物,从而识别出这个未知物来。折射率也用于确定液体混合物的组成。在蒸馏两种或两种以上的液体混合物且当各组分的沸点彼此接近时,那么就可利用折射率来确定馏分的组成。

2.10.2 实验目的和要求

① 了解折射率的物理意义。
② 掌握影响折射率的因素。
③ 掌握阿贝折射仪的使用方法。

2.10.3 实验原理

当光线从一种介质(空气)射入另一种介质(测定的液体)时,光的速度、方向都会发生改变,这种现象称为光的折射现象,如图 2-30 所示。

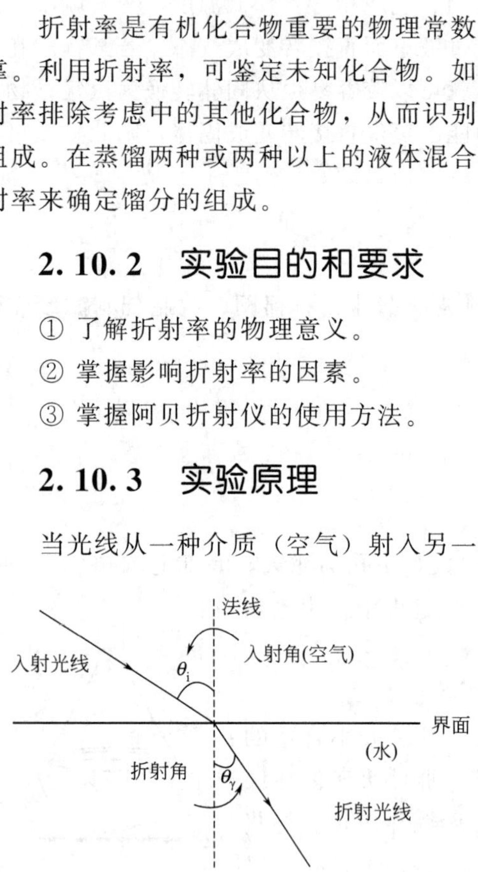

根据光的折射定律,光线在空气中的速度($v_{空气}$)与它在液体中的速度($v_{液体}$)之比定义为该液体中的折射率(n)。

$$n = v_{空气}/v_{液体} = \sin\theta_i / \sin\theta_\gamma$$

物质的折射率随入射光线波长不同而变化,也随测定时温度不同而变化,通常温度升高 1℃,液体化合物折射率降低 $3.5 \times 10^{-4} \sim 4.5 \times 10^{-4}$。

图 2-30 光的折射

所以折射率需要注出所用光线波长和测定的温度,常用 n_D^t 表示,D 表示钠光,t 表示测定时的温度。

在有机化学实验室里,一般都用阿贝(Abbe)折射仪来测定折射率。在折射仪上所刻的读数是已计算好的折射率,可直接读出。

2.10.3.1 阿贝(Abbe)折射仪的构造

阿贝折射仪的构造见图 2-31。阿贝折射仪的主要组成部分是两块直角棱镜,上面一块是光滑的,下面的表面是磨砂的,可以开启。左面有一个镜筒和刻度盘,上面刻有

1.3000～1.7000 的格子。右面也有一个镜筒，是测量望远镜，用来观察折射情况。筒内装消色散镜。光线由反射镜反射入下面的棱镜，发生漫射，以不同入射角射入两个棱镜之间的液层，然后再射到上面棱镜的光滑面上，由于它的折射率很高，一部分光线可以再经折射进入空气中而达到测量镜，另一部分光线则发生全反射。调节螺旋以使测量镜中的视野如图 2-32 所示，自读数镜中读出折射率。

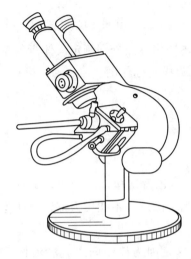

图 2-31　阿贝折射仪

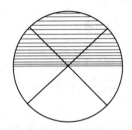

图 2-32　阿贝折射仪在临界角时目镜视野图

2.10.3.2　阿贝折射仪的使用与维护

（1）校正

阿贝折射仪经校正后才能做测定使用，校正的方法是自仪器盒中取出仪器，置于清洁干净的台面上，在棱镜外套上装好温度计，与超级恒温水浴相连，通入恒温水，一般为 20℃ 或 25℃。恒温后，松开锁钮，开启下面的棱镜，使其镜面处于水平位置，清洗棱镜[1]，待镜面晾干后，进行标尺刻度校正。

① 用蒸馏水校正　打开棱镜，滴 1～2 滴重蒸馏水于镜面上，关闭棱镜，转动左面刻度盘，使读数镜内标尺读数等于重蒸馏水的折射率（$n_D^{20}=1.33299$，$n_D^{25}=1.3325$），调节反射镜，使入射光进入棱镜组，从测量望远镜中观察，使视场最亮，调节测量镜，使视场最清晰。转动消色调节器，消除色散，再用一特制的小旋子旋动右面镜筒下方的方形螺旋，使明暗界限和"十"字交叉重合，校正工作就告结束。

② 用标准折射玻璃块校正　将棱镜完全打开使成水平，用少许 1-溴代萘（$n=1.66$）置于光滑棱镜上，玻璃块附于镜面上，使玻璃块直接对准反光镜，然后按上述步骤进行。

（2）测定

准备工作做好后，打开棱镜，把 2～3 滴待测液体均匀地滴在磨砂面棱镜上，待整个镜面湿润后，关紧棱镜，转动反射镜使视场最亮。

轻轻转动左面的刻度盘，并在右镜筒内找到明暗分界或彩色光带，再转动消色调节器，直至看到一个明晰分界线[2]。转动左面刻度盘，使分界线对准"十"字叉线中心，并读出折射率，重复 1～2 次。

2.10.4 实验仪器、试剂与材料

仪器与材料：超级恒温水浴、阿贝折射仪、分析天平、烧杯、玻璃棒、胶头滴管等。
试剂：蒸馏水、甲苯、四氯化碳、1-溴代萘。

2.10.5 实验操作

① 分别以甲苯、四氯化碳、甲苯-四氯化碳（$n_1:n_2=1:2$）、甲苯-四氯化碳（$n_1:n_2=1:1$）、甲苯-四氯化碳（$n_1:n_2=2:1$）为样品，按上述操作方法分别测定液体折射率。
② 以折射率为纵坐标，混合物的物质的组成百分率为横坐标作图。
③ 以未知浓度的混合物为样品，测得其折射率，并求其浓度。
本实验约需 4h。

2.10.6 注释

【1】阿贝折射仪在使用前与使用后，棱镜均需用丙酮或乙醚洗净，并干燥，滴管或其他硬物均不得接触镜面，擦洗镜面时只能用丝巾或擦镜纸吸干液体，不能用力擦，以防毛玻璃面擦花。

【2】如果在目镜中看不到半明半暗，而是畸形的，这是因为棱镜间未充满液体。若出现弧形光环，则可能是有光线未经过棱镜面而直接照射在聚光透镜上。若液体折射率不在 1.3~1.7 范围内，则阿贝折射仪不能测定，也调不到明暗界线。

2.10.7 思考题

① 阿贝折射仪使用过程中应注意什么问题？
② 阿贝折射仪测定折射率的范围是什么？

2.11 旋光度的测定

2.11.1 应用背景

根据立体化学的相关理论，将化合物分为两类：一类能使偏振光振动平面旋转一定的角度，即有旋光性，称为旋光物质（或光学活性物质）；另一类则没有旋光性。旋光分子具有实物与其镜像不能重叠的特点，即"手征性"。具有此"手征性"的有机物分子能使偏振光振动平面旋转，使偏振光振动向左旋转的为左旋物质，使偏振光振动向右旋转的为右旋物质。比旋光度是物质特性常数之一，通过测定旋光度，可以检验旋光性物质的纯度并测定它的含量。

2.11.2 实验目的和要求

① 熟悉影响旋光度的因素及比旋光度的计算与表达方式。
② 掌握旋光仪的使用方法。

2.11.3 基本原理

测定旋光度的仪器叫旋光仪，其基本结构如图 2-33 所示。

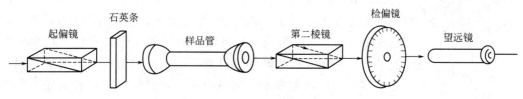

图 2-33 旋光仪结构示意图

光线从光源经过起偏镜，再经过盛有旋光性物质的旋光管时，因物质的旋光性致使偏振光不能通过第二棱镜，必须扭转检偏镜，才能通过。因此，要调节检偏镜进行配光。由标尺盘上移动的角度，可以指示出第二棱镜的转动角度，即为该物质在此浓度时的旋光度。

物质的旋光度与溶液的浓度、溶剂、温度、旋光管长度和所用光源的波长等都有关系。因此常用比旋光度 $[\alpha]_\lambda^t$ 来表示各种物质的旋光性。

$$纯液体的比旋光度 [\alpha]_\lambda^t = \alpha/(ld)$$

或

$$溶液的比旋光度 [\alpha]_\lambda^t = 100\alpha/(cl)$$

式中　$[\alpha]_\lambda^t$——旋光性物质在 t℃、光源的波长为 λ 时的比旋光度；

t——测定时的温度；

λ——光源的光波长；

α——标尺盘转动角度的读数（即旋光度）；

l——旋光管的长度，dm；

d——密度；

c——浓度，100mL 溶液中所含样品的质量（g）。

2.11.4 实验仪器、试剂与材料

仪器与材料：旋光仪、电子天平、容量瓶、烧杯、玻璃棒等。

试剂：葡萄糖、蒸馏水。

2.11.5 实验操作

（1）旋光仪零点的校正

在测定样品前，先校正旋光仪的零点。将放样品用的管子洗好，装上蒸馏水，使液面凸出管口，将玻璃盖沿管口边缘轻轻平推盖好，不能带入气泡，然后旋上螺帽盖[1]。将样品管擦干，放入旋光仪内，罩上盖子，开启钠光灯，将标尺盘调在零点左右，旋转粗动、微动手轮，使三分视场的明暗程度完全一致（较暗），见图 2-34，记下读数。如此操作至少五次，取其平均值即为仪器的零点值。

（2）旋光度的测定

精密称取 10g 葡萄糖，置于烧杯中，用少量蒸馏水溶解，转移至 100mL 容量瓶中，用

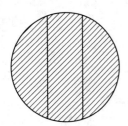

图 2-34 三分视场均匀明暗

蒸馏水定容,摇匀,配成待测溶液,装入干净的样品管中[2],依旋光仪零点的校正方法测定其旋光度。这时所得的读数与零点值之间的差值即为该物质的旋光度。记下样品管的长度及溶液的温度,然后按公式计算其比旋光度。

上述方法在调节明暗程度完全一致时,难免会因为肉眼对光的敏感度不一而引入人为误差。数显自动旋光仪内装有精密机电自动控制系统,利用光电自动平衡原理,电子系统会控制电机旋转以寻找光学零点,即测量零点。测试样品时,只需置入含有旋光性物质的溶液试管,仪器即会根据该物质的光学活性控制电机自动旋转并以数字的形式显示出旋光度。

本实验约需 4h。

2.11.6 注释

【1】螺帽盖旋至不漏水即可,不要过紧,过紧会使玻盖产生扭力,使管内有空隙,影响旋光。

【2】测定之前样品管必须用待测液洗 2~3 次,以免有其他物质影响。

2.11.7 思考题

① 影响旋光度的因素有哪些?
② 向样品管中装入待测样品时应注意什么问题?
③ 重复测试时,能否将样品管颠倒?

2.12 色 谱 法

色谱法是分离、纯化和鉴定有机化合物的重要方法之一,具有极其广泛的用途。早期用此法来分离有色物质时,往往得到颜色不同的色层,"色层(谱)"一词由此得名。但现在被分离的物质不管有色与否,都能适用。因此,"色谱"一词早已超出原来的含义了。

色谱法的基本原理是利用混合物中各组分在某一物质中的吸附或溶解性能(即分配)的不同,或其他亲和作用性能的差异,使混合物的溶液流经该种物质,进行反复的吸附或分配等作用,从而将各组分分开。流动的混合物溶液称为流动相,固定的物质称为固定相(可以是固体或液体)。根据组分在固定相中的作用原理不同,可以分为吸附色谱、分配色谱、离子交换色谱、排阻色谱等;根据操作条件的不同,又可分为柱色谱、纸色谱、薄层色谱、气相色谱及高效液相色谱等类型,本教材主要介绍柱色谱、薄层色谱和纸色谱。

2.12.1 柱色谱

2.12.1.1 应用背景

一般来讲,在我们研究的有机反应中,均是以得到纯度较高的目标化合物为目的。但是有机反应极少有 100% 产率,总会伴随副反应,产生或多或少的副产物。反应结束后,面临的现实问题就是从反应混合体系[1]中分离出所需的纯产品。柱色谱法是指在色谱柱中装入固定相作为吸附剂，试样流经固定相而被吸附，各组分在固定相和溶剂间重新分配，分配比大的组分先流出，分配比小的组分后流出，从而实现各组分的分离提纯。

2.12.1.2 实验目的和要求

① 了解柱色谱技术的原理和应用。
② 掌握溶剂极性的选择和洗脱液的配制原则。
③ 掌握用柱色谱分离技术分离不同有机化合物的操作方法。

2.12.1.3 基本原理

柱色谱常用的有吸附色谱和分配色谱两种。实验室中最常用的是吸附色谱，其原理是利用混合物中各组分在固定相上的吸附能力和流动相的解吸能力不同，让混合物随流动相流过固定相，发生多次的吸附和解吸过程，从而使混合物分离成两种或多种单一的纯组分。样品中各组分在吸附剂上的吸附能力不同，一般来说，极性大的吸附能力强，极性小的吸附能力相对弱一些，且各组分在洗脱剂中的溶解度也不一样，被解吸的能力也就不同。非极性组分由于在固定相中吸附能力弱，首先被解吸出来，被解吸出来的非极性组分随着流动相向下移动与新的吸附剂接触再次被固定相吸附。随着洗脱剂向下流动，被吸附的非极性组分再次与新的洗脱剂接触，并再次被解吸出来随着流动相向下流动。而极性组分由于吸附能力强，因此不易被解吸出来，其随着流动相移动的速度比非极性组分要慢得多（或根本不移动）。这样经过反复的吸附和解吸后，各组分在色谱柱上形成了一段一段的层带，若是有色物质，可以看到不同的色带，随着洗脱过程的进行从柱底端流出。每一色带代表一个组分，分别收集不同的色带，再将洗脱剂蒸发，就可以获得单一的纯净物质。也可以将柱吸干，挤出后按色带分割开，再用溶剂将各色带中的溶质萃取出来。对于柱上不显色的化合物分离时，可用紫外线照射后所呈现的荧光来检查。

(1) 吸附剂

常用的吸附剂有氧化铝、硅胶、氧化镁、碳酸钙和活性炭等，选择吸附剂的首要条件是与被吸附物及展开剂均无化学作用。吸附剂一般要经过纯化和活性处理，颗粒大小应该均匀。对吸附剂来说，颗粒小，表面积大，吸附能力就高，但是颗粒太小时，溶剂的流速就太慢，因此，应根据实际分离需要而定，一般常压柱色谱用氧化铝的粒度为100~150目，硅胶为100~200目。供柱色谱使用的氧化铝有酸性、中性和碱性三种。酸性氧化铝用1%盐酸浸泡后，用蒸馏水洗至氧化铝的悬浮液pH值为4，用于分离酸性物质；中性氧化铝的pH值约为7.5，用于分离中性物质；碱性氧化铝的pH值约为10，用于胺或其他碱性化合物的分离。

(2) 溶质的结构与吸附能力的关系

化合物的吸附性与它们的极性成正比，化合物分子中含有极性较大的基团时，吸附性也较强，氧化铝对各种化合物的吸附性按以下次序递减：

酸和碱＞醇、胺、硫醇＞酯、醛、酮＞芳香族化合物＞卤代物、醚＞烯＞饱和烃

(3) 溶剂

溶剂的选择是重要的一环，通常根据被分离物中各种成分的极性、溶解度和吸附剂的活性等来考虑。先将要分离的样品溶于一定体积的溶剂中，选用的溶剂极性应低，体积要小。如果样品在极性低的溶剂中溶解度很小，则可加入少量极性较大的溶剂，使溶液体积不致太

大。色层的展开首先使用极性较小的溶剂,使最容易脱附的组分分离。然后加入不同比例的极性溶剂配成的洗脱剂,将极性较大的化合物从色谱柱中洗脱下来。常用洗脱剂的极性按如下次序递增:

己烷和石油醚＜环己烷＜四氯化碳＜三氯乙烯＜二硫化碳＜甲苯＜苯＜二氯甲烷＜氯仿＜乙醚＜乙酸乙酯＜丙酮＜乙醇＜甲醇＜水＜吡啶＜乙酸

所用溶剂必须提纯和干燥,否则会影响吸附的活性和分离效果。吸附柱色谱的分离效果不仅依赖于吸附剂和洗脱剂的选择,而且与制成的色谱柱有关;要求柱中的吸附剂用量为被分离样品量的30～40倍,若需要时可增至100倍。柱高和直径之比一般是75:1,装柱可采用湿法和干法两种,无论采用哪种方法装柱,都不要使吸附剂有裂缝或气泡,否则影响分离效果,一般说来湿法装柱较干法紧密均匀。

2.12.1.4 实验仪器、试剂与材料

仪器与材料:色谱柱、锥形瓶、玻璃漏斗、石英砂、脱脂棉、镊子等。

试剂:中性氧化铝(100～200目)、荧光黄、碱性湖蓝BB、95%乙醇。

2.12.1.5 实验操作

荧光黄为橙红色,商品一般是二钠盐,稀的水溶液带有荧光黄色。碱性湖蓝BB又称为亚甲基蓝,是深绿色的有铜光的结晶,其稀的水溶液为蓝色。这两种物质的结构式如下:

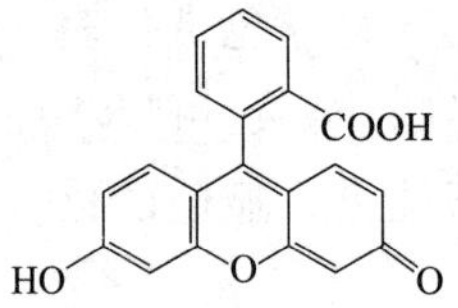

荧光黄 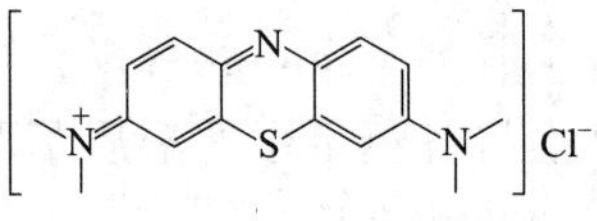   碱性湖蓝BB

用柱色谱法分离荧光黄和碱性湖蓝BB:取一根 15cm×1.5cm 的色谱柱[2]或用一支 25cm 酸式滴定管作色谱柱,垂直放置,以 25mL 锥形瓶作洗脱液的接收器,如图 2-35 所示。

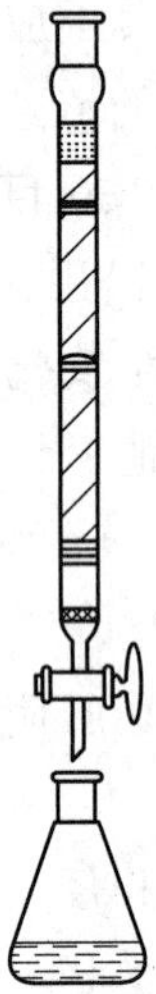

用镊子取少许脱脂棉(或玻璃毛)放于干净的色谱柱底部,轻轻塞紧,再在脱脂棉上盖一层厚 0.5cm 的石英砂(或用一张比柱内径略小的滤纸代替),关闭活塞,控制流出速度为1滴/s。通过一干燥的玻璃漏斗慢慢加入色谱用中性氧化铝(干法装柱);或将 95%乙醇与中性氧化铝先调成糊状,再徐徐倒入柱中。用木棒或带橡胶塞的玻璃棒轻轻敲打柱身下部,使填装紧密[3],当装柱至3/4时,再在上面加一层 0.5cm 厚的石英砂[4]。操作时一直保持上述流速,注意不能使液面低于砂子的上层[5](湿法装柱)。

当溶剂液面刚好流至石英砂面时,立即沿柱壁加入 1mL 已配好的含有 1mg 荧光黄与 1mg 碱性湖蓝BB 的95%乙醇溶液,当此溶液流至接近石英砂面时,立即用 0.5mL 95%乙醇溶液洗下管壁上的有色物质,如此连续 2～3 次,直至洗净为止。然后在色谱柱上装置滴液漏斗[6],用95%乙醇作洗脱剂进行洗脱,控制流出速度如前[7]。

图 2-35 柱色谱装置

蓝色的碱性湖蓝BB因极性小,首先向柱下移动,极性较大的荧光黄则留在柱的上端。

当蓝色的色带快洗出时，更换另一接收器，继续洗脱，至滴出液近无色为止，再更换一接收器。改用水作洗脱剂至黄绿色的荧光黄开始滴出，用另一接收器收集至绿色全部洗出为止，分别得到两种染料的溶液。

本实验需 8～10h。

2.12.1.6 注释

【1】混合体系中包含溶剂、未反应完全的原料、目标产物、副产物及其他杂质等。

【2】色谱柱的大小取决于被分离物质的量和吸附性。一般规格是：柱的直径为其长度的 1/10～1/4，实验室中常用的色谱柱，其直径在 0.5～10cm 之间。当吸附物的色带占吸附剂高度的 1/10～1/4 时，此色谱柱已经可作色谱分离了。色谱柱或酸滴定管的活塞不应涂润滑脂。

【3】色谱柱填装紧密与否，对分离效果很有影响。若柱中留有气泡或各部分松紧不匀（或有断层或暗沟）时，会影响渗滤速度和显色的均匀。但如果填装时过分敲击，又会因太紧密而流速太慢。

【4】加入砂子的目的是，在加料时不致把吸附剂冲起，影响分离效果。若无砂子也可用玻璃毛或剪成比柱子内径略小的滤纸压在吸附剂上面。

【5】为了保持色谱柱的均一性，使整个吸附剂浸泡在溶剂或溶液中是必要的。否则当柱中溶剂或溶液流干时，就会使柱身干裂，影响滤纸和显色的均一性。

【6】如不装置滴液漏斗，也可用每次倒入 10mL 洗脱剂的方法进行洗脱。

【7】若流速太慢，可将接收器改成小的吸滤瓶，安装合适的塞子，接上水泵，用水泵减压保持适当的流速。也可在柱子上端安一导气管，后者与气袋或双链球相连，中间加一螺旋夹，利用气袋或双链球的气压对柱子施加压力，用螺旋夹调节气流的大小，这样可加快洗脱的速度。

2.12.1.7 思考题

① 柱色谱中为什么极性大的组分要用极性较大的溶剂洗脱？

② 柱中若留有空气或填装不匀，对分离效果有何影响？

③ 试解释为什么荧光黄比碱性湖蓝 BB 在色谱柱上吸附得更加牢固？

④ 柱色谱为什么要先用非极性或弱极性的洗脱剂洗脱，然后再使用较强极性的洗脱剂洗脱？

2.12.2 薄层色谱

2.12.2.1 应用背景

薄层色谱（thin layer chromatography）常用 TLC 表示，是近年来发展起来的一种微量、快速而简单的色谱法，它兼备了柱色谱和纸色谱的优点。薄层色谱一方面可用于跟踪反应进程、鉴定样品；另一方面适用于小量样品（几微克到几十微克，甚至 0.01μg）的分离，若在制作薄层板时，把吸附层加厚，将样品点成一条线，则可分离多达 500mg 的样品，因此又可用来提纯和精制。此法特别适用于挥发性较小或在较高温度易发生变化而不能用气相色谱分析的物质。

2.12.2.2 实验目的和要求

① 学习薄层色谱的原理与应用。
② 学习制作薄层硅胶板。
③ 掌握薄层色谱分离的操作技术。

2.12.2.3 基本原理

薄层色谱常用的有吸附色谱和分配色谱两类。一般能用硅胶或氧化铝薄层色谱分开的物质，也能用硅胶或氧化铝柱色谱分开；凡能用硅藻土和纤维素作支持剂的分配柱色谱能分开的物质，也可分别用硅藻土和纤维素薄层色谱展开，因此薄层色谱常用作柱色谱的先导。薄层吸附色谱和柱吸附色谱一样，化合物的吸附能力与它们的极性成正比，具有较大极性的化合物吸附能力强，因而 R_f 值较小。因此利用化合物极性的不同，用硅胶或氧化铝薄层色谱可将一些结构相近物质或顺、反异构体分开。

薄层色谱是在洗涤干净的玻璃板（7.5cm×2.5cm）上均匀地涂一层吸附剂或支持剂，厚度为 0.25～1mm。待干燥、活化后将样品溶液用管口平整的毛细管滴加于离薄层板一端约 1cm 处的起点线上，晾干或吹干后置薄层板于盛有展开剂的展开槽内，浸入深度为 0.5cm。待展开剂前沿离顶端 1cm 左右时，将色谱板取出，干燥后喷以显色剂，或在紫外灯下显色。

记录原点至主斑点中心及展开剂前沿的距离，计算比移值（R_f）：

$$R_f = \frac{溶质的最高浓度中心至原点中心的距离}{溶质前沿至原点中心的距离}$$

2.12.2.4 实验仪器、试剂与材料

仪器与材料：254nm 紫外分析仪、电热套、烘箱、干燥器、7.5cm×2.5cm 载玻片、展开缸、1000mL 烧杯、玻璃棒、胶头滴管、滤纸、点样用毛细管等。

试剂：偶氮苯、苏丹Ⅲ、羧甲基纤维素钠、蒸馏水、苯、乙酸乙酯、硅胶 GF_{254}。

2.12.2.5 实验操作

(1) 薄层板的制备

① 0.5%羧甲基纤维素钠水溶液的配制　于事先加入 500mL 水的 1000mL 烧杯中投入 5g 羧甲基纤维素钠[1]，充分搅拌后，再加水 500mL，用电热套加热至沸腾，并不时搅拌，直至羧甲基纤维素钠完全溶解，溶液呈透明均一状，冷却至室温备用。

② 制板　取 7.5cm×2.5cm 左右的载玻片 5 片，洗净晾干。

在 50mL 烧杯中，放置 3g 硅胶 GF_{254}，缓慢加入 0.5%的羧甲基纤维素钠水溶液 8mL，调成均匀的糊状，用滴管吸取此糊状物，涂于上述洁净的载玻片上，用手将带浆的载玻片在玻璃板或水平的桌面上做上下轻微的颠动，并不时地转动方向，制成薄厚均匀、表面光洁平整的薄层板[2]，放置于水平的玻璃板上，在室温风干 0.5h 后，放入烘箱中，缓慢升温至 110℃，恒温 0.5h，取出，稍冷后置于干燥器中备用。

(2) 配制样品

1%偶氮苯的苯溶液：称取约 0.010g 偶氮苯，加入到 1mL 苯中，摇匀。

1%苏丹Ⅲ的苯溶液：称取约 0.010g 苏丹Ⅲ，加入到 1mL 苯中，摇匀。

混合液：称取偶氮苯和苏丹Ⅲ各约 0.010g，加入到 1mL 苯中，摇匀。

(3) 点样

取两块制好的薄层板,分别在距一端 1cm 处用铅笔轻轻画一横线作为起始线。取管口平整的毛细管插入样品溶液中,在一块板的起点线上点 1%偶氮苯的苯溶液和混合液[3]两个样点。在第二块板的起点线上点 1%苏丹Ⅲ的苯溶液和混合液两个样点,样点间相距 1~1.5cm。如果样点的颜色较浅,可重复点样,重复点样必须待前次样点干燥后进行,样点直径不超过 2mm。

(4) 展开

用无水苯-乙酸乙酯(体积比为 9∶1)为展开剂,待样点干燥后,小心放入已加入展开剂的 50mL 展开缸中进行展开。瓶的内壁贴一张高 5cm,环绕周长约 4/5 的滤纸,下面浸入展开剂中,以使缸内被展开剂的蒸气饱和。点样一端应浸入展开剂 0.5cm。展开缸的盖子,应在观察到展开剂前沿上升至离板的上端 1cm 处时取出,尽快用铅笔在展开剂上升的前沿处画一记号,晾干后观察分离的情况,比较二者 R_f 值的大小。

本实验需 6~8h。

2.12.2.6 注释

【1】羧甲基纤维素钠在冷水中的溶解性很差,在配制过程中,如果先将羧甲基纤维素钠加入到空烧杯中,则会与烧杯底部黏结在一起,加入水也不易与底部全部分离,后期加热过程中黏结部分容易温度过高,热量不易分散而被烤煳。

【2】制板时要求薄层平滑均匀。为此,宜将吸附剂调得稍稀些,尤其是制硅胶板时,更是如此。否则,吸附剂调得很稠,就很难做到均匀。另一个制板的方法是:在一块较大的玻璃板上放置两块 3mm 厚的长条玻板,中间夹一块 2mm 厚的薄层用载玻片,倒上调好的吸附剂,用宽于载玻片的刀片或刮刀顺一个方向刮去。倒料多少要合适,以便一次刮成。

【3】点样用的毛细管必须专用,不得弄混。点样时,使毛细管液面刚好接触到薄层即可,切勿点样过重而使薄层破坏。

2.12.2.7 思考题

① 薄层色谱常用的吸附剂有什么?
② 薄层板在使用前为什么要进行活化?如何操作?
③ 在薄层色谱中,样品量对分离效果有什么影响?
④ 薄层色谱常用的展开方法有哪些?适用性分别是什么?
⑤ 薄层色谱法常用的显色方法有什么?
⑥ 展开剂的高度若超过了点样线,对薄层色谱有何影响?

2.12.3 纸色谱

2.12.3.1 应用背景

纸色谱属于分配色谱的一种。它与吸附色谱分离的原理不同,不是以滤纸的吸附作用为主,而是以特制的滤纸为载体,滤纸所吸附的水作为固定相,流动相则是含有一定比例水的有机溶剂,让样品溶液在纸上展开达到分离目的的方法。纸色谱主要用于多官能团或高极性化合物如糖、氨基酸等的分析、分离。纸色谱具有操作简单、价格便宜、分离效能较高、应用范围广及所得到的色谱图可以长期保存的优点,缺点是耗时比较长。

2.12.3.2 实验目的和要求

① 了解纸色谱的原理和操作步骤。
② 掌握 R_f 的意义和计算方法。

2.12.3.3 基本原理

纸色谱法主要是依据极性相似相溶原理，利用混合物中各组分在流动相和固定相的分配比（溶解度）的不同而使之分离。滤纸上吸附的水为固定相[1]，有机溶剂如乙醇等为流动相，色素提取液为色谱试样。把试样点在滤纸的滤液细线位置上，当流动相溶剂在滤纸的毛细管的作用下，连续不断地沿着滤纸前进通过滤液细线时，试样中各组分便随着流动相溶剂向前移动，并在流动相和固定相溶剂之间连续一次又一次地分配。结果分配比较大的物质移动速度较快，移动距离较远；分配比较小的物质移动较慢，移动距离较近，试样中各组分分别聚集在滤纸的不同位置上，从而达到分离的目的。

纸色谱分离时需先将色谱滤纸在展开溶剂的蒸气中放置过夜，在滤纸一端 2～3cm 处用铅笔画好起始线，然后将要分离的样品溶液用毛细管点在起始线上，待样品溶剂挥发后，将滤纸的另一端悬挂在展开槽的玻璃钩上，使滤纸下端与展开剂接触，如图 2-36 所示。展开剂由于毛细作用沿纸条上升，当展开剂前沿接近滤纸上端时，将滤纸取出，记下溶剂的前沿位置，晾干。若被分离物中各组分是有色的，滤纸条上就有各种颜色的斑点显出。

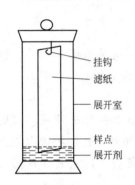

图 2-36　纸色谱展开图

纸色谱比移值（R_f）计算方法与薄层色谱法相同。R_f 值随被分离化合物的结构、固定相与流动相的性质、温度以及纸的质量等因素而变化。当温度、滤纸等实验条件固定时，比移值就是一个特有的常数，因而可作定性分析的依据。由于影响 R_f 值的因素很多，实验数据往往与文献记载不完全相同，因此在鉴定时常常采用标准样品作对照。此法一般适用于微量有机物质（5～500mg）的定性分析，分离出来的色点也能用比色方法定量。

2.12.3.4 实验仪器、试剂与材料

仪器与材料：纸色谱展开缸、喷雾瓶、培养皿、分液漏斗、电吹风、镊子、新华 1 号滤纸等。

试剂：甘氨酸、胱氨酸、谷氨酸、酪氨酸、正丁醇、冰醋酸、茚三酮、蒸馏水。

2.12.3.5 实验操作

（1）配制试剂

展开剂[2]：取 20mL 正丁醇和 5mL 冰醋酸放入分液漏斗中，再加入 15mL 水，充分振荡，静置后分层，放出下层水层，上层作展开剂备用。

显色剂[3]：称取 0.1g 茚三酮，溶于 100mL 正丁醇中。

取甘氨酸、胱氨酸、谷氨酸、酪氨酸各 25mg 分别溶于 5mL 蒸馏水中备用。另取四种氨基酸各 25mg 共溶于 5mL 蒸馏水中，得混合氨基酸溶液，备用。

（2）点样

将滤纸剪为 15cm×15cm 的大小，在距短边 2cm 处用铅笔轻轻画一条直线作为基线。在基线上距长边约 3cm 处开始，每间隔 2cm 用毛细管依次分别点上甘氨酸、胱氨酸、谷氨

酸、酪氨酸和混合氨基酸溶液。点样点用电吹风吹干后可重复 2~3 次，每点的直径不宜超过 2mm。

（3）展开

取上述展开剂 20mL 放入培养皿中，然后将培养皿小心放入展开缸内，盖好展开缸的盖子，饱和 3h 以上。将点过样品并吹干的滤纸卷成圆筒形，滤纸两层不相互接触，用线捆扎好。将基线的下端浸入盛有展开剂的培养皿中，盖好盖子进行展开，待溶剂前沿上升到离顶端 1cm 处时，用镊子取出滤纸【4】，吹干，用铅笔画出溶剂前沿线。

（4）显色

滤纸用 0.1% 茚三酮溶液均匀喷雾显色，置于 65℃ 烘箱中烘干或用吹风机吹干即可显出各种氨基酸的色谱斑点。分别测量基线至斑点和前沿线的距离，计算出 R_f 值，鉴定混合样品中的氨基酸。

本实验需 4~6h。

2.12.3.6 注释

【1】滤纸纤维常能吸 20% 左右的水。

【2】展开剂的选择要根据被分离物质的性质来决定，展开剂应对被分离物质有一定的溶解度，溶解度太大，被分离物质会随展开剂跑至前沿；溶解度太小则不易随展开剂移动，使得分离效果变差。

【3】显色剂需现用现配。

【4】不可用手接触色谱纸前沿线以下的任何的部位，因为手上含有少量含氨物质，在显色时也得到紫色斑点，干扰色谱分离结果。

2.12.3.7 思考题

① 纸色谱是否可以作为物质定性的方法？如何操作？
② 无色的化合物是否可以用纸色谱分离？
③ 按溶剂在滤纸上流动方向的不同，纸色谱分离时展开方式有哪些？

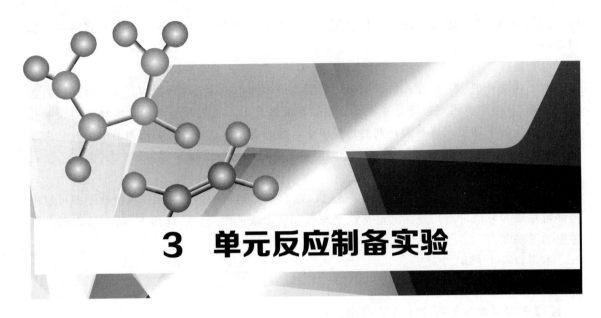

3 单元反应制备实验

3.1 环己烯的制备

3.1.1 应用背景

环己烯（cyclohexene）又名四氢化苯、1,2,3,4-四氢化苯，化学式为 C_6H_{10}，是无色透明液体，有特殊刺激性气味，不溶于水，溶于乙醇、醚。环己烯用作有机合成原料，也用作溶剂，如合成赖氨酸、环己酮、苯酚、环己基乙酸、氯代环己烷、环己醇原料等，另外还可用作催化剂、溶剂和石油萃取剂，高辛烷值汽油稳定剂。通过本实验学生可以学习并掌握环己烯的制备、分离、提纯的方法，理论联系实际，培养实验操作技能，为后续课程学习和将来工作奠定化学实验基础。

3.1.2 实验目的和要求

① 学习以浓磷酸催化环己醇脱水制取环己烯的原理和方法。
② 初步掌握分馏和水浴蒸馏的基本操作技能。
③ 学习分液漏斗的使用。

3.1.3 实验原理

在实验室中，烯烃主要是用醇脱水制得。环己烯通常由环己醇以浓磷酸或浓硫酸为催化剂脱水制备，本实验以浓磷酸作催化剂来制备环己烯。

$$\underset{}{\bigcirc}\!\!-\!\text{OH} \xrightarrow{85\%\ H_3PO_4} \bigcirc + H_2O$$

3.1.4 实验仪器、试剂与材料

仪器与材料：圆底烧瓶、刺形分馏柱、蒸馏头、温度计、直形冷凝管、分液漏斗、锥形

瓶、电加热套等。

试剂：环己醇、浓磷酸（或浓硫酸）、氯化钠、无水氯化钙、碳酸钠（或氢氧化钠）、沸石。

3.1.5 实验操作

在50mL干燥的圆底烧瓶中，加入10g环己醇（10.4mL，约0.1mol），4mL浓磷酸（或2mL浓硫酸）[1]，充分振荡使两种液体混匀[2]，投入几粒沸石，在烧瓶上装刺形分馏柱（或改用两球分馏柱）、蒸馏头、温度计，接上冷凝管，用50mL锥形瓶作接收器，置于冰水浴中。

用电加热套小火空气浴加热混合物至沸腾，控制分馏柱顶温度不超过90℃[3]，慢慢地蒸出生成的环己烯和水（浑浊液体）[4]。若无液体蒸出时，可把火加大，当烧瓶中只剩下很少量的残渣并出现阵阵白雾时，即可停止蒸馏。全部蒸馏时间约1h。

将馏出液用约1g氯化钠饱和，然后加入3~4mL 5%碳酸钠溶液中和微量的酸（或用约0.5mL 20%的氢氧化钠溶液）。将此液体倒入分液漏斗中，振摇后静置。等液体分层清晰后，放出下层的水层，上层的粗产品自漏斗的上口倒入干燥的小锥形瓶中，加入2~3g无水氯化钙干燥[5]。用玻璃塞塞好，放置30min（时时振摇）。将干燥后的产物，通过置有折叠滤纸的小漏斗（滤去氯化钙），直接滤入干燥的60mL蒸馏烧瓶中，加入几粒沸石后用水浴加热蒸馏，收集80~85℃馏分[6]于一已称重的干燥小锥形瓶中。产量为3.8~4.6g（产率为46%~50%）。

纯环己烯为无色液体，沸点为82.98℃，折射率n_D^{20}为1.4465，相对密度d_4^{20}为0.808。本实验需4~6h。

3.1.6 注释

【1】脱水剂可以是磷酸或硫酸。磷酸的用量必须是硫酸的一倍以上，但它比硫酸有明显的优点：一是不生成炭渣，二是不产生难闻气体（用硫酸会生成二氧化硫副产物）。

【2】环己醇在常温下是黏稠状液体（熔点为24℃），因而若用量筒量取（约10.4mL）时应注意转移中的损失。并且环己醇与浓硫酸要充分混匀，以防加热过程中出现局部炭化。

【3】最好用油浴加热，使蒸馏瓶受热均匀。由于反应中共沸化合物的形成（环己烯与水：沸点为97.8℃，含水10%；环己醇与环己烯：沸点为64.9℃，含环己醇30.5%；环己醇与水：沸点为97.8℃，含水80%），所以，温度不可过高，馏出的速度要缓慢均匀，以1滴/2~3s为宜，以减少未反应的环己醇蒸出。

【4】在收集和转移环己烯时，最好保持充分冷却以免因挥发而损失。

【5】水层应尽量分离完全，否则，将达不到干燥的目的。但若水浴温度在80℃以下，已有大量液体馏出，可能是由于干燥不够完全所致（氯化钙用量过少或放置时间不够），应将这部分产物重新干燥并蒸馏。用无水氯化钙干燥较适宜，还可除去少量未反应的环己醇。

【6】蒸馏瓶中的残液含有环己醇。蒸馏后的产品可以用气相色谱检验其纯度。固定液可用聚乙二醇、邻苯二甲酸二壬酯等。

3.1.7 思考题

① 用磷酸作脱水剂比用浓硫酸作脱水剂有什么优点？
② 在环己烯制备实验中，为什么要控制分馏柱顶部的温度？
③ 在粗制的环己烯中，加入氯化钠使水层饱和的目的是什么？
④ 用简单的化学方法证明最后得到的产品是环己烯。
⑤ 如果经干燥后蒸出的环己烯仍然浑浊，是何原因？
⑥ 如果实验产率太低，试分析主要在哪些操作步骤中造成了损失？

3.2 硝基苯的制备

3.2.1 应用背景

硝基苯[1]（nitrobenzene）又名密斑油、苦杏仁油，是芳香族硝基化合物。硝基苯的分子式为 $C_6H_5NO_2$，为黄色透明液体，有杏仁儿气味，易燃，遇明火高热燃烧爆炸，能溶于乙醇、乙醚、苯和油，微溶于水，密度比水大。硝基苯是重要的精细化工原料和基本有机中间体，可用于生产苯胺、联苯胺、二硝基苯等多种医药和染料的中间体。通过本实验学生可以掌握在芳环上引入硝基的反应原理，练习控温回流滴加、干燥和蒸馏等基本实验操作，做到理论联系实际。

3.2.2 实验目的和要求

① 通过硝基苯的制备加深对芳烃亲电取代反应原理和方法的理解。
② 了解硝化反应中混酸的浓度、反应温度和反应时间与硝化产物的关系。
③ 掌握液体干燥、简单蒸馏的实验操作。

3.2.3 实验原理

芳香族硝基化合物一般是由芳香族化合物直接硝化制得的，最常用的硝化剂是浓硝酸和浓硫酸的混合液，常称为混酸。

$$ArH + HNO_3 \xrightarrow{H_2SO_4} ArNO_2 + H_2O$$

在硝化反应中，根据被硝化物质结构的不同，所需的混酸浓度和反应温度也各不相同。

硝化反应是不可逆反应，混酸中浓硫酸的作用不仅在于脱水，更重要的是有利于 NO_2^+ 的生成；增加 NO_2^+ 的浓度，就能提高反应速率，提高硝化能力。

硝化反应是强放热反应。进行硝化反应时，必须严格控制好反应温度和加料速度，以及充分搅拌或充分振荡。

主反应：

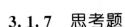

副反应：

$$\text{C}_6\text{H}_5\text{NO}_2 + \text{HONO}_2 \xrightarrow{\text{H}_2\text{SO}_4} \text{C}_6\text{H}_4(\text{NO}_2)_2 + \text{H}_2\text{O}$$

3.2.4 实验仪器、试剂与材料

仪器与材料：三颈烧瓶、温度计、球形冷凝管、滴液漏斗、锥形瓶、烧杯、弯玻璃管、橡胶管、蒸馏瓶、空气冷凝管、加热套、磁力搅拌器等。

试剂：苯、浓硝酸（$d=1.42$）、浓硫酸（$d=1.84$）、10%碳酸钠溶液、氯化钠、无水氯化钙。

3.2.5 实验操作

在 100mL 锥形瓶中，加入 9mL 浓硝酸，在冷却和振荡下慢慢加入 10mL 浓硫酸制成混合酸备用。

在加有搅拌磁子的 100mL 三颈烧瓶上，分别安装温度计（水银球伸入液面下，保证水银球不被磁子打到）、滴液漏斗及弯玻璃管，弯玻璃管与橡胶管连接通入水槽。在三颈烧瓶内放入 9mL 苯[2]（约 8g，0.1mol），开动磁力搅拌器，自滴液漏斗逐渐滴入事先制备好的冷混合酸[3]。必要时用冰水浴冷却烧瓶，控制滴加速度使反应温度维持在 50～55℃之间[4]。滴加完毕后，将滴液漏斗换成球形冷凝管，在 60℃左右的热水浴中加热 30min。

待反应物冷却至室温后，倒至 100mL 的分液漏斗中，静置分出有机层，依次用等体积的水、10%碳酸钠溶液洗涤，再用水洗涤至中性[5]，最后用无水氯化钙干燥[6]。

将干燥好的粗产物滤入 60mL 蒸馏瓶中，接空气冷凝管，在加热套上加热蒸馏，收集 205～210℃的馏分[7]，产量 8～9g。

纯硝基苯为黄色透明液体，沸点为 210.8℃，折射率 n_D^{20} 为 1.5562，相对密度 d_4^{20} 为 1.203。

本实验需 4～6h。

3.2.6 注释

【1】硝基化合物对人体有较大的毒性，吸入多量蒸气或皮肤接触吸收，均会引起中毒。所以处理硝基苯或其他硝基化合物时，必须谨慎小心，如不慎触及皮肤，应立即用少量的乙醇擦洗，再用肥皂及温水洗涤。

【2】硝化过程中，可能由于硝酸的氧化作用等而产生了一些低价氮的氧化物，若加入少量（约 1g）尿素，即可除去这些氧化物。

$$2\text{HNO}_2 + \text{H}_2\text{NCONH}_2 \longrightarrow 2\text{N}_2 + \text{CO}_2 + 3\text{H}_2\text{O}$$

【3】一般工业浓硝酸的相对密度为 1.52，用此酸反应时，极易得到较多的二硝基苯。因此，可用 5mL 水、30mL 浓硫酸、25mL 工业浓硝酸组成混合酸进行硝化。

【4】硝化反应是放热反应，温度若超过 50℃时，有较多的二硝基苯生成，也有部分硝酸和苯挥发逸去。

【5】硝基苯中夹杂的硝酸若不干净，最后硝酸蒸馏时将分解，产生红棕色的二氧化氮，同时也增加了生成二硝基苯的可能性。硝基苯用碱液洗后，再用水洗，常会形成很难分开的

乳浊液。若久置仍不分层时可加入固体氯化钠或氯化钙饱和，或加入 1mL 乙醇，静置后即可分层。

【6】洗净后的硝基苯因含有小水珠，故呈浑浊状，加入干燥剂后，可在 30～40℃的水浴中温热摇动，以加速干燥，然后放置一定时间后再蒸馏。

【7】因残留在烧瓶中的二硝基苯在高温时易发生剧烈分解，故蒸馏产品时不可蒸干或使蒸馏温度超过 214℃，否则有爆炸的危险。

3.2.7 思考题

① 本实验中为什么要控制反应温度 40～50℃之间，温度过高有什么不好？
② 粗产物硝基苯依次用水、碱液、水洗涤的目的是什么？
③ 甲苯和苯甲酸硝化的产物是什么？你认为在反应条件上有什么差异，为什么？

3.3 2-苯基乙醇的制备

3.3.1 应用背景

2-苯基乙醇（2-phenylethanol），又叫 β-苯基乙醇，英文简称为 2-PEA，分子式为 $C_8H_{10}O$，是具有玫瑰香气的无色液体，溶于乙醇、乙醚、甘油，略溶于水，微溶于矿油。2-苯基乙醇可用于玫瑰、焦糖、蜂蜜和其他果香型食品香精及各种酒用香精和烟用香精的配制，也是玫瑰和其他植物风味中不可缺少的物质，对碱的稳定使得它能专门用于肥皂香料中，在食品中常常添加微量的 2-苯基乙醇以增强其香味等。此外，2-苯基乙醇在医药等行业也有重要的开发价值，可以合成苯乙醇苷、乙酸苯乙酯、对甲氧基乙基苯酚等物质。通过本实验，学习端位烯烃硼氢化-碱性过氧化氢氧化制备伯醇的方法。

3.3.2 实验目的和要求

① 学习硼氢化-氧化法制备醇的反应原理和方法。
② 掌握回流、冷凝、蒸馏、分液等操作。

3.3.3 实验原理

醇是有机化学中应用极广的一类化合物，不但可用作溶剂，而且是合成许多其他化合物的原料。醇的制备方法很多。在实验室中，常用烯烃水合、硼氢化-氧化反应来制备相应的醇。本实验由苯乙烯进行硼氢化-氧化反应制得 2-苯基乙醇。此方法是制备伯醇的重要方法。

主反应：

$$3NaBH_4 + 4BF_3 \xrightarrow{\text{甲基叔丁基醚}} 2B_2H_6 + 3NaBF_4$$

$$6C_6H_5CH=CH_2 + B_2H_6 \longrightarrow 2(C_6H_5CH_2CH_2)_3B$$

$$(C_6H_5CH_2CH_2)_3B + H_2O_2 \xrightarrow{OH^-} 3C_6H_5CH_2CH_2OH + B(OH)_3$$

3.3.4 实验仪器、试剂与材料

仪器与材料：三颈烧瓶、圆底烧瓶、温度计、球形冷凝管、恒压滴液漏斗、干燥管、分液漏斗、减压蒸馏装置等。

试剂：苯乙烯、硼氢化钠[1]、三氟化硼乙醚[2]、过氧化氢、四氢呋喃、氢氧化钠、甲基叔丁基醚、碳酸氢钠、无水硫酸镁。

3.3.5 实验操作

本实验的反应装置仪器应严格干燥，反应在通风橱内进行。

在装有搅拌磁子的100mL三颈烧瓶的中口装恒压滴液漏斗，一侧口插温度计，另一侧口装球形冷凝管，其上端连接氯化钙干燥管。烘烤以除去吸附在玻璃装置内壁上的微量水分。进行此操作必须远离易燃有机溶剂。待装置冷却后，在烧瓶中放入新蒸馏过的5.7mL苯乙烯（约5.2g，0.05mol）、0.65g硼氢化钠和27.5mL四氢呋喃。并将烧瓶浸入冷水浴中，充分搅拌，使之混合均匀。将2.3mL三氟化硼乙醚配合物溶于5mL四氢呋喃中，并将此溶液移入恒压滴液漏斗中。滴加三氟化硼乙醚溶液，控制滴加速度，尽可能使反应物温度保持在20℃[3]。加完料后继续搅拌并控制在20℃约1.5h。然后将烧瓶再放入冰水浴中，慢慢滴加5mL水以分解残留的硼氢化钠。

从三颈烧瓶上卸下球形冷凝管和恒压滴液漏斗，缓慢地加入5.1mL 30%过氧化氢溶液，同时加入3mol/L氢氧化钠溶液，调节溶液的pH值在8左右。

向反应混合物中慢慢滴加50mL水，然后加入25mL甲基叔丁基醚。适当地摇动烧瓶，及时放出甲基叔丁基醚蒸气。将液体部分小心地倒入250mL分液漏斗中，分出醚层。水层再用甲基叔丁基醚萃取三次，每次用甲基叔丁基醚25mL。合并的甲基叔丁基醚溶液用10mL饱和碳酸氢钠溶液洗涤，用无水硫酸镁干燥。

将干燥的甲基叔丁基醚溶液经过漏斗倒入150mL圆底烧瓶中，装配成蒸馏装置。用热水浴或蒸汽浴蒸出甲基叔丁基醚和四氢呋喃。把残留液移入50mL圆底烧瓶中，装配成减压蒸馏装置。先用水泵于稍减压下蒸出残存的甲基叔丁基醚和四氢呋喃，然后用油泵减压下蒸馏，收集87~99℃/1466.6Pa（11mmHg）的馏分。产量约为3g，瓶底残余物为苯乙烯聚合物。

产物用气相色谱分析，其结果为2-苯基乙醇87.1%，1-苯基乙醇为12.7%。

纯2-苯基乙醇为无色透明黏稠液体，沸点为219℃，折射率n_D^{20}为1.530~1.533，相对密度d_4^{20}为1.0230；1-苯基乙醇为无色透明液体，沸点为203℃。

本实验需7~8h。

3.3.6 注释

[1] 应当用新开封、新鲜的粉状硼氢化钠。

[2] 应当用新蒸馏的三氟化硼乙醚配合物，沸程为124~126℃。

[3] 为保持在20℃左右，可往冰水浴中加入适量碎冰。

3.3.7 思考题

减压蒸馏前，为什么要用水泵于稍减压下蒸出残留的四氢呋喃后，再用油泵减压蒸馏？

3.4 二苯甲醇的制备

3.4.1 应用背景

二苯甲醇（diphenylmethanol），又名二苯基甲醇、双苯甲醇、1,1-二苯基甲醇及 α-苯基苯甲醇，分子式为 $C_{13}H_{12}O$，常温下为白色至浅米色结晶固体，易溶于乙醇、醚、氯仿和二硫化碳，20℃水中溶解度仅为 0.5g/L。二苯甲醇主要用于有机合成，医药工业作为合成苯甲托品、莫达非尼、阿屈非尼、苯海拉明及乙酰唑胺的中间体。通过本实验学生可以掌握硼氢化钠还原酮成仲醇的反应原理及基本实验操作，理论联系实际，锻炼学生动手能力，为后续课程的学习打下坚实的基础。

3.4.2 实验目的和要求

① 学习用还原法由酮制备仲醇的原理和方法。
② 进一步巩固掌握萃取、蒸馏等操作，学习重结晶操作。

3.4.3 实验原理

二苯甲醇可以通过多种还原剂还原二苯甲酮而得到。在碱性醇溶液中用锌粉还原二苯甲酮，是制备二苯甲醇常用的方法，适用于中等规模的实验室制备；对于小量合成，硼氢化钠是更理想地选择性地将醛酮还原为醇的负氢试剂，使用方便，反应可在含水和醇溶液中进行。合成反应式如下：

3.4.4 实验仪器、试剂与材料

仪器与材料：三颈烧瓶、温度计、球形冷凝管、磁力搅拌器、减压抽滤装置、滴液漏斗等。

试剂：二苯甲酮、硼氢化钠[1]、锌粉、氢氧化钠、95%乙醇、无水乙醇、浓盐酸、60~90℃石油醚。

3.4.5 实验操作

（1）锌粉还原法

在装有球形冷凝管的 50mL 的三颈烧瓶中，依次加入 1.5g（0.035mol）氢氧化钠、1.5g（0.008mol）二苯甲酮（熔点为 48.5℃，沸点为 305.4℃/760mmHg）、1.5g（0.023mol）锌粉和 15mL 95%的乙醇，充分振摇（或磁力搅拌器搅拌），反应微微放热，约 20min 后，在 80℃的水浴上加热搅拌 10min，使反应完全（多数情况下，在加热 10min

左右体系开始变成棕黄色或棕色）。冷却，减压抽滤，固体用少量乙醇洗涤。滤液倒入80mL事先用冰水浴冷却的水中，摇荡混匀后用浓盐酸小心酸化（约5mL），使溶液的pH值为5～6[2]，减压抽滤析出固体。粗产物在空气中晾干。晾干后的粗产物用15mL石油醚（60～90℃，根据制备的粗产物的量来定）重结晶，干燥，得二苯基醇。鉴于实验过程中，二苯甲醇很难溶于石油醚，改用3:1的石油醚-无水乙醇混合溶剂进行重结晶得二苯甲醇晶体约1g。

纯二苯甲醇常温下为白色至浅米色结晶固体，熔点为69℃。

本实验需4～6h。

（2）硼氢化钠还原法

在装有球形冷凝管、滴液漏斗、温度计和搅拌磁子的50mL的三颈烧瓶中，加入1.5g（0.008mol）二苯甲酮和10mL 95%乙醇，加热使其溶解。冷却室温后，迅速称取0.40g（0.010mol）硼氢化钠，在搅拌下分批加入瓶中，此时可观察到有气泡发生，溶液变热，硼氢化钠加入速度以反应温度不超过50℃为宜。待硼氢化钠滴加完成，继续搅拌回流20min，此过程中会有大量气泡放出，待冷却至室温后，通过滴液漏斗加入10mL冷水混匀，以分解过量的硼氢化钠，然后逐滴加入10%的盐酸1.5～2.5mL，直至反应停止。改成蒸馏装置，蒸出大部分乙醇，当反应液冷却后，抽滤，用水洗涤所得固体，干燥后得粗产品。粗品用石油醚（沸程为60～90℃，每克粗品约需3mL石油醚）重结晶得二苯甲醇针状晶体约1g。

纯二苯甲醇常温下为白色至浅米色结晶固体，熔点为69℃。

本实验需4～6h。

3.4.6 注释

【1】硼氢化钠是强碱性物质，易吸潮，有腐蚀性，称量时要小心操作，勿与皮肤接触。

【2】酸化时溶液酸性不宜太强，否则难于析出固体。

3.4.7 思考题

① 说明硼氢化钠和氢化铝锂在还原性及操作上有什么不同？
② 本反应所用溶剂为什么选用95%乙醇而不是甲醇？
③ 反应完成后，先加10mL冷水，后逐滴加入10%盐酸的作用是什么？

3.5 乙醚的制备

3.5.1 应用背景

乙醚（ether），又名二乙醚，乙氧基乙烷，分子式为$C_4H_{10}O$，为无色透明液体，有特殊刺激气味，带甜味，极易挥发，主要用作油类、染料、生物碱、脂肪、天然树脂、合成树脂、硝化纤维、烃类化合物、亚麻油、石油树脂、松香脂、香料、非硫化橡胶等的优良溶剂。乙醚在医药工业用作药物生产的萃取剂和医疗上的麻醉剂；在毛纺、棉纺工业用作油污洁净剂；在火药工业用于制造无烟火药。通过本实验学生可以学习并掌握醇分子间脱水制备简单醚的方法和低沸点易燃液体的蒸馏操作。

3.5.2 实验目的和要求

① 掌握实验室制备乙醚的原理和方法。
② 初步掌握低沸点易燃液体蒸馏的操作要点。

3.5.3 实验原理

在有机合成中，醚常作为重要的有机溶剂。通常有两种制备醚的方法：即浓酸的催化下醇发生分子间脱水的方法和卤代烃与碱金属盐的 Williamson 合成法。应注意：脱水法主要用于制备低沸点的简单醚；本实验采用浓酸催化法，由于本实验是可逆反应，可以通过增加反应物浓度或减少产物浓度使平衡向正反应方向移动，或采用分水器分离生成的混合物中的水，反应式如下：

主反应：

$$CH_3CH_2OH + H_2SO_4 \xrightleftharpoons{110\sim130℃} CH_3CH_2OSO_2OH + H_2O$$

$$CH_3CH_2OSO_2OH + CH_3CH_2OH \xrightleftharpoons{135\sim145℃} CH_3CH_2OCH_2CH_3 + H_2SO_4$$

总反应：

$$2CH_3CH_2OH \xrightleftharpoons[H_2SO_4]{140℃} CH_3CH_2OCH_2CH_3 + H_2O$$

副反应：

$$CH_3CH_2OH \xrightarrow{H_2SO_4} \begin{cases} \xrightarrow{170℃} CH_2{=}CH_2 + H_2O \\ \xrightarrow{[O]} CH_3CHO + SO_2\uparrow + H_2O \end{cases}$$

$$CH_3CHO \xrightarrow{H_2SO_4} CH_3COOH + SO_2\uparrow + H_2O$$

$$SO_2 + H_2O \rightleftharpoons H_2SO_3$$

3.5.4 实验仪器、试剂与材料

仪器与材料：三颈烧瓶、温度计、直形冷凝管、滴液漏斗、锥形瓶、分液漏斗、加热套、沸石、蒸馏弯管、接液管、蒸馏烧瓶、橡胶管等。

试剂：95％乙醇、浓硫酸、5％氢氧化钠溶液、饱和氯化钙溶液、氯化钠、无水氯化钙、冰。

3.5.5 实验操作

在干燥的 125mL 三颈烧瓶中，放入 12mL（0.2mol）95％乙醇，烧瓶浸入冷水浴中，缓缓加入 12mL（0.23mol）浓硫酸混匀，并加入几粒沸石。三颈烧瓶左口装温度计，中口装置盛放 25mL（0.4mol）95％乙醇的 60mL 滴液漏斗，滴液漏斗末端及温度计水银球应浸入液面以下，距瓶底 0.5～1cm。右边一口装蒸馏弯管，并依次与冷凝管、接液管及 60mL 蒸馏烧瓶连接。蒸馏烧瓶外用冰盐浴冷却，其支管连接橡胶管通入下水道。

将三颈烧瓶在加热套上空气浴加热，使反应液温度比较迅速地上升到 140℃，开始由滴

液漏斗慢慢滴加乙醇，控制滴入速度和馏出液速度大致相等[1]（1滴/s），并维持反应温度在135～145℃之间。时间为30～45min，滴加完毕，再继续加热10min，直到温度上升到160℃时，去热源[2]，停止反应。

把接收器中的馏出物倒入150mL分液漏斗中，依次用8mL 5%氢氧化钠溶液、8mL饱和氯化钠溶液[3]洗涤，最后每次用8mL饱和氯化钙溶液洗涤两次。将乙醚层从分液漏斗上口倒入干燥的锥形瓶中，加入无水氯化钙（2～3g）干燥（注意：容器外仍需用冰水冷却）。当瓶内乙醚澄清时，则小心将它转入蒸馏烧瓶中，蒸馏烧瓶用玻璃弯管与直形冷凝管相连，后接接液管与接收瓶，在预热过的热水浴上（约60℃）加热蒸馏，收集33～38℃馏分，产量为7～9g。

乙醚为无色易挥发的液体，沸点为34.5℃，折射率 n_D^{20} 为1.3526，相对密度 d_4^{20} 为0.713。

本实验需4～6h。

3.5.6 注释

[1] 若滴加速度显著超过馏出速度，不仅乙醇未来得及作用就被蒸出，而且会使反应液的温度骤降，减少醚的生成。

[2] 使用乙醚或精制乙醚的实验台附近严禁火种，所以，当反应完成拆下作接收器的蒸馏烧瓶之前必须先灭火，同样，在精制乙醚时，热水浴必须在另处预先加热好热水，使其达到所需温度，而不能一边用明火加热，一边蒸馏。

[3] 氢氧化钠洗后，常会使醚层碱性太强，接下来直接用氯化钙溶液洗涤时，将有氢氧化钙沉淀析出，为减少乙醚在水中的溶解度，以及洗去残留的碱，故在用氯化钙洗以前先用饱和氯化钠洗。另外氯化钙和乙醇能结合成复合物 $CaCl_2 \cdot 4CH_3CH_2OH$，所以未作用的乙醇也可由此而除去。

3.5.7 思考题

① 制备乙醚时，为什么不用回流装置？滴液漏斗的下端若不浸入反应液液面以下会有什么影响？如果滴液漏斗的下端较短不能伸到指定位置时如何解决？

② 反应温度过高或过低对反应有什么影响？

③ 制备乙醚时，为何要控制滴加乙醇的速度？怎样的滴加速度才比较合适？

④ 粗乙醚中的杂质是如何除去的？在用5%NaOH溶液洗涤后，用饱和 $CaCl_2$ 溶液洗涤之前，为何要用饱和NaCl溶液洗涤？

⑤ 在实验室使用或蒸馏乙醚时应注意哪些问题？

⑥ 在制备乙醚和蒸馏乙醚时，温度计安装的位置是否相同？为什么？

3.6 正丁醚的制备

3.6.1 应用背景

正丁醚（n-butyl ether）又名二丁醚，化学式为 $C_8H_{18}O$，无色液体，微有乙醚气味，微溶于水，溶于丙酮、二氯丙烷、汽油，可混溶于乙醇、乙醚。正丁醚常用作溶剂、电子级清洗剂及用于有机合成；用作测定铋的试剂、溶剂及萃取剂。在醚类中，正丁醚的溶解力强，对许多天然及合成油脂、树脂、橡胶、有机酸酯，生物碱等都有很强的溶解力，用作它们的萃取剂和精制溶剂。正丁醚和磷酸丁酯的混合溶液可用作分离稀土元素的溶剂。由于丁醚是惰性溶剂，还可用作格氏试剂、橡胶、农药等的有机合成反应溶剂。通过本实验掌握醇分子间脱水制备简单醚的原理和方法，练习分水器的使用，掌握回流、萃取等基本操作。

3.6.2 实验目的和要求

① 掌握分子间脱水制醚的反应原理和实验方法。
② 学习使用分水器，进一步训练和熟练掌握回流、加热和萃取等基本操作。

3.6.3 实验原理

脂肪族低级醚通常由两分子醇在酸性脱水催化剂的存在下共热来制备：

$$R-OH + HO-R \xrightarrow{\triangle} ROR + H_2O$$

在实验室中常用浓硫酸作脱水剂。但醇类在较高温度下还能被浓硫酸脱水生成烯烃，为了减少这个副反应，在操作时必须特别控制好反应温度。

此反应为可逆反应，通常采用一个特殊的分水器将生成的水不断从反应物中除去，使反应向有利于生成醚的方向进行。

在制取正丁醚时，由于原料正丁醇（沸点为117.7℃）和产物正丁醚（沸点为142℃）的沸点都比较高，故可使反应在装有分水器的回流装置中进行，控制加热温度，并将生成的水或水的共沸物不断蒸出。虽然蒸出的水分中含有正丁醇等有机物，但是由于正丁醇等在水中溶解度较小，密度又较水轻，浮于水层之上，因此，借助分水器可使绝大部分的正丁醇等自动连续地返回反应瓶中，而水则沉于分水器的下部，静置后可随时弃去。

主反应：

$$2CH_3CH_2CH_2CH_2OH \xrightarrow[135℃]{浓硫酸} (CH_3CH_2CH_2CH_2)_2O + H_2O$$

副反应：

$$CH_3CH_2CH_2CH_2OH \xrightarrow{浓硫酸} CH_3CH_2CH=CH_2 + H_2O$$

3.6.4 实验仪器、试剂与材料

仪器与材料：二颈烧瓶、温度计、球形冷凝管、蒸馏烧瓶、分水器、电加热套、分液漏斗、沸石等。

试剂：正丁醇、浓硫酸、50%硫酸、无水氯化钙。

3.6.5 实验操作

在25mL二颈烧瓶中，加入5g（6.2mL，0.068mol）正丁醇，将1.66g（0.9mL）浓硫酸慢慢加入并摇荡使混合均匀，加入几粒沸石，在一瓶口装上温度计，另一瓶口装上分水器，分水器上端连一球形冷凝管，先在分水器中放置 $(V-0.6)$ mL 水[1]，然后将烧瓶在电加热套上空气浴加热，使瓶内液体微沸，开始回流，回流液经冷凝管收集于分水器内，由于

密度的不同,水在下层,有机液体浮于上层,积至支管时即可返流回烧瓶中。继续加热到瓶内温度升高到 134～135℃[2]（约需 1h）。待分水器已全部被水充满时,表示反应已基本完成。如继续加热,则溶液变黑,并有大量副产物丁烯生成。

待反应物冷却后,把混合物连同分水器里的水一起倒入内盛 10mL 水的分液漏斗中。充分振摇,静置后,分出产物粗正丁醚,用两份 8mL 50％硫酸分两次洗涤[3],再用 5mL 水洗涤,最后用 0.5～1g 无水氯化钙干燥。干燥后的粗产物倒入 30mL 蒸馏烧瓶中（注意不要把氯化钙倒进去）进行蒸馏,收集 139～142℃馏分,产量为 2.4～3.2g。

纯正丁醚为无色液体,沸点为 142.4℃,折射率 n_D^{20} 为 1.3992,相对密度 d_4^{15} 为 0.773。

本实验需 4～6h。

3.6.6 注释

【1】如果从醇转变为醚的反应是定量进行的话,那么反应中应该被除去的水的体积数可以用以下式来估算。

例：$2C_4H_9OH \xrightarrow{-H_2O(18g)} (C_4H_9)_2O$

$\qquad 2\times74g \qquad\qquad\qquad 130g$

本实验是用 12.5g 正丁醇脱水制正丁醚,那么应该脱去的水量为：

$$12.5\times18/(2\times74)=1.52\ （g）$$

所以,在实验以前预先在分水器里加 $(V-2)$mL 水,V 为分水器的容积,那么加上反应以后生成的水一起正好充满分水器,而使汽化冷凝后的醇正好溢流返回反应瓶中,从而达到自动分离的目的。

【2】制备正丁醚的较宜温度是 130～140℃,但这一温度在开始回流时是很难达到的。因为正丁醇、正丁醚和水可能生成几种恒沸混合物,见表 3-1。

表 3-1　正丁醇、正丁醚和水形成的恒沸混合物

恒沸混合物		沸点/℃	组成(质量分数)/%		
			正丁醚	正丁醇	水
二元	正丁醇-水	93.0		55.5	45.5
	正丁醚-水	94.1	66.6		33.4
	正丁醇-正丁醚	117.6	17.5	82.5	
三元	正丁醇-正丁醚-水	90.6	35.5	34.6	29.9

含水的恒沸混合物冷凝后分层,上层主要是正丁醇和正丁醚,下层主要是水,在反应过程利用分水器使上层液体不断送回到反应器中。

【3】用 50％硫酸处理是基于丁醇能溶解在 50％的硫酸中,而产物正丁醚则很少溶解的原因。也可用这样的方法来粗制正丁醚：待混合物冷却后,转入分液漏斗,仔细用 10mL 2mol/L 氢氧化钠洗涤至碱性,然后用 5mL 水以及 5mL 饱和氯化钙洗去未作用的正丁醇,以后如前法一样进行干燥、蒸馏。

3.6.7 思考题

① 如何得知反应已经比较完全?

② 反应物冷却后为什么要倒入 50mL 水中？各步洗涤目的何在？
③ 能否用本实验方法由乙醇和 2-丁醇制备乙基仲丁基醚？你认为用什么方法比较好？

3.7　环己酮的制备

3.7.1　应用背景

环己酮（cyclohexanone），化学式为 $C_6H_{10}O$，无色透明液体。环己酮是重要的化工原料，是制备尼龙、己内酰胺和己二酸的主要中间体，也是重要的工业溶剂，如用于油漆，特别是用于那些含有硝化纤维、氯乙烯聚合物及其共聚物或甲基丙烯酸酯聚合物油漆等。环己酮用于有机磷杀虫剂及许多类似物等农药的优良溶剂，用作染料的溶剂，作为活塞型航空润滑油的黏滞溶剂，用作脂、蜡及橡胶的溶剂，也用作染色和褪光丝的均化剂、擦亮金属的脱脂剂、木材着色涂漆，还可用环己酮脱膜、脱污、脱斑。通过本实验可以使学生掌握铬酸氧化法制备环己酮的原理和方法，熟练氧化反应的基本操作。

3.7.2　实验目的和要求

① 学习铬酸氧化法制备环己酮的原理和方法。
② 通过仲醇转变为酮的实验，进一步了解醇和酮之间的区别与联系。

3.7.3　实验原理

醛和酮可用相应的伯醇和仲醇氧化得到。在实验室中常用的氧化剂是重铬酸钠。酮虽比醛稳定，可以留在反应混合物中，但必须严格控制好反应条件，勿使氧化反应进行得过于猛烈，否则产物将进一步遭受氧化而发生碳链断裂。

主反应：

$$3\,C_6H_{11}OH + Na_2Cr_2O_7 + 5H_2SO_4 \longrightarrow 3\,C_6H_{10}O + Cr_2(SO_4)_3 + 2NaHSO_4 + 7H_2O$$

3.7.4　实验仪器、试剂与材料

仪器与材料：圆底烧瓶、温度计、直形冷凝管、滴液漏斗、铁架台、铁夹、双口夹、磁力搅拌器、升降台、锥形瓶、烧杯、移液管、沸石、加热套、分液漏斗等。

试剂：环己醇、重铬酸钠、浓硫酸、甲醇、氯化钠、无水硫酸镁。

3.7.5　实验操作

在 50mL 烧杯中，加入 30mL 水和 5.2g 重铬酸钠，搅拌溶解后，在搅拌下慢慢加入 4.4mL 浓硫酸，得橙红色铬酸溶液，冷至室温备用。

在 50mL 圆底烧瓶中加入 5.0g（0.05mol）环己醇，将上述铬酸溶液分三次加入圆底烧瓶，每加入一次都应振摇均匀。第一批重铬酸钠溶液加入后，不久反应物温度自行上升，待反应物温度升到 55℃时，可用冷水浴适当冷却[1]，控制反应温度在 55~60℃。待反应物的橙红色完全消失后，方可加下一批。待重铬酸钠溶液全部加完后，继续摇动烧瓶，直至反应

温度出现下降趋势，再间歇摇动 5~10min，使反应液呈墨绿色为止，然后加入 0.5~1mL 甲醇[2]以还原过量的氧化剂。

在反应物内加入 15mL 水及几粒沸石，安装成蒸馏装置，在加热套上空气浴加热蒸馏，把环己酮和水一起蒸出来[3]，收集约 12mL 馏出液。馏出液中加入氯化钠饱和，搅拌促使食盐溶解[4]，将此液体移入分液漏斗中，静置，分离出有机相（环己酮），将废酸液倒入废酸收集容器。有机相用无水硫酸镁干燥后，改用空气冷凝管蒸馏，收集 151~156℃的馏分，产量约为 2g。

纯环己酮为无色液体，沸点为 155.7℃，折射率 n_D^{20} 为 1.4507，相对密度 d_4^{20} 为 0.948。本实验需 4~6h。

3.7.6 注释

【1】反应物不宜过于冷却，以免积累起未反应的铬酸。当铬酸达到一定浓度时，氧化反应会进行得非常剧烈，有失控的危险。

【2】也可以加入 0.25~0.5g 草酸。

【3】这步蒸馏操作，实质上是一种简化了的水蒸气蒸馏。环己酮和水形成恒沸化合物，沸点为 95℃，含环己酮 38.4%。

【4】环己酮在水中的溶解度 31℃时为 2.4g/100g 水。馏出液中加入氯化钠是为了降低环己酮的溶解度，并有利于环己酮的分层。

3.7.7 思考题

① 重铬酸钠-硫酸氧化环己醇的反应体系中，深绿色物中所含铬的化合物是什么？该反应是否可以使用碱性高锰酸钾氧化？会得到什么产物？

② 重铬酸钠-浓硫酸混合物为什么需冷却至 0℃以下使用？

③ 用铬酸氧化法制备环己酮的实验，反应温度为什么要严格控制在 55~60℃之间，温度过高或过低有什么不好？

④ 从反应混合物中分离出环己酮，除了采用水蒸气蒸馏法外，还可采用何种方法？

⑤ 在加重铬酸钠溶液的过程中，为什么要待反应物的橙红色完全消失后，方能加下一批重铬酸钠？在整个氧化反应过程中，为什么要控制温度在一定的范围？

3.8 苯乙酮的制备

3.8.1 应用背景

苯乙酮（acetophenone）为无色晶体，或浅黄色油状液体，有山楂的气味，是强氧化剂、强酸。苯乙酮可用于制造香皂和纸烟，也用作有机化学合成的中间体、纤维树脂等的溶剂和塑料的增塑剂，用于调配樱桃、番茄、草莓、杏等食用香精，也可用于烟用香精中。苯乙酮作溶剂使用时，有沸点高、稳定、气味愉快等特点，可用作纤维素醚、纤维素酯、树脂、防腐剂、橡胶、医药、染料等的溶剂。通过本实验学生可以学习并掌握苯乙酮的常用制备原理及搅拌、蒸馏、萃取等基本操作,练习无水操作,理论联系实际,为学习后续课程和将来工作奠定化学实验基础。

3.8.2 实验目的和要求

① 了解芳烃酰基化反应的原理和实验方法。
② 练习无水操作,进一步掌握搅拌、蒸馏、萃取等实验操作。

3.8.3 实验原理

本实验采用苯和乙酸酐为原料,无水三氯化铝为催化剂制备苯乙酮。反应式如下:

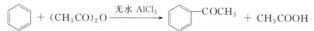

3.8.4 实验仪器、试剂与材料

仪器与材料:电动搅拌器、电加热套、三颈烧瓶、恒压滴液漏斗、冷凝管、干燥管、蒸馏头、蒸馏瓶、锥形瓶、温度计等。

试剂:无水苯、无水三氯化铝、乙酸酐、浓盐酸、氢氧化钠、无水硫酸镁等。

3.8.5 实验操作

如图 3-1 所示,在 100mL 干燥的三颈烧瓶上[1],分别装置电动搅拌器、恒压滴液漏斗及冷凝管,在冷凝管上端装一氯化钙干燥管,后者再接氯化氢气体的吸收装置。

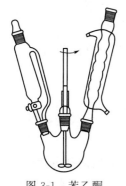

图 3-1 苯乙酮制备装置图

迅速称取 13g(0.097mol)粉状无水三氯化铝[2],放入三颈烧瓶中,再加入 16mL(0.18mol)无水苯,在搅拌下慢慢滴入 4mL(0.04mol)乙酸酐(先加几滴,待反应发生后再继续滴加),控制乙酸酐的滴加速度以使三颈烧瓶稍热为宜。加完后(约需 10min),待反应稍缓和后在沸水浴中搅拌回流,至无氯化氢气体逸出为止。

将三颈烧瓶浸于冷水浴中,在搅拌下慢慢滴入 18mL 浓盐酸与 35g 冰水的混合液。当瓶内固体完全溶解后,分出苯层。水层每次使用 15mL 苯萃取 2 次。合并苯层,依次用 10%氢氧化钠溶液、水各 15mL 洗涤,苯层用无水硫酸镁干燥。

将干燥后的粗产物先在水浴上蒸馏回收苯,再在电加热套上蒸去残留的苯[3],当温度升至 140℃ 左右时,停止加热。稍冷换空气冷凝管继续蒸馏[4]。收集 195~202℃ 的馏分[5],产量约为 4.1g(产率为 85%)。

纯苯乙酮为无色透明油状液体,沸点为 202.0℃,熔点为 20.5℃,折射率 n_D^{20} 为 1.5372。本实验需 4~6h。

3.8.6 注释

【1】仪器必须充分干燥,否则影响反应顺利进行。装置中凡是和空气相连的地方,应装置干燥管。

【2】无水三氯化铝的质量是实验成败的关键之一,研细、称量、投料要迅速,避免长时间暴露在空气中,因此,可在带塞的锥形瓶中称量。

【3】由于最终产物不多,宜选用较小的蒸馏瓶,苯溶液可用滴液漏斗分数次加入蒸馏瓶中。

【4】为减少产品损失,可用一根 2.5cm 长、外径与支管相仿的玻璃管代替支管,玻璃管与支管可用医用橡胶管连接。

【5】也可采用减压蒸馏,苯乙酮在不同压力下的沸点列于表 3-2。

表 3-2 苯乙酮在不同压力下的沸点

压力/Pa	533	667	800	933	1.07×10^3	1.20×10^3	1.33×10^3	3.33×10^3	4.00×10^3	5.33×10^3	6.67×10^3	8.00×10^3	1.33×10^4	2.00×10^4	2.67×10^4
沸点/℃	60	64	68	71	73	76	78	98	102	110	115.5	120	134	146	155

3.8.7 思考题

① 水和潮气对本实验有何影响?在仪器装置和操作中应注意哪些事项?为什么要迅速称取无水氯化铝?

② 反应完成后,为什么要加入浓盐酸和冰水混合液?

③ 在 Friedel-Craffs 烷基化和 Friedel-Craffs 酰基化反应中,三氯化铝的用量有何不同,为什么?

④ 下列试剂在无水氯化铝存在下,应得到什么产物?
a. 过量苯+$ClCH_2CH_2Cl$; b. 氯苯和丙酸酐; c. 溴苯和乙酸酐。

3.9 苯甲酸的制备

3.9.1 应用背景

苯甲酸(benzoic acid),别称安息香酸、苯酸、苯蚁酸,主要用于生产医药、染料载体、增塑剂、香料和食品防腐剂等,也用于改性醇酸树脂涂料。苯甲酸是重要的酸性食品防腐剂,在酸性条件下,对霉菌、酵母和细菌均有抑制作用。通过本实验学习,学生可以掌握苯甲酸的常用制备方法和减压抽滤和重结晶等基本操作,为后续课程学习和将来工作奠定实验基础。

3.9.2 实验目的和要求

① 学习以甲苯为原料制备苯甲酸的原理和方法。
② 熟悉减压抽滤和重结晶的操作。

3.9.3 实验原理

苯甲酸可以用甲苯在强氧化剂的作用下生成,这是实验室制备苯甲酸的一种常用方法。反应式为:

$$\text{C}_6\text{H}_5\text{CH}_3 \xrightarrow{\text{KMnO}_4} \text{C}_6\text{H}_5\text{COOK} \xrightarrow{\text{HCl}} \text{C}_6\text{H}_5\text{COOH}$$

3.9.4 实验仪器、试剂与材料

仪器与材料：电动搅拌器、真空泵、三颈烧瓶、烧杯、球形冷凝管、布氏漏斗、抽滤瓶、减压抽滤装置、刚果红试纸、表面皿、烘箱、温度计、活性炭、沸石等。

试剂：甲苯、高锰酸钾、浓盐酸、亚硫酸氢钠等。

3.9.5 实验操作

在 250mL 三颈烧瓶中，加入 8.5g（0.054mol）高锰酸钾、100mL 水和几粒沸石，振摇，使高锰酸钾全部溶解，按图 3-2 安装反应装置。加热，当溶液温度达到 80℃时，开启电动搅拌器，从球形冷凝管上口分数次加入【1】2.7mL（2.3g，0.025mol）甲苯，每次加入甲苯后待反应完全平缓时再加入下一批，最后用少量水冲洗黏附在冷凝管内壁的甲苯。继续搅拌加热回流，直到甲苯层几乎近于消失，回流液无油状液滴为止【2】。

将反应混合物趁热减压抽滤，并用少量热水洗涤二氧化锰滤渣，合并滤液和洗液，放在冰水浴中冷却，用浓盐酸酸化，直到苯甲酸全部析出（刚果红试纸变蓝）。待晶体析出，抽滤，将产品移入表面皿中，于烘箱中 100℃烘干或晾干，称重，计算产率。若产品不够纯净，可用热水重结晶【3】，必要时加入少量活性炭脱色。

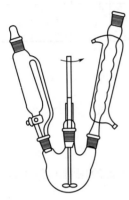

图 3-2 回流搅拌装置

纯苯甲酸为无色针状晶体，熔点为 122.4℃。本实验需要 5~7h。

3.9.6 注释

【1】每次加入的甲苯不宜过多，否则反应过于剧烈，放出的热量来不及扩散而导致反应液喷出。

【2】当反应回流液中无油珠出现时，说明不溶于水的甲苯已经被氧化完全，此时氧化反应即达到反应终点。

【3】苯甲酸在 100g 水中的溶解度为：4℃，0.18g；18℃，0.27g；75℃，2.2g。苯甲酸在 100℃左右开始升华，故除重结晶外，也可用升华方法精制苯甲酸。

3.9.7 思考题

① 还可以用什么方法合成苯甲酸？

② 反应完毕后，滤液如果呈紫色，是什么原因引起的？应如何处理？

3.10 邻硝基苯酚和对硝基苯酚的制备

3.10.1 应用背景

邻硝基苯酚（*o*-nitrophenol），有杏仁味，用作医药、染料、橡胶助剂、感光材料等有

机合成的中间体及单色 pH 值指示剂。对硝基苯酚（p-nitrophenol），无味，用作农药、医药、染料等精细化学品的中间体，如制备非那西丁、扑热息痛、农药 1605、显影剂米妥尔等，也用作皮革防霉剂以及酸值指示剂。通过本实验学生可以学习并掌握邻硝基苯酚、对硝基苯酚的制备原理及水蒸气蒸馏、重结晶等基本操作，提高动手能力。

3.10.2 实验目的和要求

① 了解邻硝基苯酚和对硝基苯酚的合成方法。
② 学习用水蒸气蒸馏方法分离有机化合物。
③ 学习有机化合物的重结晶操作。

3.10.3 实验原理

苯酚极易硝化，用稀硝酸直接在室温下即可硝化，得到邻硝基苯酚和对硝基苯酚的混合物。由于硝酸易使苯酚氧化而降低了产物的产率，所以本实验采用硝酸钠与硫酸的混合物代替稀硝酸，以减少苯酚的氧化而提高产率。反应式为：

$$\text{C}_6\text{H}_5\text{OH} + \text{NaNO}_3 + \text{H}_2\text{SO}_4 \longrightarrow o\text{-}\text{O}_2\text{N}\text{C}_6\text{H}_4\text{OH} + p\text{-}\text{O}_2\text{N}\text{C}_6\text{H}_4\text{OH} + \text{H}_2\text{O}$$

生成的邻硝基苯酚由于能形成分子内氢键，因此沸点低于对硝基苯酚，同时在沸水中的溶解度也较对硝基苯酚小得多，易随水蒸气蒸出，故可用水蒸气蒸馏将这两个异构体分开。

3.10.4 实验仪器、试剂与材料

仪器与材料：圆底烧瓶、温度计、三颈烧瓶、滴管、冷凝管、水蒸气导管、安全管、小烧杯、布氏漏斗、真空泵、抽滤瓶、活性炭、石蕊试纸等。

试剂：苯酚、硝酸钠、浓硫酸、乙醇、2%稀盐酸、浓盐酸等。

3.10.5 实验操作

(1) 制备

在 100mL 三颈烧瓶中放入 30mL 水，慢慢加入 10.6mL（0.19mol）浓硫酸及 11.6g（0.136mol）硝酸钠。将烧瓶置于冷水中冷却。在小烧杯中称取 7.1g（0.076mol）苯酚[1]，并加入 2mL 水，温热搅拌至溶解。在振摇下用滴管向三颈烧瓶中逐滴滴加苯酚溶液，保持反应温度在 15～20℃ 之间[2]。滴加完毕后放置半小时并时常加以振荡，使反应完全，此时得到黑色焦油状物质。用冷水冷却并向烧瓶中加入 40mL 水，轻轻摇动烧瓶使黑色油状物质沉于瓶底，小心倾去上层酸层。油层再用水以倾泻法洗涤三次，每次用水 40mL 除去残余的酸液，直至水溶液对石蕊试纸呈中性[3]。

(2) 分离

按图 2-16 安装水蒸气蒸馏装置，进行水蒸气蒸馏[4]，直至馏出液无黄色油珠为止。馏出液冷却后粗邻硝基苯酚迅速凝成黄色固体，抽滤收集产品，在 100℃ 烘箱中干燥后称重，计算产率。

邻硝基苯酚为亮黄色针状晶体[5]，熔点为45℃。

（3）提纯

在水蒸气蒸馏的残液中，加 5mL 浓盐酸和 0.5g 活性炭，加热煮沸约 10min，趁热过滤。滤液再用活性炭脱色一次，脱色后的溶液装入烧杯中，浸入冰水浴，粗对硝基苯酚立即析出。抽滤，收集产品，干燥后再用 2% 的稀盐酸重结晶，经抽滤干燥得产品，称重并计算产率。

对硝基苯酚为无色棱柱状结晶，熔点为114℃。

本实验需 6~8h。

3.10.6 注释

【1】苯酚室温为固体（熔点为41℃），可以用温水浴温热熔化，加水可降低苯酚的熔点使其呈液态，有利于反应。苯酚对皮肤有腐蚀性，如沾到皮肤上立即用肥皂水冲洗，然后用乙醇擦洗。

【2】苯酚与酸不互溶，故需不断振荡使其充分接触达到完全反应，同时也可防止局部过热。反应温度超过 20℃ 时，硝基苯酚可继续硝化或被氧化，造成产率下降。若温度过低，则对硝基苯酚所占比例升高。

【3】若有残余酸液存在时，会在水蒸气蒸馏时因温度升高而使硝基苯酚进一步硝化或氧化。

【4】水蒸气蒸馏时，往往由于邻硝基苯酚晶体析出而堵塞冷凝管，此时必须调小冷凝水，让热的蒸汽通过使其熔化而达到畅通。

【5】邻硝基苯酚重结晶：将粗产品溶于 40~50℃ 的热乙醇中，过滤后滴入温水至出现混浊，再在 40~50℃ 温水浴下，滴入少量乙醇至清，冷却后即析出亮黄色针状邻硝基苯酚。

3.10.7 思考题

① 本实验有哪些副反应？如何减少这些副反应的发生？

② 什么是水蒸气蒸馏？被提纯物质应具备何种条件才能采用此法纯化？

3.11 安息香缩合反应

3.11.1 应用背景

安息香（benzoin），又称苯偶姻、二苯乙醇酮、2-羟基-2-苯基苯乙酮或 2-羟基-1,2-二苯基乙酮，是一种无色或白色晶体，可作为药物和润湿剂的原料，还可用作生产聚酯的催化剂。安息香主治开窍清神、行气活血、止痛，用于中风痰厥、气郁暴厥、中恶昏迷、心腹疼痛的治疗。通过本实验学生可以学习并掌握安息香的制备与分离方法，掌握回流、冷却、抽滤等基本操作。

3.11.2 实验目的和要求

① 了解用安息香缩合反应制备二苯乙醇酮的原理和方法。

② 学习并掌握回流、重结晶等操作。

3.11.3 实验原理

芳香醛在氰化钠（钾）催化下，可发生分子间缩合反应，生成二苯乙醇酮（也称安息香）。有机化学中将芳香醛进行的此类反应称为安息香缩合反应，最典型的例子是苯甲醛的缩合反应。该反应的机理类似于羟醛缩合，也是负碳离子对羰基的亲核加成反应。反应式为：

$$\text{PhCHO} \xrightarrow{\text{维生素 } B_1} \text{Ph-CH(OH)-CO-Ph}$$

由于氰化物有剧毒，使用不当会有危险，故本实验改用维生素 B_1 代替氰化物催化安息香缩合反应，反应条件温和、操作简单、节省原料、无毒、产率高。

3.11.4 实验仪器、试剂与材料

仪器与材料：圆底烧瓶、烧杯、球形冷凝管、温度计、水浴锅、布氏漏斗、抽滤瓶、真空泵、pH试纸、活性炭、沸石等。

试剂：苯甲醛、维生素 B_1、乙醇、氢氧化钠等。

3.11.5 实验操作

在100mL圆底烧瓶中加入1.8g（0.006mol）维生素 B_1[1]、5mL蒸馏水和15mL 95%乙醇，将烧瓶置于冰水浴中冷却[2]。同时量取5mL 10%氢氧化钠溶液放入试管中，也置于冰水中冷却。在冰水浴冷却下，将冷透的氢氧化钠溶液在10min内滴加至维生素 B_1 溶液中，并不断摇荡，调节溶液pH值为9~10，此时溶液呈黄色。

去掉冰水浴，加入10mL（0.1mol）新蒸馏的苯甲醛[3]，装上球形冷凝管，加入几粒沸石，将混合物置于水浴中温热1.5h，水浴温度保持在60~75℃，切勿将混合物加热至剧烈沸腾，此时反应混合物呈橘黄或橘红色均相溶液。将反应混合物冷却到室温，析出浅黄色晶体。将烧瓶置于冰水浴中冷却，使结晶完全[4]。抽滤，用50mL冷水分两次洗涤结晶，将粗产物用95%乙醇重结晶[5]。若产物为黄色，可加入少量活性炭脱色。抽滤，将得到的产品烘干（约5g），测熔点。

安息香为白色针状结晶，熔点为135~137℃。本实验需6~8h。

3.11.6 注释

【1】维生素 B_1 的质量对本实验影响很大，应使用新开瓶或原封装保管良好的维生素 B_1，用不完的尽快密封保存在阴凉处。

【2】维生素 B_1 在酸性条件下最稳定，但易吸水，在水溶液中易被氧化失效，在见光及铜、铁、锰等金属离子条件下会加速氧化；在碱溶液中，噻唑环易打开失效。因此，反应前维生素 B_1 溶液和碱溶液必须用冰水冷透。

【3】苯甲醛中不能含有苯甲酸，使用前最好经5%碳酸氢钠溶液洗涤，再经减压蒸馏，并避光保存。

【4】若冷却太快，产物易呈油状析出，可重新加热溶解后再慢慢冷却重新结晶，必要时可用玻璃棒摩擦瓶壁诱发结晶。

【5】安息香在沸腾的95％乙醇中的溶解度为12～14g/100mL。

3.11.7　思考题

① 本实验中，加入苯甲醛之前为何需在冰水浴中冷却？

② 加入苯甲醛后，反应混合物的pH值为何要保持在9～10，溶液的pH值过低或过高有何影响？

③ 安息香缩合反应、歧化反应、羟醛缩合反应有何不同？

3.12　肉桂酸的制备

3.12.1　应用背景

肉桂酸（cinnamic acid），又名 β-苯丙烯酸、3-苯基-2-丙烯酸，是从肉桂皮或安息香中分离出的有机酸。植物中由苯丙氨酸脱氨降解产生苯丙烯酸。肉桂酸主要用于香精香料、食品添加剂、医药工业、美容、农药、有机合成等方面。以医药工业为例，肉桂酸可用于合成治疗冠心病的乳酸心可定和心痛平，及合成氯苯氨丁酸和肉桂苯哌嗪，合成局部麻醉剂、杀菌剂、止血药等。肉桂酸是 A-5491 人肺腺癌细胞有效的抑制剂，在抗癌方面具有极大的应用价值。通过本实验学习，学生可以掌握肉桂酸的制备方法及回流、水蒸气蒸馏等操作，提高动手能力。

3.12.2　实验目的和要求

① 学习珀金（Perkin）反应制备肉桂酸的原理和方法。

② 进一步巩固回流、水蒸气蒸馏等操作技能。

3.12.3　实验原理

芳香醛和酸酐在碱性催化剂作用下，可以发生类似羟醛缩合的反应，生成 α,β-不饱和芳香酸，该反应称为珀金反应，通常使用的催化剂是与酸酐相应的羧酸钠盐或钾盐，有时也可用叔胺或碱性试剂代替。本实验以苯甲醛、乙酸酐为原料，按照卡尔宁所提出的方法，用碳酸钾代替 Perkin 反应中的乙酸钾，反应时间短，产率高，主要得到反式肉桂酸，反应式如下：

$$\text{C}_6\text{H}_5\text{CHO} + (\text{CH}_3\text{CO})_2\text{O} \xrightarrow[\text{② H}^+/\text{H}_2\text{O}]{\text{① K}_2\text{CO}_3} \text{C}_6\text{H}_5\text{CH}\!=\!\text{CHCOOH} + \text{CH}_3\text{COOH}$$

3.12.4　实验仪器、试剂与材料

仪器与材料：圆底烧瓶、冷凝管、三颈烧瓶、水蒸气导管、安全管、布氏漏斗、抽滤瓶、真空泵、电加热套、刚果红试纸、活性炭、滤纸等。

试剂：苯甲醛、乙酸酐、无水碳酸钾、氢氧化钠、浓盐酸、乙醇等。

3.12.5 实验操作

在 100mL 三颈烧瓶中，放入 1.5mL（0.015mol）新蒸馏的苯甲醛[1]、4mL（0.036mol）新蒸馏的乙酸酐[2]和研细的 2.2g（0.016mol）无水碳酸钾，振荡混合均匀。在电加热套上微沸回流约 30min，反应温度维持在 150~170℃。由于二氧化碳逸出，初期反应会出现泡沫。

待反应混合物冷却后，加入 10mL 温水，利用水蒸气蒸馏（图 2-16）蒸出未反应的苯甲醛，直至馏出液中无油珠为止（倒入指定的回收瓶中）。待残留液稍冷后，加入 10mL 10%氢氧化钠溶液，使所生成的肉桂酸形成钠盐而溶解；再加入少量活性炭[3]，加热煮沸 2~3min，脱色过滤（双层滤纸，以防活性炭透过）。待滤液冷至室温后，在搅拌下小心加入浓盐酸酸化至刚果红试纸变蓝。冷却溶液，减压过滤，并用少量冷水洗涤沉淀，抽干。粗品在空气中晾干，产量约为 1.5g（产率约为 68%）。粗产品可用 3∶1 的水-乙醇重结晶。

肉桂酸有顺、反异构体，通常以反式形式存在，为无色晶体，熔点为 133℃。

本实验需 5~6h。

3.12.6 注释

【1】苯甲醛久置，会氧化生成较多的苯甲酸，会影响反应的产率和进行，实验前需除去苯甲酸。蒸馏苯甲醛，收集 170~180℃ 的馏分。

【2】乙酸酐久置会因吸潮和水解而转变为乙酸，故本实验前需重新蒸馏乙酸酐。另外，乙酸酐会强烈腐蚀皮肤和刺激眼睛，应避免与热乙酸酐蒸气接触。

【3】用活性炭脱色时，活性炭不能在溶液沸腾时加入，否则会引起暴沸。

3.12.7 思考题

① 本实验利用碳酸钾代替 Perkin 反应中的乙酸钾，使反应时间缩短，那么具有何种结构的醛能进行 Perkin 反应？
② 肉桂酸可用纯水作溶剂进行重结晶吗，为什么？
③ 所用主要仪器、试剂为何均需干燥无水？
④ 为什么用回流装置来制备肉桂酸？

3.13 己二酸的制备

3.13.1 应用背景

己二酸（adipic acid），别称肥酸，是重要的有机二元酸，能够发生成盐反应、酯化反应、酰胺化反应等。己二酸在工业上具有重要的意义，在化工生产、有机合成工业、医药等方面都有重要作用。己二酸主要用作尼龙 66 和工程塑料的原料，也用于生产各种酯类产品、聚氨基甲酸酯弹性体的原料，也用作医药、酵母提纯、杀虫剂、黏合剂、合成革、合成染料和香料的原料。己二酸酸味柔和且持久，是较好的 pH 调节剂，可作食品和饮料的酸味剂。

通过本实验的学习，学生可以掌握己二酸的制备原理及浓缩、过滤、重结晶等基本操作，培养动手能力。

3.13.2 实验目的和要求

① 学习用环己醇氧化制备己二酸的原理和方法。
② 掌握浓缩、过滤、重结晶等操作技能。

3.13.3 实验原理

羧酸常用烯烃、醇、醛等经硝酸、重铬酸钾的硫酸溶液或高锰酸钾等氧化来制备。本实验以环己醇为原料，用高锰酸钾氧化制备己二酸。反应式为：

$$\text{环己醇} \xrightarrow{KMnO_4} HOOC(CH_2)_4COOH + MnO_2$$

3.13.4 实验仪器、试剂与材料

仪器与材料：三颈烧瓶、电动搅拌器、温度计、恒压滴液漏斗、布氏漏斗、烘箱、抽滤瓶、真空泵、蒸发皿、表面皿等。

试剂：环己醇、高锰酸钾、氢氧化钠、浓盐酸、亚硫酸钠等。

3.13.5 实验操作

按图 3-3 装上电动搅拌器，试验运转是否正常，如有异常应进行相应调整，正常后方可继续操作。将 13g（0.082mol）高锰酸钾及 80mL 0.3mol/L 氢氧化钠溶液加入到三颈烧瓶中，用水浴加热使溶液温度达 45℃。撤掉热水浴，再通过恒压滴液漏斗慢慢滴加 3mL（0.02mol）环己醇[1]，滴加环己醇过程中维持反应温度在 50～60℃[2]。当醇加完后，反应体系温度自然降至 40℃左右时，再在沸水浴中加热混合物 10～15min[3]。

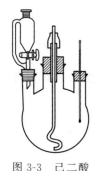

图 3-3 己二酸合成装置

检验高锰酸钾是否作用完全[4]。反应完全后趁热减压过滤，滤液加 8mL 浓盐酸酸化，用蒸发皿小心加热，将滤出液浓缩至 20mL 左右，在冰水浴中冷却至结晶完全。抽滤，用 3mL 水洗涤结晶，将产品移入表面皿中，于烘箱中 100℃干燥或晾干，称重，计算产率。

纯己二酸是熔点为 153℃ 的白色棱状晶体。本实验需 4～5h。

3.13.6 注释

【1】环己醇熔点为 24℃，熔融时为黏稠状液体，为减少转移时的损失，可用少量水冲洗漏斗，并加入滴液漏斗中，在室温较低时，此操作还可以降低其熔点，以免堵住漏斗。

【2】此反应为强烈放热反应，必须等先加入的环己醇全部作用后，才能再滴加，以免反应过于激烈而引起爆炸。若滴加过快，反应过猛，会使反应物冲出反应器，若反应过于缓慢，未作用的环己醇将积蓄起来，一旦反应变得剧烈，则部分环己醇迅速被氧化也会引起爆炸。故做本实验时，必须特别注意控制环己醇的滴加速度和保持反应物处于强烈沸腾状态，

尤其在反应开始阶段,滴加速度更应慢一些。

【3】待反应体系温度下降后,在沸水浴中加热并同时搅拌可使反应进行得更完全。

【4】取一滴反应液,滴在滤纸上,若有紫色,可加少量固体亚硫酸钠以除去过量的高锰酸钾。

3.13.7 思考题

① 为何需严格控制反应物的温度?
② 用同一量筒量取硝酸和环己醇可以吗?为什么?

3.14 苯甲酸和苯甲醇的制备

3.14.1 应用背景

苯甲酸(benzoic acid),别称安息香酸、苯酸、苯蚁酸,主要用于生产医药品、染料载体、增塑剂、香料和食品防腐剂等。苯甲醇(benzylalcohol)是最简单的芳香醇之一,可看作是苯基取代的甲醇。可与羧酸进行酯化反应生成相应的酯,在自然界中多数以酯的形式存在于香精油中,茉莉花油、风信子油和秘鲁香脂中都含有此成分。苯甲醇可用于制备花香油和药物,也用作香料的溶剂、定香剂、增塑剂、防腐剂等,并用于香料、肥皂、药物、染料等的制备。通过本实验的学习,学生可以熟悉并掌握康尼扎罗反应制备苯甲酸和苯甲醇的原理及萃取、洗涤、干燥等基本操作,提高实践动手能力。

3.14.2 实验目的和要求

① 掌握康尼扎罗(Cannizzaro)反应制备苯甲醇和苯甲酸的原理和方法。
② 熟悉分液漏斗的使用,掌握萃取、洗涤、干燥等实验操作技能。
③ 巩固蒸馏及重结晶等基本实验操作。

3.14.3 实验原理

Cannizzaro 反应指无 α-H 的醛类物质在浓碱溶液作用下发生的歧化反应,一分子醛被氧化成羧酸,另一分子醛则被还原成醇。

本实验采用苯甲醛为原料,在浓氢氧化钾溶液中发生 Cannizzaro 反应,制备苯甲醇和苯甲酸。反应物加水溶解后,用乙醚加以萃取,乙醚层经洗涤、干燥、蒸馏,得到苯甲醇;水层经酸化得到苯甲酸。反应式如下:

$$2\ \text{C}_6\text{H}_5\text{CHO} + \text{KOH} \longrightarrow \text{C}_6\text{H}_5\text{CH}_2\text{OH} + \text{C}_6\text{H}_5\text{COOK}$$

$$\text{C}_6\text{H}_5\text{COOK} + \text{HCl} \longrightarrow \text{C}_6\text{H}_5\text{COOH}$$

3.14.4 实验仪器、试剂与材料

仪器与材料:恒温磁力搅拌器、电加热套、圆底烧瓶、恒压滴液漏斗、量筒、分液漏斗、空气冷凝管、蒸馏头、温度计、锥形瓶、布氏漏斗、抽滤瓶、刚果红试纸等。

试剂：苯甲醛、氢氧化钾、浓盐酸、亚硫酸氢钠、碳酸钠、无水硫酸镁、乙醚等。

3.14.5 实验操作

（1）苯甲酸和苯甲醇的制备

在圆底烧瓶中加入 9.0g（0.16mol）氢氧化钾和 9.0mL 水，放在恒温磁力搅拌器上搅拌，使氢氧化钾溶解并冷却至室温。在搅拌[1]的同时分批加入新蒸苯甲醛，每次加入 2～3mL，共加入 10.0mL（10.4g，0.098mol）。加后若圆底烧瓶内温度过高，需适时冷却，继续搅拌 60min，最后反应混合物变成白色糊状。

（2）苯甲醇的分离提纯

向反应体系中加入大约 30mL 水，使反应混合物中的苯甲酸盐溶解，转移至分液漏斗中[2]，用 30mL 乙醚分三次（每次 10mL）萃取苯甲醇，合并乙醚萃取液。保存水溶液备用。依次用 10mL 25%亚硫酸氢钠溶液及 8mL 水洗涤乙醚溶液，用无水硫酸镁干燥[3]。水浴蒸去乙醚后[4]，换空气冷凝管继续蒸馏，收集产品，沸程为 204～206℃，产率为 75%。

纯苯甲醇为有苦杏仁味的无色透明液体，沸点为 205.4℃，折射率为 1.5463。

（3）苯甲酸的分离提纯

在不断搅拌下，向以上保存的水溶液中加入浓盐酸酸化，加入的酸量，以能使刚果红试纸由红变蓝（pH<3）为宜[5]。充分冷却后减压过滤，得粗产物。粗产物用水重结晶后晾干，产率可达 80%。

纯苯甲酸为白色片状或针状晶体，熔点为 122.4℃。

本实验需 6～8h。

3.14.6 注释

【1】充分搅拌是反应成功的关键因素，如果歧化反应不能充分搅拌，会影响后续反应的产率。如果混合充分，通常在瓶内混合物进行固化，苯甲醛气味消失。

【2】用分液漏斗分液时，水层从下面分出，乙醚层要从上面倒出，否则会影响后面的操作。

【3】用干燥剂干燥时，一定要澄清后才能倒在蒸馏瓶中蒸馏，否则残留的水会与产物形成低沸点的共沸物，从而增加前馏分的量而影响产物的产率。

【4】热水浴蒸馏乙醚之前，一定要用过滤法或倾析法将干燥剂除去，将滤液进行热水浴蒸馏（非蒸发）除去乙醚后，再去掉水浴，用电热套直接加热蒸馏，收集 204～205℃的馏分（即为产品）。并注意在 179℃有无苯甲醛馏分。

【5】水层如果酸化不完全，会使苯甲酸不能充分析出，导致产物损失。

3.14.7 思考题

① 试比较发生康尼扎罗反应的醛与发生羟醛缩合反应的醛在结构上的差异。

② 苯甲酸和苯甲醇制备时的白色糊状物是什么？

③ 在利用康尼扎罗反应制备苯甲酸、苯甲醇的实验中，为什么苯甲醇产率会过低？

④ 合并后的乙醚萃取液要依次用 25%亚硫酸氢钠溶液、水洗涤，它们的作用分别是什么？

⑤ 干燥乙醚溶液时能否用无水氯化钙代替无水硫酸镁?

3.15 呋喃甲酸和呋喃甲醇的制备

3.15.1 应用背景

呋喃甲酸（2-furoic acid）又叫糠酸，是白色单斜长梭形结晶。呋喃甲酸用于有机合成原料，广泛用作医药、香料的中间体，也可作防腐剂、杀菌剂、增塑剂和热固性树脂。

呋喃甲醇（2-furanemethanol）又叫糠醇，是无色易流动液体，遇空气变为黑色，具有特殊的苦辣气味，对人体健康有危害。呋喃甲醇是一种重要的有机化工原料，主要用于生产糠醛树脂、呋喃树脂、糠醇-脲醛树脂、酚醛树脂等，也用于制备果酸、增塑剂、溶剂和火箭燃料等。

3.15.2 实验目的和要求

① 学习通过 Cannizzaro 反应由呋喃甲醛制备呋喃甲酸和呋喃甲醇的原理和方法。
② 巩固萃取、干燥、水浴蒸馏等基本操作。

3.15.3 实验原理

在浓的强碱作用下，不含 α-活泼氢的醛类可以发生分子间自身氧化还原反应，一分子醛被氧化成酸，而另一分子醛则被还原为醇，此反应称为康尼扎罗（Cannizzaro）反应。反应实质是羰基的亲核加成。反应中，通常使用 50% 的浓碱，其中碱的物质的量比醛的物质的量多一倍以上，否则反应不完全，未反应的醛与生成的醇混在一起，通过一般蒸馏很难分离。反应式如下：

$$2 \text{ furyl-CHO} + \text{NaOH} \longrightarrow \text{furyl-CH}_2\text{OH} + \text{furyl-COONa}$$

$$\text{furyl-COONa} + \text{HCl} \longrightarrow \text{furyl-COOH} + \text{NaCl}$$

3.15.4 实验仪器、试剂与材料

仪器与材料：磁力搅拌器、三颈烧瓶、温度计、滴液漏斗、分液漏斗、蒸馏装置、抽滤装置、刚果红试纸。

试剂：呋喃甲醛、氢氧化钠、乙醚、盐酸、无水碳酸钾、无水硫酸镁。

3.15.5 实验操作

往 250mL 三颈烧瓶中加入 8.2mL（0.1mol）新蒸过的呋喃甲醛[1]，将三颈烧瓶置于冰水浴中冷却至 5℃ 左右。在磁力搅拌器搅拌下从滴液漏斗滴入 8mL 33% 的氢氧化钠溶液，保持反应温度在 8~12℃ 之间[2]。氢氧化钠溶液加完后（约 20min），在 8~12℃ 继续搅拌 30min，反应即可完成，得到黄色浆状物。

在搅拌下加适量的水（约 8mL），使沉淀恰好溶解[3]，此时溶液呈暗褐色或深棕色，将溶液倒入分液漏斗中，每次用 10mL 乙醚萃取 3 次，合并乙醚萃取液，用无水硫酸镁或无水

碳酸钾干燥，先用热水浴蒸去乙醚后再蒸馏呋喃甲醇，收集 169~172℃ 的馏分，产率为 60%~80%。

纯呋喃甲醇为无色至淡黄色易流动的液体，沸点为 171℃，折射率 n_D^{20} 为 1.4869。

乙醚萃取后的水溶液，用 25% 的盐酸酸化至刚果红试纸变蓝（约需 8mL 盐酸）。冷却使呋喃甲酸析出完全，抽滤，用少量水洗涤。粗产物用水重结晶，得白色针状结晶的呋喃甲酸[4]，产量约为 4g。

纯呋喃甲酸为白色针状结晶。熔点为 133~134℃[5]。

本实验需 6~8h。

3.15.6 注释

[1] 呋喃甲醛存放过久会变成棕褐色甚至黑色，同时往往含有水分，使用前需蒸馏提纯，收集 155~162℃ 的馏分。新蒸呋喃甲醛为无色或淡黄色的液体。

[2] 反应温度若高于 12℃，则反应物温度极易升高而难以控制，致使反应物变成深红色。反应物温度若低于 8℃，则反应速率过慢，一旦发生反应，反应就会过于猛烈而使温度升高，增加了副反应，最终也使反应物变成棕红色。

[3] 加水过多会使一部分产品因为溶解于水中而损失。

[4] 从水中得到的呋喃甲酸是针状结晶，100℃ 时有部分升华，故呋喃甲酸应置于 80~85℃ 的烘箱内慢慢烘干或自然晾干为宜。

[5] 测熔点时，约于 125℃ 开始软化，完全熔融温度约为 132℃，一般实验产品的熔点为 129~130℃。

3.15.7 思考题

① 在反应过程中析出的黄色浆状物是什么？
② 控制反应温度在 8~12℃ 之间有何必要？
③ 乙醚萃取过的水溶液，可否用 50% 硫酸酸化？
④ 怎样利用歧化反应，将呋喃甲醛都转化成呋喃甲醇？
⑤ 使用呋喃甲醛进行 Cannizzzaro 反应时为什么要使用新蒸馏过的呋喃甲醛？
⑥ 干燥乙醚溶液时能否用无水氯化钙代替无水硫酸镁？

3.16 阿司匹林的制备

3.16.1 应用背景

阿司匹林（aspirin）又叫乙酰水杨酸、邻乙酰水杨酸，为白色针状或板状结晶或粉末；微带酸味；在干燥空气中稳定，在潮湿空气中缓缓水解成水杨酸和乙酸；在乙醇中易溶，在乙醚和氯仿中溶解，微溶于水，在氢氧化钠溶液或碳酸钠溶液中能溶解，但同时分解。

阿司匹林是一种历史悠久的解热镇痛药，用于治疗感冒、发热、头痛、牙痛、关节痛、风湿病，还能抑制血小板聚集，用于预防和治疗缺血性心脏病、心绞痛、心肺梗死、脑血栓，应用于血管形成术及旁路移植术。

3.16.2 实验目的和要求

① 掌握水杨酸的乙酰化反应的原理与操作。
② 掌握有机化合物的分离提纯方法。

3.16.3 实验原理

阿司匹林是由水杨酸（邻羟基苯甲酸）与乙酸酐进行反应而得的。水杨酸可由水杨酸甲酯，即冬青油（由冬青树提取而得）水解制得。水杨酸分子中的羧基与酚羟基之间形成分子内氢键，阻碍了酚羟基的酰化。为了使酰化反应顺利进行，常加入浓硫酸或磷酸将氢键破坏。常用酰化试剂是乙酸酐或乙酰氯，反应式如下：

$$\underset{}{\text{C}_6\text{H}_4(\text{OH})\text{COOH}} + (CH_3CO)_2O \xrightarrow{H_3PO_4} \underset{}{\text{C}_6\text{H}_4(\text{OCOCH}_3)\text{COOH}} + CH_3COOH$$

3.16.4 实验仪器、试剂与材料

仪器与材料：锥形瓶、温度计、烧杯、玻璃塞、吸滤瓶、二通旋塞、布氏漏斗、滤纸、循环水式多用真空泵。

试剂：水杨酸、乙酸酐、磷酸、碳酸氢钠、95%乙醇、三氯化铁、盐酸。

3.16.5 实验操作

在 50mL 干燥的锥形瓶中，加入 3g（0.022mol）水杨酸，缓缓加入 5mL（0.053mol）乙酸酐，塞紧玻璃塞不断摇动，使固体全部溶解，打开玻璃塞滴入 5 滴浓磷酸，然后在水浴上加热，温度控制在 80～90℃[1]并不断摇动，维持反应 10～15min，然后冷却至室温，在振摇下慢慢加入 3mL 水，以分解过剩的乙酸酐，然后再加入 15～20mL 水，放在冰浴上静置冷却，有大量结晶析出时，抽滤，用少量冰水分次洗涤结晶，抽干。将粗制的阿司匹林转移到 100mL 烧杯中，加入 25mL 饱和碳酸氢钠溶液，当无 CO_2 产生时，再抽滤一次，除去不溶性杂质。在滤液中边搅拌边加入 12mL 18% 的 HCl 溶液，则结晶析出。在冰浴中冷却 5min，抽滤，结晶用少量水洗涤 2～3 次。产品干燥称重并计算产率[2]。取少许样品溶于 2mL 乙醇中，滴入 1%$FeCl_3$ 溶液 1～3 滴，观察有无颜色反应。

纯阿司匹林为白色针状结晶，熔点为 135.8℃。

本实验需 6～8h。

3.16.6 注释

【1】反应温度不宜过高，否则将有副反应发生，例如生成水杨酰水杨酸及聚合物。
【2】干燥方法有多种，例如可置于空气中风干、红外灯下烤干、置于表面皿中用沸水浴烘干。

3.16.7 思考题

① 本实验所用的浓磷酸和乙酸酐均有很强的腐蚀性，使用时应注意什么？

② 本实验为什么采用干燥仪器？
③ 磷酸在本实验中的作用是什么？
④ 反应中的副产物是什么？如何将产品与副产物分开？
⑤ 为什么使用新蒸馏的乙酸酐？
⑥ 通过什么样的简便方法可以鉴定出阿司匹林是否变质？

3.17 乙酸乙酯的制备

3.17.1 应用背景

乙酸乙酯（ethyl acetate）又名醋酸乙酯，简称乙酯，是无色透明液体，低毒性、有甜味，浓度较高时有刺激性气味，易挥发，对空气敏感，能吸水分，吸水后缓慢水解而呈酸性。乙酸乙酯能与氯仿、乙醇、丙酮和乙醚混溶，溶于水，能溶解某些金属盐类（如氯化锂、氯化钴、氯化锌、氯化铁等），发生反应。乙酸乙酯易燃，蒸气能与空气形成爆炸性混合物。

乙酸乙酯具有优异的溶解性、快干性，用途广泛，是一种非常重要的有机化工原料和极好的工业溶剂，被广泛用于乙酸纤维、乙基纤维、氯化橡胶、乙烯树脂、乙酸纤维树脂、合成橡胶、涂料及油漆等的生产过程中。

3.17.2 实验目的和要求

① 学习从有机酸经酯化合成酯的一般原理和方法。
② 巩固分液漏斗的使用及蒸馏、干燥等操作。

3.17.3 实验原理

有机酸酯通常用醇和羧酸在少量酸性催化剂（例如浓硫酸）催化下，进行酯化反应而制得：

$$RCOOH + HOR' \underset{}{\overset{H^+}{\rightleftharpoons}} RCOOR' + H_2O$$

酯化反应是一个典型的酸催化可逆反应。为了使反应平衡向右移动，可以用过量的醇或羧酸，也可以把反应中生成的酯或水及时地蒸出或是两者并用。本实验通常可加入过量的乙醇和适量的浓硫酸，并将反应中生成的乙酸乙酯及时地蒸出。在实验时应注意控制好反应物的温度、滴加原料的速度和蒸出产品的速度，使反应能进行得比较完全。

主反应：

$$CH_3COOH + C_2H_5OH \underset{120\sim125℃}{\overset{H_2SO_4}{\rightleftharpoons}} CH_3COOC_2H_5 + H_2O$$

副反应：

$$2C_2H_5OH \underset{\triangle}{\overset{H_2SO_4}{\rightleftharpoons}} C_2H_5OC_2H_5 + H_2O$$

3.17.4 实验仪器、试剂与材料

仪器与材料：微波炉、调温电热套、三颈烧瓶、滴液漏斗、J形玻璃管、温度计、蒸馏

头、直形冷凝管、接液管、锥形瓶、分液漏斗、玻璃漏斗、圆底烧瓶、烧杯、蓝色石蕊试纸、滤纸、pH 试纸、乳胶管、沸石。

试剂：冰醋酸、95％乙醇、浓硫酸、碳酸钠、氯化钙、无水碳酸钾、无水硫酸镁、食盐。

3.17.5 实验操作

（1）常规合成法

在 250mL 三颈烧瓶里放入 3mL 95％乙醇，然后边摇动边慢慢地加入 3mL 浓硫酸。三颈烧瓶的中间口装配一恒压滴液漏斗，装入剩下的 20mL 95％乙醇（共 0.37mol）和 14.3mL（0.25mol）冰醋酸的混合液。滴液漏斗的下端通过乳胶管连接一 J 形玻璃管，伸到三颈烧瓶内离瓶底约 3mm 处，一侧口装配一支 200℃温度计，另一侧口装配蒸馏头、温度计及直形冷凝管。直形冷凝管的末端连接接液管及锥形瓶，锥形瓶用冰水浴冷却。

用调温电热套慢慢加热，使三颈烧瓶内反应混合物的温度约为 120℃左右。然后把恒压滴液漏斗中的乙醇和冰醋酸的混合液慢慢地滴入。调节加料的速度，使之和蒸出酯的速度大致相等，加料时间约需 90min。这时，保持反应混合物的温度为 120～125℃。滴加完毕后，继续加热约 10min，直到不再有液体馏出为止。

反应完毕后，将饱和碳酸钠溶液缓慢地加入馏出液中，直到无二氧化碳气体逸出为止。饱和碳酸钠溶液要小量分批地加入，并要不断地摇动锥形瓶。把混合液倒入分液漏斗中，静置，放出下面的水层。用蓝色石蕊试纸检验酯层。如果酯层仍显酸性，再用饱和碳酸钠溶液洗涤，直到酯层不显酸性为止。用等体积的饱和食盐水洗涤，再用等体积的饱和氯化钙溶液洗涤两次。放出下层废液。从分液漏斗上口将乙酸乙酯倒入干燥的小锥形瓶内，加入无水碳酸钾干燥[1]。放置约 30min，在此期间要间歇振荡锥形瓶。

通过玻璃漏斗（漏斗上放折叠式滤纸）把干燥的粗乙酸乙酯滤入 100mL 圆底烧瓶中。装配蒸馏装置在热水浴上加热蒸馏，收集 74～79℃的馏分[2]，产量为 14.5～16.5g。

纯乙酸乙酯为有水果香味的无色透明液体，沸点为 77.06℃，折射率 n_D^{20} 为 1.3723。

（2）微波合成法

在 25mL 圆底烧瓶中，加入 2.9mL 冰醋酸和 4.6mL 95％乙醇，在摇动下，慢慢加入 1.5mL 浓硫酸，充分混合均匀后加入少许沸石，置于微波炉内装有沸水浴的 500mL 烧杯中，装上回流装置，将微波炉调至低挡，回流 2min，稍冷后，改为蒸馏装置，在相同的环境中加热蒸馏，直至不再有馏出液为止，停止加热，得粗乙酸乙酯。在摇动下慢慢向粗产物中加入饱和碳酸钠水溶液，直到不再有二氧化碳气体逸出并使有机相 pH 值呈中性为止。将液体转入分液漏斗中，振摇后静置，分去水相，有机相用 2mL 饱和食盐水洗涤后，再每次用 2mL 饱和氯化钙溶液洗涤两次。弃去下层液，酯层转入干燥的锥形瓶，用无水硫酸镁干燥。

将干燥后的粗产品乙酸乙酯滤入 10mL 圆底烧瓶中，在水浴上进行蒸馏，收集 74～79℃馏分，产量约为 2.4g。

本实验需 4～6h。

3.17.6 注释

【1】也可用无水硫酸镁作干燥剂。

【2】乙酸乙酯与水形成沸点为 70.4℃ 的二元恒沸混合物（含水 8.1%），乙酸乙酯、乙醇与水形成沸点为 70.2℃ 的三元恒沸混合物（含乙醇 8.4%、水 9%）。如果在蒸馏前不把乙酸乙酯中的乙醇和水除尽，就会有较多的前馏分。

3.17.7 思考题

① 在本实验中硫酸起什么作用？
② 酯化反应有何特点？本实验如何创造条件使反应尽量向右进行？
③ 蒸出的粗乙酸乙酯中主要有哪些杂质？
④ 能否用浓氢氧化钠溶液代替饱和碳酸钠溶液来洗涤蒸馏液？
⑤ 用饱和氯化钙溶液洗涤，能除去什么？为什么先要用饱和食盐水洗涤？是否可用水代替？

3.18 乙酸正丁酯的制备

3.18.1 应用背景

乙酸正丁酯（n-butyl acetate）又称醋酸正丁酯，是无色透明有愉快果香气味的液体。乙酸正丁酯较低级同系物难溶于水，与醇、醚、酮等有机溶剂混溶，溶于大多数烃类化合物，易燃，蒸气能与空气形成爆炸性混合物，爆炸极限为 1.4%～8.0%（体积分数）。乙酸正丁酯急性毒性较小，但对眼鼻有较强的刺激性，而且在高浓度下会引起麻醉。

乙酸正丁酯是一种优良的有机溶剂，对乙基纤维素、乙酸丁酸纤维素、聚苯乙烯、甲基丙烯酸树脂、氯化橡胶等均有较好的溶解性能，还用于果香型香精中，主要因其扩散力性能较好，更适宜作头香香料使用，但用量宜少，以免单独突出而影响效果，可大量用于杏子、香蕉、桃子、生梨、凤梨、悬钩子、草莓等食用香精中。

3.18.2 实验目的和要求

① 掌握乙酸正丁酯的酯化反应原理与操作。
② 掌握分水器的使用方法。

3.18.3 实验原理

乙酸正丁酯的制备采用乙酸与正丁醇在少量酸性催化剂（例如浓硫酸）催化下进行反应。反应式如下：

$$CH_3COOH + n\text{-}C_4H_9OH \underset{\triangle}{\overset{H_2SO_4}{\rightleftharpoons}} CH_3COOC_4H_9 + H_2O$$

3.18.4 实验仪器、试剂与材料

仪器与材料：三颈烧瓶、分水器、温度计、球形冷凝管、分液漏斗、锥形瓶、调温电热

套、温度计套管、圆底烧瓶、蒸馏头、直形冷凝管、接液管、锥形瓶、铁架台、万用夹、双口夹、升降台、沸石。

试剂：冰醋酸、正丁醇、浓硫酸、碳酸钠、无水硫酸镁、食盐。

3.18.5 实验操作

在 250mL 三颈烧瓶上安装分水器和温度计，在分水器上安装球形冷凝管。在分水器内预先加入一定量的水（略低于支管口），并做好标记。

向反应瓶中加入 10mL（0.109mol）正丁醇和 7mL（0.122mol）冰醋酸，再滴入 3 滴浓硫酸[1]，混合均匀，加少许沸石。开始加热，在 80℃ 左右加热 15min 后提高温度使反应处于回流状态约 25min，当在分水器的有机层中看不到水珠向下穿行时，表示反应完毕。与此同时，要不断地从分水器放水口放出反应生成的水，以保持原水位不变，并记录放出的水量（约 2.25mL）[2]。

冷却后将分水器中的液体全部倒回三颈烧瓶中，在分液漏斗中将水层分出，用 10mL10% 碳酸钠水溶液洗涤有机层，使有机层 pH=7，再用 10mL 水洗涤 1 次，分去水层，有机层倒入一个干燥的锥形瓶中，用无水硫酸镁干燥。蒸馏，收集 124～126℃ 之间的馏分，产率为 68%～75%。

纯乙酸正丁酯为有水果香味的无色透明液体，沸点为 126.3℃，折射率 n_D^{20} 为 1.3951。本实验需 6～8h。

3.18.6 注释

[1] 滴加浓硫酸时，要边加边摇，以免局部炭化，必要时可用冷水冷却。

[2] 本实验利用形成恒沸混合物蒸馏的方法将反应生成的水不断从反应物中除去。正丁醇、乙酸正丁酯和水可能生成几种恒沸混合物，见表 3-3。

表 3-3 几种恒沸混合物的组成及沸点

恒沸混合物		沸点/℃
二元	正丁醇-水	93.0
	乙酸正丁酯-水	90.7
	乙酸正丁酯-正丁醇	117.6
三元	正丁醇-乙酸正丁酯-水	90.7

3.18.7 思考题

① 本实验根据什么原理将水分出？
② 分水的目的是什么？
③ 本实验中如果控制不好反应条件，会发生什么副反应？
④ 乙酸正丁酯的粗产品中，除产品乙酸正丁酯外，还有什么杂质？怎样将其除掉？
⑤ 如果最后蒸馏前的粗产品中含有正丁醇，能否用分馏的方法将它除去？这样做好不好？为什么？

3.19 乙酰苯胺的制备

3.19.1 应用背景

乙酰苯胺（N-acetylaniline）微溶于冷水，溶于热水、甲醇、乙醇、乙醚、氯仿、丙酮、甘油和苯等，是白色有光泽片状结晶或白色结晶粉末，无臭。

乙酰苯胺是重要的解热药（俗称退热冰）和有机合成的中间体，作为药用时常用以解伤寒、痨病、风湿等高体温病症，并能消除神经病痛与其他神经病症的感觉。它是合成磺胺类药物和染料中间体、橡胶硫化促进剂及合成樟脑的原料，而且还是合成染料、香料等物质的不可或缺的重要原料。因此在市场中有重要的作用，市场前景极其广阔。

3.19.2 实验目的和要求

① 学习由苯胺经乙酰化反应制备酰胺的原理和方法。
② 进一步巩固回流、重结晶等基本操作。

3.19.3 实验原理

芳香族的酰胺通常用（伯或仲）芳胺与酸酐或羧酸反应来制备。反应式如下：

3.19.4 实验仪器、试剂与材料

仪器与材料：圆底烧瓶、刺形分馏柱、温度计、直形冷凝管、接液管、锥形瓶、量筒、烧杯、布氏漏斗、玻璃塞、玻璃棒、保温漏斗、表面皿、活性炭。

试剂：冰醋酸、苯胺、锌粉。

3.19.5 实验操作

在 100mL 圆底烧瓶上装一个刺形分馏柱，柱顶插一支 200℃ 温度计，刺形分馏柱连接直形冷凝管、接液管、锥形瓶（也可以用量筒代替），锥形瓶用来接收蒸出的水和冰醋酸。

在圆底烧瓶中加入 5mL（0.055mol）新蒸馏过的苯胺[1]、7.4mL（0.13mol）冰醋酸和 0.1g 锌粉[2]，缓慢加热至沸腾，保持反应混合物微沸约 10min，然后逐渐升温，控制温度，保持温度计读数在 105℃ 左右。经过 40~60min，反应所生成的水（含少量冰醋酸）可完全蒸出。当温度计的读数发生上下波动或自行下降时（有时反应容器中出现白雾），表明反应达到终点。停止加热。这时，蒸出的水和冰醋酸大约 4mL。

在不断搅拌下把反应混合物趁热以细流慢慢倒入盛 100mL 冷水的烧杯中。继续剧烈搅拌，并冷却烧杯，使粗乙酰苯胺成细粒状完全析出。用布氏漏斗抽滤析出的固体，用玻璃塞把固体压碎，再用 5~10mL 冷水洗涤以除去残留的酸液。把粗乙酰苯胺放入 150mL 热水中，加热至沸腾。如果仍有未溶解的油珠[3]，需补加热水，直到油珠完全溶解为止[4]。稍冷后加入约 0.5g 粉末状活性炭[5]，用玻璃棒搅动并煮沸 1~2min。趁热用保温漏斗过滤或用预先加热好的布氏漏斗减压过滤[6]。冷却滤液，乙酰苯胺呈无色片状晶体析出。减压过滤，产品放在表面皿上晾干后测定其熔点，产量约为 5.0g。

纯乙酰苯胺为无色片状晶体，熔点为 114.3℃。

本实验需 6h。

3.19.6　注释

【1】久置的苯胺色深，会影响生成的乙酰苯胺的质量。

【2】锌粉的作用是防止苯胺在反应过程中氧化。但必须注意，不能加得过多，否则在后处理中会出现不溶于水的氢氧化锌。

【3】此油珠是熔融状态的含水的乙酰苯胺（83℃时含水 13%）。如果溶液温度在 83℃以下，溶液中未溶解的乙酰苯胺以固态存在。

【4】乙酰苯胺于不同温度在 100mL 水中的溶解度为：25℃，0.51g；80℃，3.50g；100℃，18.00g。在以后各步加热煮沸时，会蒸发掉一部分水，需随时再补加热水。本实验重结晶时水的用量，最好使溶液在 80℃左右为饱和状态。

【5】在沸腾的溶液中加入活性炭，会引起突然暴沸，致使溶液冲出容器。

【6】事先将布氏漏斗用铁夹夹住，倒悬在沸水浴上，利用水蒸气进行充分预热。这一步如果没有做好，乙酰苯胺晶体将在布氏漏斗内析出，引起操作上的麻烦和造成损失。吸滤瓶应放在热水浴中预热，切不可直接放在电热套上加热。

3.19.7　思考题

① 反应时为什么要控制柱顶温度在 105℃左右？
② 还可以用其他什么方法从苯胺制备乙酰苯胺？
③ 在重结晶操作中，必须注意哪几点才能使产品产率高、质量好？
④ 试计算重结晶时留在母液中的乙酰苯胺的量。
⑤ 乙酰苯胺的制备实验是采用什么方法来提高产品产量的？
⑥ 在制备乙酰苯胺的饱和溶液进行重结晶时，在烧杯底有一油珠出现，试解释原因。怎样处理才算合理？
⑦ 从苯胺制备乙酰苯胺时可采用哪些化合物作酰化剂？各有什么优缺点？

3.20　苯胺的制备

3.20.1　应用背景

苯胺（aniline）又称阿尼林、阿尼林油、氨基苯，为无色油状液体，加热至 370℃分解，稍溶于水，易溶于乙醇、乙醚等有机溶剂。苯胺对血液和神经的毒性非常强烈，可经皮肤吸收或经呼吸道吸入而引起中毒。

苯胺是一种重要的有机化工原料、化工产品和精细化工中间体，以苯胺为原料可以制成 300 多种产品和中间体，主要用于制造染料、药物、树脂，还可以用作橡胶硫化促进剂等。

3.20.2　实验目的和要求

① 掌握硝基苯还原为苯胺的原理和实验方法。

② 掌握铁粉还原法制备苯胺的实验步骤。
③ 巩固水蒸气蒸馏和简单蒸馏的基本操作。

3.20.3　实验原理

实验室中，芳胺的制备方法常用的是在酸性溶液中将硝基苯用金属进行化学还原。常用铁-盐酸来还原简单的硝基化合物，也可以用铁-乙酸、锡-盐酸、锌-盐酸等还原方法。反应式如下：

$$4\ C_6H_5NO_2 + 9Fe + 4H_2O \xrightarrow{H^+} 4\ C_6H_5NH_2 + 3Fe_3O_4$$

3.20.4　实验仪器、试剂与材料

仪器与材料：调温电热套、圆底烧瓶、球形冷凝管、水蒸气蒸馏装置、分液漏斗、空气冷凝管。

试剂：硝基苯、铁粉、冰醋酸、食盐、乙醚、氢氧化钠。

3.20.5　实验操作

在 250mL 圆底烧瓶中，放置 20g 铁粉[1]（40~100 目；0.36mol）、20mL 水和 1mL 冰醋酸，用力振摇以使充分混合。装上球形冷凝管，用调温电热套缓慢地加热煮沸 5min[2]。稍冷后，从球形冷凝管顶端分批加入 10.5mL 硝基苯（12.5g，0.1mol），每次加完后要用力振摇，使反应物充分混合。由于反应放热，当每次加入硝基苯时，均有一阵猛烈的反应发生，足以使溶液沸腾。加完后，加热回流 0.5~1h，并间歇地摇动，使还原反应完全[3]。此时，球形冷凝管回流液应不再呈现硝基苯的黄色。

反应液稍冷后，将圆底烧瓶改成水蒸气蒸馏装置进行水蒸气蒸馏，直至馏出液由乳白色浑浊变为澄清时[4]，再多收集 10mL 馏出液，共需收集 100mL 左右。将收集的馏出液转入分液漏斗，分出下层粗苯胺。倒出上层水相，水层用食盐饱和（20~25g 食盐）后[5]，每次用 15mL 乙醚萃取 3 次，合并粗苯胺和乙醚萃取液，用粒状氢氧化钠干燥[6]。

将干燥后的苯胺乙醚溶液用倾析的方法转移到干燥的圆底烧瓶中，先在热水浴上蒸去乙醚，残留物用空气冷凝管蒸馏，收集 180~185℃ 的馏分[7]，产量为 6~7g。

纯苯胺[8]为无色油状液体、有毒，沸点为 184.13℃，折射率 n_D^{20} 为 1.5863。

本实验需 6~8h。

3.20.6　注释

【1】铁粉的质量好坏对产率有很大影响，一般以 40~100 目较为适用。

【2】铁与冰醋酸共沸，可溶去铁屑表面的铁锈，使其活化，缩短反应时间。铁-冰醋酸作为还原剂时，铁先与冰醋酸反应产生乙酸亚铁，冰醋酸亚铁实际是主要的还原剂，可使铁转变成氧化铁的过程加速，在反应中进一步被氧化生成碱式乙酸铁，即活化后使铁的还原性表现更加强烈。

$$Fe + 2CH_3COOH \longrightarrow (CH_3COO)_2Fe + H_2$$

$$2(CH_3COO)_2Fe + H_2O \xrightarrow{[O]} 2(CH_3COO)_2(OH)Fe$$

碱式乙酸铁与铁及水作用后，生成乙酸亚铁和乙酸，可以再起上述反应。

$$6(CH_3COO)_2(OH)Fe + Fe + 2H_2O \longrightarrow 2Fe_3O_4 + (CH_3COO)_2Fe + 10CH_3COOH$$

所以总的来看，反应中主要是水提供质子，铁提供电子完成还原反应。

这一步也可以用盐酸代替冰醋酸，但反应较为激烈。

【3】还原作用开始后，应缓缓加热，防止反应液冲出。反应物内所含硝基苯和稀乙酸不相混合，而这两种液体与铁屑又很少接触，故反应过程中，必须充分振摇以加速反应。还原作用完全时，冷凝管上硝基苯的黄色油状物消失，而转变成乳白色油状物（油珠），这是由游离的苯胺引起。还原作用必须完全，否则残留在反应物中的硝基苯在以下几步提纯过程中很难分离，从而影响产品纯度。

【4】实际上当馏出液不再含有苯胺油滴时，馏出液多呈乳白色浑浊状。其中仍含极少量苯胺，若待此极小量的苯胺蒸尽，费时太久，故一般蒸至馏出液呈乳白色浑浊状，即可停止蒸馏。

【5】因苯胺在水中要溶解一部分（22℃时，每100mL水溶有3.48mL苯胺）。为减少损失，故加食盐饱和以减小苯胺在水中的溶解度。

【6】因为无水$CaCl_2$能与苯胺形成络合物，造成产品损失。所以本实验采用粒状NaOH干燥剂。

【7】纯苯胺为无色液体，但在空气中易被氧化呈淡黄色，可以加入少许锌粉重新蒸馏，去掉颜色。

【8】苯胺有毒，操作时应避免与皮肤接触或吸入其蒸气。若不慎触及皮肤，先要用水冲洗，再用肥皂和温水洗涤。

3.20.7 思考题

① 为什么在反应过程中要充分搅拌或振荡反应混合物？

② 为什么要采用水蒸气蒸馏法把苯胺从反应混合物中分离出来？

③ 馏出液用食盐饱和的目的是什么？

④ 采用水蒸气蒸馏提纯苯胺时，通入的水蒸气为98.4℃时，水蒸气的分压为718mmHg，在相同的温度下苯胺蒸气的分压是42mmHg，此时反应物开始沸腾。蒸出的馏出液是苯胺与水的混合物，两者的含量比是3.3:1（质量比）。问根据苯胺的理论产量，须加多少水才能把苯胺全部带出？

⑤ 如果最后制得的苯胺含有硝基苯，应如何加以分离提纯？

⑥ 精制苯胺时，为何用粒状的氢氧化钠作干燥剂而不用无水硫酸镁或无水氯化钙？

⑦ 反应物变黑时，即表明反应基本完成，欲检验，可吸入反应液滴入盐酸中摇振，若完全溶解表示反应已完成，为什么？

3.21 羧甲基纤维素钠的制备

3.21.1 应用背景

羧甲基纤维素钠（carboxymethylcellulose sodium，CMC）又称羧甲基纤维素钠盐、羧甲基纤维素，属于天然纤维素改性，是葡萄糖聚合度为100～2000的纤维素衍生物，分子量为6400（±1000），为白色或微黄色粉末，无毒、无味、有吸湿性，不溶于有机溶剂，溶于水和弱碱性溶液形成透明胶体。

羧甲基纤维素钠是当今世界上使用范围最广、用量最大的纤维素种类，广泛用于食品、石油开采、乳制品、饮料、建材、牙膏、洗涤剂、电子等众多领域，被美誉为"工业味精"。羧甲基纤维素钠在食品工业中用作增稠剂，医药工业中用作药物载体，日用化学工业中用作黏结剂、抗再沉凝剂，石油化工中用作采油压裂液成分，印染工业中用作上浆剂和印花糊料的保护胶体等。

3.21.2 实验目的和要求

① 学习羧甲基纤维素钠的制备方法，加深对多糖类高聚物纤维素的了解。
② 熟练掌握搅拌、抽滤、洗涤等基本操作技术。

3.21.3 实验原理

羧甲基纤维素钠是具有醚结构的纤维素衍生物，其结构见图3-4。

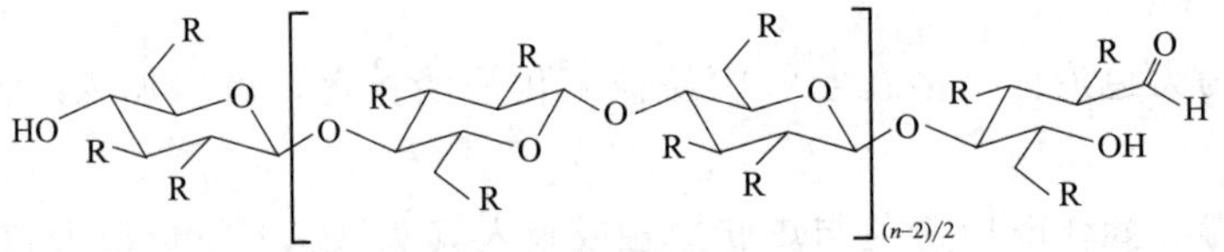

图3-4 羧甲基纤维素钠的结构示意图（R＝—OH 或—OCH$_2$COONa）

生产羧甲基纤维素钠常用的原料有稻草、纸浆和棉花等富含纤维素的物质。本实验选用滤纸为原料，用氢氧化钠将滤纸纤维素溶解成碱性纤维素，再与一氯乙酸进行醚化反应，制得羧甲基纤维素钠。反应式如下：

$$[C_6H_7O_2(OH)_2OH]_n + nNaOH \longrightarrow [C_6H_7O_2(OH)_2ONa]_n + nH_2O$$

$$[C_6H_7O_2(OH)_2ONa]_n + nClCH_2COOH \xrightarrow{NaOH} [C_6H_7O_2(OH)_2OCH_2COONa]_n$$

3.21.4 实验仪器、试剂与材料

仪器与材料：调温电热套、电动搅拌器、真空干燥箱、三颈烧瓶、球形冷凝管、温度计、布氏漏斗、滴液漏斗、烧杯、试管、滤纸。

试剂：95％乙醇、无水乙醇、75％乙醇、氢氧化钠、一氯乙酸、冰醋酸、硝酸银。

3.21.5 实验操作

称取4g滤纸，剪成碎片，加入装有电动搅拌器、球形冷凝管、温度计的250mL三颈烧瓶中，加入125mL 75％乙醇，开动电动搅拌器，快速搅拌使成纸浆。

装上滴液漏斗，由滴液漏斗滴加20mL 50％氢氧化钠溶液，继续快速搅拌约30min。再由滴液漏斗慢慢滴加12.5mL 26％一氯乙酸[1]的乙醇溶液。用调温电热套缓慢加热，使瓶内温度达55～60℃[2]，保温搅拌1～2h。取少量反应物于试管中，加水溶解，如果溶于水，说明反应已基本完成。在搅拌下滴加冰醋酸中和，至溶液为中性。

用布氏漏斗趁热抽滤。将滤出的纤维状产物置于烧杯中,加入100mL 95%乙醇,搅拌调成浆状,抽滤,再用75%乙醇洗涤[3],直至滤液不含NaCl为止(用5%硝酸银溶液检查),最后用少量无水乙醇洗涤。将产品在80℃真空干燥箱中减压干燥,得白色粉末状产品羧甲基纤维素钠,称量,计算产率。

纯羧甲基纤维素钠为白色或乳白色纤维状粉末。

本实验需4~6h。

3.21.6 注释

【1】一氯乙酸有较强的腐蚀性,使用时要小心。

【2】反应温度控制不当会影响产品的产率、色泽及质量,温度过高会影响产品的吸水性及黏性。

【3】洗涤所用乙醇浓度70%~80%为宜。乙醇浓度低,产物易溶解损失;乙醇浓度高,产品成本提高。

3.21.7 思考题

① 纤维素是一种天然高分子化合物,其结构单元是什么?以何种苷键形成高分子化合物?

② 为什么纤维素不溶于水,而羧甲基纤维素钠溶于水?

③ 举例说明羧甲基纤维素钠的应用。

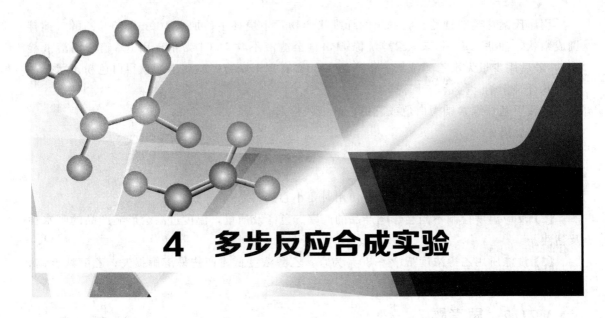

4 多步反应合成实验

4.1 乙酰乙酸乙酯的合成

4.1.1 应用背景

乙酰乙酸乙酯（ethyl acetoacetate）又名乙酰醋酸乙酯、丁酮酸乙酯、三乙、3-氧代丁酸乙酯，为无色或微黄色透明液体，有使人愉快的香气，香甜而带些果香，香气飘逸，不持久，易溶于水，可混溶于多数有机溶剂，与乙醇、丙二醇及油类可互溶。乙酰乙酸乙酯的沸点较高，但是在受热的温度超过 95℃ 时就会分解，所以，常采取减压蒸馏来提纯。

乙酰乙酸乙酯是一种非常重要的有机合成中间体，可以合成多种用途的化合物，例如氨基酸、维生素 B_1、香料、染料及塑料等，也用作溶剂和食用香精。

4.1.2 实验目的和要求

① 学习利用 Claisen 酯缩合反应制备乙酰乙酸乙酯的原理和方法。
② 练习无水操作和掌握减压蒸馏等基本操作。

4.1.3 实验原理

利用克莱森（Claisen）酯缩合反应，可以将两分子具有 α-氢的酯在醇钠的催化作用下制得 β-酮酸酯。克莱森酯缩合反应是酯和含有活泼性甲基或亚甲基的羰基化合物的脱醇缩合反应。

该反应通常以酯及金属钠为原料，并以过量的酯作为溶剂，利用酯中含有的微量醇与金属钠反应来生成醇钠，随着反应的进行，由于醇的不断生成，反应就能不断地进行下去，直至金属钠消耗完毕。

但作为原料的酯中若含醇量过高又会影响到产品的产率，故一般要求酯中含醇量在 1%～3%。

反应式：

$$H_3C-\underset{O}{\overset{\|}{C}}-OC_2H_5 + H_3C-\underset{O}{\overset{\|}{C}}-OC_2H_5 \xrightarrow{CH_3CH_2ONa} H_3C-\underset{ONa}{\overset{\|}{C}}=\underset{H}{\overset{O}{C}}-\underset{}{\overset{\|}{C}}-OC_2H_5 + 2CH_3CH_2OH$$

$$H_3C-\underset{ONa}{\overset{\|}{C}}=\underset{H}{\overset{}{C}}-\underset{}{\overset{O}{C}}-OC_2H_5 + H_3C-\underset{O}{\overset{\|}{C}}-OH \longrightarrow H_3C-\underset{O}{\overset{\|}{C}}-\underset{H_2}{\overset{}{C}}-\underset{O}{\overset{\|}{C}}-OC_2H_5 + H_3C-\underset{O}{\overset{\|}{C}}-ONa$$

4.1.4 实验仪器、试剂与材料

仪器与材料：电加热套、圆底烧瓶、球形冷凝管、干燥管、分液漏斗、橡胶塞、减压蒸馏装置。

试剂：乙酸乙酯、金属钠、二甲苯、乙酸、碳酸钠、无水碳酸钾、氯化钠、无水氯化钙。

4.1.5 实验操作

本实验所用的药品必须是无水的，所用的仪器必须是干燥的。

在表面皿上迅速将5g（0.22mol）金属钠[1]切成薄片，立即放入干燥的250mL圆底烧瓶中（内装25mL二甲苯），装上球形冷凝管，其上口连接一个无水氯化钙干燥管，用电加热套小心加热使钠熔融成粒状。立即拆去冷凝管，用橡胶塞塞住瓶口，用力来回振摇使之成为细粒状钠珠。稍经放置后钠珠即沉于瓶底，将二甲苯倾滗出后倒入公用回收瓶（切勿倒入水槽或废物缸，以免引起着火）。

在圆底烧瓶中迅速放入48.9mL（0.5mol）无水的乙酸乙酯[2]，重新装上冷凝管，并在其上口连接一个无水氯化钙干燥管。用水浴加热，促使反应开始，反应时有氢气泡逸出。若反应过于剧烈，可暂时移去热水浴而用冷水冷却。待反应缓和后，再用热水浴加热，保持缓缓回流。待金属钠全部作用完后[3]，停止加热[4]。这时反应混合物变为红色透明并呈绿色荧光的液体（有时析出黄白色沉淀）。冷却至室温，卸下冷凝管。将烧瓶浸在冷水浴中，在摇动下缓慢地滴加50%乙酸溶液，使反应液呈弱酸性，这时所有固体物质均溶解[5]。将反应液转入分液漏斗中，加入等体积饱和氯化钠溶液，用力振摇后静置分层，分离出红色的酯层。用20mL乙酸乙酯萃取水层中的酯，并入原酯层。酯层用5%碳酸钠溶液洗至中性，再用无水碳酸钾或无水硫酸镁干燥。

将干燥的液体倒入125mL圆底烧瓶内，装配好减压蒸馏装置。先在常压下蒸出乙酸乙酯，然后在减压下蒸出乙酰乙酸乙酯，收集乙酰乙酸乙酯[6]，量取体积，计算产率[7]。

实验所需的时间为4～6h。乙酰乙酸乙酯沸点与压力的关系见表4-1。

表4-1 乙酰乙酸乙酯沸点与压力的关系

压力/mmHg	12.5	14	18	29	45	80
沸点/℃	71	74	79	88	94	100
沸程/℃	69～73	72～76	77～81	86～90	92～96	98～102

4.1.6 注释

【1】金属钠颗粒的大小直接影响缩合反应的速率。用镊子从瓶中取出金属块，用双层滤

纸吸干溶剂油，再用刀切去金属钠表面的氧化层。迅速称量，注意尽量缩短金属钠与空气接触的时间。在空气中，部分金属钠会转变成氢氧化钠。

【2】所用的乙酸乙酯必须是无水的，其提纯方法如下：用等体积饱和氯化钙溶液将普通的乙酸乙酯洗涤数次，再用熔融过的无水碳酸钾干燥，过滤，在水浴上蒸馏，收集76～77℃的馏分。

【3】金属钠全部消失所需时间视钠的颗粒大小而定，一般需1.5～3h。

【4】缩合反应这一步骤必须在一次实验课内完成，否则会影响产量。

【5】滴加50%乙酸时，需特别小心，如果反应物内含有少量未作用的金属钠，会发生剧烈反应。在此操作中，还应避免加入过量的乙酸溶液，否则将会增加乙酰乙酸乙酯在水中的溶解度，降低产量。

【6】乙酰乙酸乙酯的互变异构现象可通过以下一个简单的试验来观察：取2～3滴制成的乙酰乙酸乙酯溶于2mL水中，加1滴1%三氯化铁溶液，观察溶液颜色的变化。再很快地滴加溴水至溶液的颜色褪去为止。静置并观察颜色的变化，颜色重新显出后，可再次滴加溴水，多次重复上述实验。

【7】产率是按钠的用量计算的。本实验最好连续进行，若间隔时间过长，会因去水乙酸的生成而降低产量。

4.1.7　思考题

① 所用仪器未经干燥处理对反应有什么影响？为什么？

② 为什么使用二甲苯作溶剂，而不用苯、甲苯？

③ 为什么用乙酸酸化，而不用稀盐酸或稀硫酸酸化？为什么要调到弱酸性，而不是中性？

④ 加入饱和食盐水的目的是什么？

⑤ 中和过程开始析出的少量固体是什么？

⑥ 乙酰乙酸乙酯沸点并不高，为什么要用减压蒸馏的方式进行纯化？

4.2　苯佐卡因的合成

4.2.1　应用背景

苯佐卡因（benzocaine），化学名为对氨基苯甲酸乙酯，白色结晶性粉末，无臭，易溶于醇、醚、氯仿，能溶于杏仁油、橄榄油、稀酸，难溶于水。苯佐卡因的作用：①作为紫外线吸收剂，主要用于防晒类和晒黑修复类化妆品，对光和空气的化学性稳定，对皮肤安全，还具有在皮肤上成膜的能力；②作为非水溶性的局部麻醉药，有止痛、止痒作用，主要用于创面、溃疡面、黏膜表面和痔疮麻醉止痛和痒症，其软膏还可用作鼻咽导管、内镜检查等润滑止痛。苯佐卡因作用的特点是起效迅速，30s左右即可产生止痛作用，且对黏膜无渗透性，毒性低，不会影响心血管系统和神经系统。

4.2.2　实验目的和要求

① 通过苯佐卡因的合成，了解药物合成的基本过程。

② 学习以对甲苯胺为原料,经乙酰化、氧化、酸性水解和酯化反应制取对氨基苯甲酸乙酯的原理和方法。

③ 巩固分馏、回流、蒸馏、重结晶等基本操作。

4.2.3 实验原理

将对甲苯胺用乙酸处理转变为相应的酰胺,其目的是在第二步高锰酸钾氧化反应中保护氨基,避免氨基被氧化,形成的酰胺在所用氧化条件下是稳定的。

对甲基乙酰苯胺中的甲基被高锰酸钾氧化为相应的羧基。氧化过程中,紫色的高锰酸盐被还原成棕色的二氧化锰沉淀。鉴于溶液中有氢氧根离子生成,故要加入少量的硫酸镁作为缓冲剂,使溶液碱性不致变得太强而使酰胺键发生水解。反应产物是羧酸盐,经酸化后可使生成的羧酸从溶液中析出。

使酰胺水解,除去起保护作用的乙酰基,此反应在稀酸溶液中很容易进行。

用对氨基苯甲酸和乙醇在浓硫酸的催化下,制备对氨基苯甲酸乙酯,即苯佐卡因。

$$\underset{\underset{CH_3}{|}}{\underset{}{\overset{NH_2}{\bigcirc}}} \xrightarrow{CH_3COOH} \underset{\underset{CH_3}{|}}{\underset{}{\overset{NHCOCH_3}{\bigcirc}}} \xrightarrow[\text{② HCl}]{\text{① KMnO}_4} \underset{\underset{COOH}{|}}{\underset{}{\overset{NHCOCH_3}{\bigcirc}}} \xrightarrow{HCl/H_2O} \underset{\underset{COOH}{|}}{\underset{}{\overset{NH_2}{\bigcirc}}} \xrightarrow[H_2SO_4]{C_2H_5OH} \underset{\underset{COOC_2H_5}{|}}{\underset{}{\overset{NH_2}{\bigcirc}}}$$

4.2.4 实验仪器、试剂与材料

仪器与材料:电加热套、圆底烧瓶、分液漏斗、烧杯、活性炭、抽滤装置、回流装置、分馏装置、滤纸、蒸馏装置。

试剂:对甲苯胺、冰醋酸、锌粉、高锰酸钾、无水乙醇、七水硫酸镁、95%乙醇、乙醚、无水硫酸镁、浓盐酸、浓硫酸、氨水、碳酸钠。

4.2.5 实验操作

(1) 对甲基乙酰苯胺的制备

在 100mL 圆底烧瓶中,加入 10.7g(0.1mol)对甲苯胺、14.4mL(0.25mol)冰醋酸、0.1g 锌粉,安装分馏装置,用电加热套加热,使反应温度保持在 100~110℃,当反应温度自动降低时,表示反应结束。取下圆底烧瓶,将其中的药品倒入放有冰水的 500mL 烧杯中,冷却结晶,然后抽滤,滤饼即为对甲基乙酰苯胺粗品。取 2g 对甲基乙酰苯胺粗品放入 50mL 圆底烧瓶中,再加入 10mL 2∶1 的乙醇-水溶液和适量活性炭,安装回流装置进行重结晶,加热 15min 后趁热除去活性炭,再冷却结晶,抽滤得成品,干燥后,取部分成品测熔点,并记录数据。将所得的对甲基乙酰苯胺一起称重,记录数据。

(2) 对乙酰氨基苯甲酸的制备

在 100mL 烧杯 A 中加入 7.5g(0.05mol)对甲基乙酰苯胺、20g 七水硫酸镁,混合均匀。在 500mL 烧杯 B 中加入 19g 高锰酸钾和 420mL 冷水,充分溶解。从 B 中移出 20mL 溶液于 100mL 烧杯 C 中,再将 A 中的混合物倒入 B 中,加热至 85℃,同时不停搅拌,直至溶液用滤纸检验时无紫环出现,再边搅拌边逐滴加入 C 中的溶液,至用滤纸检验紫环消退很慢时停止滴加。趁热抽滤,在滤液中加入盐酸至生成大量沉淀,抽滤、烘干、称重,记录

数据。

(3) 对氨基苯甲酸的制备

在 100mL 圆底烧瓶中加入 5.39g 对乙酰氨基苯甲酸和 40.0mL 18％盐酸溶液，小火回流 30min。然后冷却，加入 50mL 水，用 10％氨水溶液调节 pH 值约为 5，此时有大量沉淀生成，抽滤，干燥产品，称重，测熔点，记录数据。

(4) 对氨基苯甲酸乙酯的制备

在 100mL 圆底烧瓶中加入 1.09g 对氨基苯甲酸、15.0mL 95％乙醇，旋摇圆底烧瓶，使固体溶解，之后在冰水冷却下，加入 1.0mL 浓硫酸，生成沉淀，加热回流 30min。然后将反应混合物转入 250mL 烧杯中，加入 10％碳酸钠至无气体产生，继续加入 10％碳酸钠至 pH 值为 9 左右，抽滤，将溶液转入分液漏斗，沉淀用乙醚[1]洗涤两次（每次 5mL），并将洗涤液并入分液漏斗，用乙醚萃取两次（每次 20mL），合并乙醚层，用无水硫酸镁干燥后，倒入 50mL 圆底烧瓶中，安装蒸馏装置，水浴蒸馏回收反应混合物中的乙醚和乙醇（温度在 70～80℃）。再在烧瓶中加入 7mL 50％乙醇溶液（用无水乙醇和水按 1∶1 的比例配制）和适量活性炭，加热回流 5min 进行重结晶[2]。然后，趁热抽滤除去活性炭，将滤液置于冰水中冷却结晶，再抽滤，干燥后称重，记录数据。

对氨基苯甲酸乙酯的熔点为 88～90℃。

实验所需的时间为 6～10h。

4.2.6 注释

【1】使用乙醚时禁止使用明火。

【2】苯佐卡因粗品可用 95％乙醇重结晶，不过会影响一些产率。亦可用乙醚-石油醚重结晶。

4.2.7 思考题

① 酯化中抽滤后所得固体产物要加碳酸钠溶液洗涤，加碳酸钠溶液洗涤的作用是什么？
② 酯化反应结束后，为什么要用碳酸钠溶液而不用氢氧化钠进行中和？
③ 酯化时为什么不中和至 pH 值为 7 而要使 pH 值为 9 左右？
④ 如果产品中夹有铁盐（产品颜色发黄），应如何除去？

4.3 对氨基苯磺酰胺的合成

4.3.1 应用背景

对氨基苯磺酰胺（p-aminobenzenesulfonamide）又名磺胺，为白色颗粒或粉末状晶体，无臭，味微苦，微溶于冷水、乙醇和丙酮，易溶于沸水、甘油、乙醚和氯仿。磺胺是磺胺药物的最基本结构。磺胺类药物是指具有对氨基苯磺酰胺结构的一类药物的总称，是现代医学中常用的一类抗菌消炎药，品种繁多。可是，最早的磺胺却是染料中的一员。人们偶然发现这种红色染料对细菌具有很强的抑制作用，从而将它应用于药物，它便显示了突出的抗菌作用，乃至到现在依然是一种应用非常广泛的抗菌药物。

4.3.2 实验目的和要求

① 掌握对氨基苯磺酰胺的制备原理和方法,掌握酰氯的氨解和乙酰氨基衍生物的水解原理。

② 巩固回流、重结晶、冰水浴控温、活性炭脱色及测熔点的基本操作。

4.3.3 实验原理

$$\text{PhNHCOCH}_3 + 2\text{HOSO}_2\text{Cl} \longrightarrow \text{4-CH}_3\text{CONH-C}_6\text{H}_4\text{-SO}_2\text{Cl} + \text{H}_2\text{SO}_4 + \text{HCl}$$

$$\text{4-CH}_3\text{CONH-C}_6\text{H}_4\text{-SO}_2\text{Cl} + \text{NH}_3 \longrightarrow \text{4-CH}_3\text{CONH-C}_6\text{H}_4\text{-SO}_2\text{NH}_2 + \text{HCl}$$

$$\text{4-CH}_3\text{CONH-C}_6\text{H}_4\text{-SO}_2\text{NH}_2 + \text{H}_2\text{O} \xrightarrow{\text{HCl}} \text{4-NH}_2\text{-C}_6\text{H}_4\text{-SO}_2\text{NH}_2 + \text{CH}_3\text{COOH}$$

4.3.4 实验仪器、试剂与材料

仪器与材料:电加热套、圆底烧瓶、分液漏斗、烧杯、锥形瓶、导气管、活性炭、抽滤装置。

试剂:乙酰苯胺、氯磺酸[1]、浓氨水、浓盐酸、碳酸钠、冰。

4.3.5 实验操作

(1) 对乙酰氨基苯磺酰氯的制备

在 50mL 干燥的锥形瓶中,加入 5g (0.037mol) 干燥的乙酰苯胺,用电加热套低温加热熔化[2]。瓶壁上若有少量水汽凝结,应用干净的滤纸吸去。冷却,使熔化物凝结成块。将锥形瓶置于冰水浴中冷却后,迅速加入 12.5mL (22.5g,0.19mol) 氯磺酸,立即塞上带有氯化氢导气管的塞子。反应很快发生,若反应过于剧烈,可用冰水浴冷却。待反应缓和后,旋摇锥形瓶使固体全溶,然后再在 60~70℃ 温水浴中加热 10min,使反应完全[3]。将反应瓶在冰水浴中完全冷却后,于通风橱中在充分搅拌下,将反应液慢慢倒入盛有 75g 碎冰的烧杯中[4],用少量冷水洗涤反应瓶,将洗涤液倒入烧杯中。搅拌数分钟,并尽量将大块固体粉碎,使成颗粒小而均匀的白色固体[5]。抽滤收集固体,用少量冷水洗涤,压干,立即进行下一步反应[6]。

(2) 对乙酰氨基苯磺酰胺的制备

将上述粗产物移入烧杯中,在不断搅拌下慢慢加入 17.5mL 28% 浓氨水(在通风橱内),立即发生放热反应并产生白色糊状物。加完后继续搅拌 15min,使反应完全。然后加入 10mL 水,缓缓加热 10min,并不断搅拌,以除去多余的氨。得到的混合物可直接用于下一

步反应[7]。

(3) 对氨基苯磺酰胺的制备

将上述反应物加入到圆底烧瓶中,加入 3.5mL 浓盐酸,加热回流 0.5h。冷却后,应得一几乎澄清的溶液,若有固体析出[8],应继续加热,使反应完全。溶液呈黄色,并有极少量固体存在时,需加入少量活性炭,煮沸 10min,过滤。将滤液转入大烧杯中,在搅拌下小心加入碳酸钠[9]至碱性(约 4g)。在冰水浴中冷却,抽滤收集固体,用少量冰水洗涤,压干。粗产物用水重结晶(每克产物约需 12mL 水),产量为 3~4g。

对氨基苯磺酰胺为白色颗粒或粉末状晶体,熔点为 164.5~166.5℃。

实验所需的时间为 5~7h。

4.3.6 注释

【1】氯磺酸对皮肤和衣服有强烈的腐蚀性,暴露在空气中会冒出大量氯化氢气体,遇水会发生猛烈的放热反应,甚至爆炸,故取用时需特别小心!反应中所用仪器及药品皆需十分干燥,含有氯磺酸的废液不可倒入水槽,而应倒入废液缸中。工业氯磺酸常呈棕黑色,使用前宜用磨口仪器蒸馏纯化,收集 148~150℃的馏分。

【2】氯磺酸与乙酰苯胺的反应相当激烈,将乙酰苯胺凝结成块状,可使反应缓和进行,当反应过于剧烈时,应适当冷却。

【3】在氯磺化过程中将有大量氯化氢气体放出,为避免污染室内空气,装置应严密,导气管的末端要与接收器内的水面接近,但不能插入水中,否则可能倒吸而引发严重事故。

【4】加入速度必须缓慢,并充分搅拌,以免局部过热而使对乙酰氨基苯磺酰氯水解。这是实验成功的关键。

【5】尽量洗去固体所夹杂和吸附的盐酸,否则产物在酸性介质中放置过久,会很快水解,因此,在洗涤后应尽量压干,且在 1~2h 内将它转变为磺胺类化合物。

【6】粗制的对氨基苯磺酰氯久置容易分解,甚至干燥后也不可避免,若要得到纯品,可将粗产品溶于温热的氯仿中,然后迅速转移到事先温热的分液漏斗中,分出氯仿层,在冰水浴中冷却后即可析出结晶。纯的对氨基苯磺酰氯的熔点为 149℃。

【7】为了节省时间,这一步的粗产品可不必分出。若要得到产品,可在冰水浴中冷却,抽滤,用冰水洗涤,干燥即得。粗品用水重结晶,纯品熔点为 219~220℃。

【8】对乙酰氨基苯磺酰胺在稀酸中水解成磺胺,后者又与过量的盐酸形成可溶性的盐酸盐,所以水解完成后,反应液冷却时应无晶体析出。由于水解前后溶液中氨的含量不同,加 3.5mL 盐酸有时不够,因此,在回流至固体完全消失前,应测一下溶液的酸碱性,若酸性不够,应补加盐酸继续回流一段时间。

【9】用碳酸钠中和滤液中的盐酸时,有二氧化碳气体产生,故应控制加入速度并不断搅拌使其逸出。磺胺是一种两性化合物,在过量的碱性溶液中易变成盐类而溶解。故中和操作必须仔细进行,以免降低产量。

4.3.7 思考题

① 为什么在氯磺化反应完成以后处理反应混合物时,必须移入通风橱中,且在充分搅

拌下缓缓倒入碎冰中？若在倒完前冰就化完了，是否还应补加冰块？为什么？

② 为什么苯胺要乙酰化后再氯磺化？直接氯磺化行吗？

③ 磺化反应时，盐酸导气管所连接的漏斗在水面的位置过高或全部浸入水中会有什么结果？

④ 从原料 A 合成产品 E 有两条可供选择的路线，其产率如下：

$$a: A \xrightarrow{25\%} B \xrightarrow{49\%} C \xrightarrow{60\%} D \xrightarrow{57\%} E$$

$$b: A \xrightarrow{58\%} B \xrightarrow{57\%} C \xrightarrow{51\%} D \xrightarrow{3\%} E$$

计算两种合成路线的总产率。你认为哪条路线对投资生产更为合适？为什么？

4.4 香豆素-3-羧酸的合成

4.4.1 应用背景

香豆素-3-羧酸（coumarin-3-carboxylic acid）为香豆素衍生物。

香豆素具有类似新鲜干草的香气，味甜辣，是重要的香料，常用作定香剂，用于配制香水、花露水，也可用作饮料、食品、香烟、橡胶制品、塑料制品等的增香剂，电镀行业中的光亮剂，农药及杀鼠剂。香豆素类化合物是一类重要的有生物活性的天然产物，有抗病毒、抗癌、抗 HIV、抗凝、抗菌、抗血管硬化、抗氧化、增强人体的免疫力等作用。香豆素类化合物还有雌激素作用、皮肤感光活性。另外，还可用于分析化学中的荧光检测。

4.4.2 实验目的和要求

① 学习利用 Knoevenagel 反应制备香豆素及其衍生物的原理和方法。
② 了解酯水解法制备羧酸的方法。
③ 巩固回流、重结晶等基本操作。

4.4.3 实验原理

本实验用水杨醛和丙二酸二乙酯为原料，以有机碱为催化剂，在较低温度下合成香豆素的衍生物。这种合成方法称为 Knoevenagel 反应。水杨醛与丙二酸二乙酯在六氢吡啶催化下，缩合生成中间体香豆素-3-甲酸乙酯。后者再加碱水解，此时酯基和内酯均被水解，然后经酸化再次闭环形成内酯，即为香豆素-3-羧酸。

反应式：

4.4.4 实验仪器、试剂与材料

仪器与材料：电加热套、圆底烧瓶、球形冷凝管、干燥管、烧杯、沸石、锥形瓶、抽滤装置。

试剂：水杨醛、丙二酸二乙酯、无水乙醇、六氢吡啶、冰醋酸、95％乙醇、氢氧化钠、浓盐酸、无水氯化钙。

4.4.5 实验操作

(1) 香豆素-3-甲酸乙酯的制备

在干燥的 100mL 圆底烧瓶中,加入 4.2mL(5g,0.014mol)水杨醛、6.8mL(7.2g,0.045mol)丙二酸二乙酯、25mL 无水乙醇、0.5mL 六氢吡啶和 2 滴冰醋酸[1],放入几粒沸石,装上球形冷凝管,冷凝管上口接无水氯化钙干燥管。水浴加热回流 2h。稍冷后将反应物转移到锥形瓶中,加入 30mL 水,置于冰浴中冷却。待结晶析出完全后,抽滤,每次用 2~3mL 50%冰冷过的乙醇洗涤晶体 2~3 次[2]。粗产物为白色晶体,干燥后重 6~7g。粗产物可用 25%的乙醇水溶液重结晶。

(2) 香豆素-3-羧酸的制备

在 100mL 圆底烧瓶中加入 4g 香豆素-3-甲酸乙酯、3g 氢氧化钠、20mL 95%乙醇和 10mL 水,加入几粒沸石,装上球形冷凝管,用电热套加热至酯溶解后,再继续回流 15min。稍冷后,在搅拌下将反应混合物加到盛有 10mL 盐酸和 50mL 水的烧杯中,立即有大量白色结晶析出,在冰浴中冷却使结晶完全。抽滤,用少量冰水洗涤晶体,压干,干燥后重约 3g,粗品可用水重结晶得纯品。

纯净香豆素-3-羧酸的熔点为 190℃(分解)。

实验所需的时间为 4~6h。

4.4.6 注释

【1】实验中除了加六氢吡啶外,还加入少量冰醋酸,反应过程很可能是水杨醛先与六氢吡啶在酸催化下形成亚胺化合物,然后再与丙二酸二乙酯的负离子反应。

【2】用冰过的 50%乙醇洗涤,可以减少酯在乙醇中的溶解。

4.4.7 思考题

① 写出利用 Knoevenagel 反应制备香豆素 3-羧酸的反应机理。反应中加入冰醋酸的目的是什么?

② 羧酸盐在酸化使羧酸沉淀析出的操作中应如何避免酸的损失,提高酸的产量?

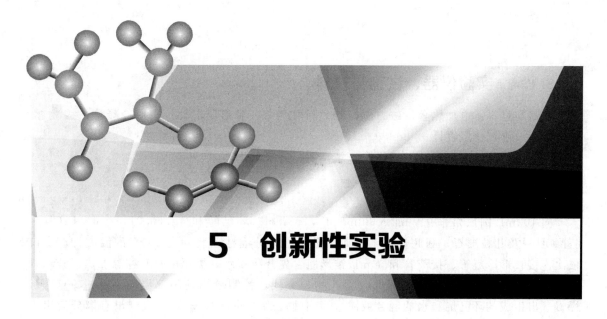

5 创新性实验

5.1 环己烯的绿色合成

5.1.1 应用背景

环己烯（cyclohexene）为无色透明液体，有特殊刺激性气味，有麻醉作用，吸入后会引起恶心、呕吐、头痛和神志丧失，对眼和皮肤有刺激性，易燃，其蒸气与空气可形成爆炸性混合物。环己烯遇明火、高热极易燃烧爆炸，与氧化剂能发生强烈反应，引起燃烧或爆炸，长期储存，可生成具有潜在爆炸危险性的过氧化物，其蒸气比空气重，能在较低处扩散到相当远的地方，遇明火会引着回燃。

环己烯是一种用途十分广泛的精细化工产品，广泛用于医药、食品、农用化学品、饲料、聚合物合成和其他精细化工产品的生产。

5.1.2 实验目的和要求

① 学习环己烯合成反应的原理和实验操作，树立绿色化学理念。
② 巩固分馏、盐析和蒸馏的基本操作。

5.1.3 实验原理

实验室通常是采用浓硫酸或浓磷酸催化环己醇经液相脱水制备环己烯，此法经典，但收率不高，同时硫酸腐蚀性强，炭化严重，操作不便，而磷酸虽较硫酸好，但成本较高。另外，用浓硫酸或浓磷酸作催化剂制备环己烯，在实验中会产生很多副产物，例如：用浓硫酸作催化剂容易生成炭渣和有毒气体二氧化硫等，对实验造成较大的影响，并且实验后产生的残渣和残液对环境也有很大影响。本实验采用三氯化铁催化环己醇脱水制备环己烯的方法合成目标产物，取得了良好的实验结果。

反应式：

$$\text{C}_6\text{H}_{11}\text{OH} \xrightarrow{\text{FeCl}_3} \text{C}_6\text{H}_{10} + \text{H}_2\text{O}$$

5.1.4 实验仪器、试剂与材料

仪器与材料：电加热套、磁力搅拌器、圆底烧瓶、刺形分馏柱、直形冷凝管、接液管、分液漏斗、沸石、温度计。

试剂：环己醇、六水合三氯化铁、氯化钠、无水氯化钙。

5.1.5 实验操作

向 100mL 圆底烧瓶中，加入 30mL（0.288mol）环己醇和 4g（0.0144mol）$FeCl_3 \cdot 6H_2O$[1,2]及几粒沸石，圆底烧瓶上接刺形分馏柱，分馏柱顶装一支 100℃ 的温度计，支口依次连接直形冷凝管、接液管和 50mL 锥形瓶。先开冷凝水，再用电热套控温加热，开动磁力搅拌器，采用边加热反应边蒸馏收集产物的方式，控制分馏柱顶部温度不超过 90℃[3]，慢慢蒸出生成的环己烯和水的混合液体［馏出速度为 1 滴/(2～3s)］，直到没有馏分流出为止，停止加热[4]。

将馏出液倒入分液漏斗中，分去下面的水层；油层用等体积饱和氯化钠溶液洗涤，然后用无水氯化钙干燥，过滤，蒸馏收集 81～83℃ 的馏分，称量，计算收率，测折射率。

纯环己烯为无色透明液体，沸点为 83℃。

实验所需的时间为 4～6h。

5.1.6 注释

【1】催化剂稳定性较好，重复使用 3 次仍能保持较好的催化活性。但连续使用 3 次后，催化剂的活性明显下降，这是因为反应温度比较高，催化剂多次受热后，有少量分解以及部分溶于反应生成的水中。

【2】催化剂还可用对甲苯磺酸、$KHSO_4$、阳离子交换树脂、硫酸、碳酸等，但除阳离子交换树脂外，其他催化剂都不可重复使用，而且污染较大，而阳离子交换树脂作催化剂时，收率偏低，再生时有污染。

【3】环己醇与水形成的共沸物沸点是 97.8℃，控制柱顶温度在 90℃ 以下，可确保环己醇不被蒸出。

【4】反应时间为 60～80min，若时间小于 60min，产率明显偏低。

5.1.7 思考题

① 为什么要用刺形分馏柱？
② 结合实验效果说说环己烯的绿色合成方法与 3.1 中的合成方法比较有什么优点？

5.2 乙酸异戊酯的绿色合成

5.2.1 应用背景

乙酸异戊酯（isopentyl acetate），又称醋酸异戊酯、香蕉水、蕉油、异戊酯，是无色透

明中性液体,具有香蕉和梨的香味,并略带花香,存在于苹果、香蕉等果实中。乙酸异戊酯能与乙醇、戊醇、乙醚及乙酸乙酯任意混溶,溶于400份水中,具有高挥发性,易燃,蒸气能与空气形成爆炸性混合物,爆炸极限为1.0%~7.5%,吸入过多会导致眩晕或窒息,直接与皮肤接触会产生刺激等不适。

乙酸异戊酯在工业上主要作为食用香料和溶剂使用,是一种用途广泛的有机化工产品。

5.2.2 实验目的和要求

① 学习乙酸异戊酯合成的原理和方法,树立绿色化学理念。
② 巩固萃取、洗涤、干燥和蒸馏等基本操作。

5.2.3 实验原理

乙酸异戊酯的合成方法很多,传统的方法是以浓硫酸为催化剂,由乙酸和异戊醇直接酯化反应制得,虽然硫酸反应活性较高且价廉,但却存在着腐蚀设备、反应时间长、副反应多、产率低、产品纯度低、后处理过程复杂、污染环境等缺点。本实验采用乙酸酐与异戊醇在不加催化剂条件下直接合成乙酸异戊酯的方法,来达到使该实验实现绿色化合成的目的。改进后的方法具有不污染环境、副反应少、反应时间短、产品纯度高、收率高等优点。通过改进实验,能提高学生的环保意识。

反应式:

$$(CH_3CO)_2O + (CH_3)_2CHCH_2CH_2OH \xrightleftharpoons{85℃} CH_3COOCH_2CH_2CH(CH_3)_2 + CH_3COOH$$

5.2.4 实验仪器、试剂与材料

仪器与材料:电加热套、圆底烧瓶、球形冷凝管、直形冷凝管、接液管、天平、量筒、表面皿、分液漏斗、普通漏斗、烧杯、锥形瓶、温度计、滤纸。

试剂:异戊醇、乙酸酐、碳酸钠、氯化钠、氯化钙、无水硫酸镁。

5.2.5 实验操作

在150mL的圆底烧瓶中加入11mL(0.10mol)异戊醇和11.4mL(0.12mol)乙酸酐[1],85℃水浴回流反应1.5h后,冷却反应液,将反应液倒入分液漏斗中,静置分去水层,有机层用饱和碳酸钠溶液中和至不再有二氧化碳气体逸出,有机相为中性。分去水层后,有机相分别用15mL饱和氯化钠、15mL饱和氯化钙溶液洗涤一次,再用无水硫酸镁干燥至溶液澄清。过滤除去干燥剂,蒸馏,收集139~143℃馏分,称重,计算产率[2]。

乙酸异戊酯沸点为142℃。

实验所需的时间为4~6h。

5.2.6 注释

【1】在不用任何催化剂的条件下,用乙酸酐为酰化试剂得到的乙酸异戊酯产率较高。其原因,一方面是由于乙酸酐比乙酸具有更高的反应活性,另一方面反应生成的乙酸对酯化反

应具有一定的催化作用，从而提高了反应速率和产物的产率。

【2】该实验产物产率为 94.8%，经气相色谱分析，产品纯度达 98.9%。若在回流温度下反应，反应液温度为 128℃，反应时间为 1.5h，乙酸异戊酯的产率可高达 97.8%。

5.2.7 思考题

制备乙酸乙酯时，使用过量的醇，本实验为何要用过量的乙酸酐？如果全用过量的异戊醇有什么不好？

5.3 苦杏仁酸的相转移催化合成

5.3.1 应用背景

苦杏仁酸（mandelic acid），学名为苯乙醇酸，又称扁桃酸，为无色片状结晶或结晶性粉末，见光变色。1g 该品溶于 6.3mL 水、1mL 乙醇。杏仁酸易溶于乙醚、异丙醇，使用时应避免吸入其粉尘，避免与眼睛和皮肤接触，密封避光保存。

苦杏仁酸可作医药中间体，用于合成环扁桃酯、扁桃酸乌洛托品及阿托品类解痛剂；也可用作测定铜和锆的试剂。

相转移催化剂能通过在不同相之间转移物质从而加快反应速率，提高效率。常用的相转移催化剂有三类：盐类、冠醚类和非环多醚类。本实验使用季铵盐为相转移催化剂。

5.3.2 实验目的和要求

① 掌握相转移催化合成苦杏仁酸的原理和方法，掌握季铵盐在多相反应中的催化机理和应用技术。

② 巩固萃取及重结晶的基本操作。

5.3.3 实验原理

本实验用季铵盐三乙基苄基氯化铵（TEBAC）作为相转移催化剂，经一锅煮（one-pot）制得苦杏仁酸，其反应式如下：

$$\text{PhCH}_2\text{Cl} + \text{N}(\text{C}_2\text{H}_5)_3 \longrightarrow [\text{PhCH}_2\text{N}(\text{C}_2\text{H}_5)_3]^+ \text{Cl}^-$$

$$\text{PhCHO} + \text{CHCl}_3 \xrightarrow[\text{TEBAC}]{\text{NaOH}} \xrightarrow{\text{H}^+} \text{PhCH(OH)COOH}$$

反应机理一般认为是反应中产生的二氯卡宾对苯甲醛的羰基加成，再经重排及水解得到产物：

$$\text{CHCl}_3 + \text{NaOH} \longrightarrow \text{Cl}_2\text{C:} + \text{NaCl} + \text{H}_2\text{O}$$

$$\text{PhCHO} \xrightarrow{:\text{CCl}_2} \text{PhCH(O)CCl}_2 \xrightarrow{\text{重排}} \text{PhCH(Cl)COCl} \xrightarrow{\text{OH}^-} \xrightarrow{\text{H}^+} \text{PhCH(OH)COOH}$$

其中，:CCl$_2$ 称作二氯卡宾，反应活性很高。过去，有二氯卡宾参与的反应都是在严格无水的条件下进行的。现在，由于相转移催化剂的介入，在水相-有机相两相体系中产生二氯卡宾已变得十分方便，其催化机理如下：

水　相　　Q$^+$Cl$^-$ + NaOH $\rightleftharpoons$ Q$^+$OH$^-$ + Na$^+$Cl$^-$

Q$^+$OH$^-$ + CHCl$_3$

有机相　　Q$^+$Cl$^-$ + :CCl$_2$ $\longrightarrow$ Q$^+$CCl$_3^-$ + H$_2$O

需要指出的是，用此方法合成扁桃酸只得到外消旋体。若要获得其纯的对映异构体，还须进行手性拆分。拆分方法见实验 5.9 外消旋苦杏仁酸的拆分。

5.3.4 实验仪器、试剂与材料

仪器与材料：三颈烧瓶、球形冷凝管、恒压滴液漏斗、温度计、电加热套、磁力搅拌器、分液漏斗、搅拌磁子等。

试剂：苯甲醛、氯仿、三乙基苄基氯化铵、氢氧化钠、乙醚、无水硫酸镁、硫酸、甲苯。

5.3.5 实验操作

在 250mL 三颈烧瓶中放入搅拌磁子[1]，安装球形冷凝管、恒压滴液漏斗和温度计。依次加入 10.1mL（0.1mol）苯甲醛、16mL（0.2mol）氯仿和 1g 三乙基苄基氯化铵。水浴加热并搅拌，当反应温度升至 56℃时，开始慢慢滴加 35mL 30％氢氧化钠水溶液。滴加碱液过程中，保持反应温度在 60～65℃，大约 45min 滴加完毕，继续搅拌 40min，至反应液接近中性，反应温度维持在 65～70℃。

用 100mL 水将反应液稀释，然后用乙醚萃取两次（每次 30mL），合并醚层（将乙醚层液体倒入指定容器内留待回收）。水层用 50％硫酸酸化至 pH＝2～3，再用乙醚萃取两次（每次 40mL）。此次萃取液合并后用无水硫酸镁干燥，水浴蒸馏除去乙醚（蒸出的乙醚也要回收）[2]，即得外消旋（±）-苦杏仁酸粗产品，用甲苯重结晶[3]，产物干燥后称量，计算产率。

外消旋（±）-苦杏仁酸的熔点为 118～119℃。

实验所需的时间为 5～7h。

5.3.6 注释

[1] 此反应是发生在两相界面之间，强烈搅拌反应混合物，有利于加速反应。
[2] 乙醚易燃易爆易挥发，使用现场应禁止明火。其废液要回收，不要倒入下水道。
[3] 溶解每克粗产物约需 1.5mL 甲苯。

5.3.7 思考题

① 以季铵盐为相转移催化剂的催化反应原理是什么？

② 本实验中,如果不加入季铵盐会产生什么后果?
③ 反应结束后为什么要用水稀释?而后用乙醚萃取,目的是什么?
④ 反应液经酸化后为什么再次用乙醚萃取?

5.4 二茂铁的相转移催化合成

5.4.1 应用背景

二茂铁(ferrocene)及其衍生物是一类很稳定而且具有芳香性的有机过渡金属配合物。二茂铁可用作聚合催化剂。二茂铁及其衍生物已广泛用作火箭燃料添加剂、汽油的抗爆剂和橡胶及硅树脂的熟化剂,也可作紫外线吸收剂。二茂铁的乙烯基衍生物聚合得到高聚物,可作航天飞船的外层涂料。二茂铁的某些衍生物还对因雌激素所引发的乳腺癌等癌症具有良好的临床治疗作用。

二茂铁合成常用的方法主要有:①无水无氧二乙胺合成法;②以环戊二烯、氢氧化钾和氯化亚铁为原料合成二茂铁法;③二甲亚砜法;④电解合成法;⑤相转移催化法等。

5.4.2 实验目的和要求

① 学习相转移催化法合成二茂铁的原理和方法。
② 掌握分馏、减压蒸馏、重结晶等基本操作。
③ 学习通入惰性气体的操作方法。

5.4.3 实验原理

本实验采用相转移催化剂,以二甲亚砜为溶剂,以氢氧化钠为碱促进剂合成二茂铁[1]。相转移催化剂的使用可以缩短反应时间,提高产率。常用的相转移催化剂有聚乙二醇-400或聚乙二醇-600,也可使用三聚四乙二醇。为克服二茂铁对氧化剂的敏感性,反应通常在隔绝空气条件下进行,如条件允许可以向反应瓶内通入氮气,比较简易的方法是向反应瓶中加入一定量的乙醚,通过乙醚蒸气的挥发赶走反应瓶内的空气。

反应式:

$$FeCl_2 + 2\,\text{C}_5\text{H}_6 \xrightarrow[\text{聚乙二醇600}]{\text{DMSO, NaOH}} Fe(C_5H_5)_2 + 2HCl$$

5.4.4 实验仪器、试剂与材料

仪器与材料:电动搅拌器、球形冷凝管、三颈烧瓶、减压过滤装置等。

试剂:二甲基亚砜、聚乙二醇-600、氢氧化钠、无水乙醚、环戊二烯(新解聚)、四水合氯化亚铁、盐酸、冰块。

5.4.5 实验操作

在装有电动搅拌器、球形冷凝管的 100mL 三颈烧瓶中加入 30mL 二甲基亚砜[2]

(DMSO)、0.6mL 聚乙二醇-600 和 7.5g 研成粉末状的氢氧化钠，然后加入 5mL 无水乙醚。水浴加热，控制温度在 25～30℃，先搅拌 15min，然后加入 2.8mL（0.033mol）新解聚的环戊二烯[3]与 3.3g（0.016mol）四水合氯化亚铁，剧烈搅拌反应 1h。

将反应后的棕褐色混合物边搅拌边倾入 50mL 18%的盐酸和 50g 冰的混合物中，此时即有固体析出。放置 1～2h，使乙醚尽可能挥发掉。减压过滤，并用水充分洗涤，晾干得橙黄色产物[4]。若产物颜色较深，纯化方法有：①升华法纯化；②石油醚重结晶纯化；③柱色谱法进行纯化，即将粗产物通过装有氧化铝的层板柱，用体积分数为 50%的乙醚-石油醚（60～90℃）混合液作洗脱剂，所得洗脱液经浓缩蒸发后可得纯品[5]。称量产品[6]，计算产率。

二茂铁熔点为 172～174℃。

实验所需的时间为 4～6h。

5.4.6 注释

【1】二茂铁分解和加热时能放出有毒物质，属轻度毒性物质，有中等程度燃烧危险，空气中允许浓度为 10mg/m³。

【2】避免二甲亚砜与皮肤接触。

【3】实验所需要的环戊二烯，市场上是买不到的，因为环戊二烯在室温下会迅速聚合生成二聚环戊二烯。当二聚环戊二烯处于 170℃沸腾时，单体与二聚体之间能建立平衡，故可用分馏的方法得到纯的环戊二烯单体。环戊二烯有中等毒性，防止吸入或摄入，避免与皮肤、眼睛接触。

【4】本实验的关键：隔绝空气、环戊二烯新解聚、搅拌、氧化亚铁纯度等。

【5】本实验可以针对不同的二茂铁纯化方法，进行试验条件和方法的考察性研究。

【6】本实验可以针对二茂铁的特殊结构和性质，做芳香性性质试验。

5.4.7 思考题

① 二茂铁制备常用的相转移催化剂有哪些？为什么聚乙二醇能在该反应中起到相转移催化作用，其原理是什么？

② 为什么要用新解聚的环戊二烯？

③ 二茂铁的纯化方法有哪些？

④ 二茂铁的化学结构有何特征？怎样证明它的结构特点？

⑤ 制备二茂铁时为什么要隔绝空气？

5.5 微量法合成苯佐卡因

5.5.1 应用背景

苯佐卡因（benzocaine）的化学名为对氨基苯甲酸乙酯，是一种重要的有机合成中间体，主要用于医药、塑料和涂料等的生产。

苯佐卡因和普鲁卡因是广泛使用的局部麻醉药物，前者是白色粉末，熔点为 90℃，制成散剂或软膏等用于创面溃疡的止痛，后者为白色针状或白色结晶粉末，熔点为 155～156℃，制成针剂使用。

最早的局部麻醉药是从南美洲生长的古柯植物中提取的古柯生物碱或称柯卡因，但古柯生物碱有容易引起上瘾和毒性大等缺点，在搞清了古柯生物碱的药理和结构之后，人们已经合成出数以千计的有效代用品，苯佐卡因和普鲁卡因只是其中的两个。

5.5.2 实验目的和要求

① 掌握苯佐卡因合成的原理和方法。
② 通过实验理解和掌握微量合成的方法。
③ 巩固回流、重结晶等基本操作。

5.5.3 实验原理

合成苯佐卡因一般有两条合成路线，一条是由对硝基甲苯首先被氧化成对硝基苯甲酸，再经乙酯化后还原而得。

$$\underset{NO_2}{\underset{|}{C_6H_4}}-CH_3 \xrightarrow{[O]} \underset{NO_2}{\underset{|}{C_6H_4}}-COOH \xrightarrow[H_2SO_4]{C_2H_5OH} \underset{NO_2}{\underset{|}{C_6H_4}}-COOC_2H_5 \xrightarrow{[H]} \underset{NH_2}{\underset{|}{C_6H_4}}-COOC_2H_5$$

这是一条比较经济的路线，须采用酸性条件（pH＝6 左右），原因是还原时对位上的酯基较为敏感，因此，反应必须加入大量锌粉，且回流较长时间。

另一条路线是采用对甲基苯胺为原料，经酰化、氧化、水解、酯化一系列反应合成苯佐卡因。

$$\underset{NH_2}{\underset{|}{C_6H_4}}-CH_3 \xrightarrow{(CH_3CO)_2O} \underset{NHCOCH_3}{\underset{|}{C_6H_4}}-CH_3 \xrightarrow[\text{② }H_2O/H^+]{\text{① }KMnO_4} \underset{NH_2}{\underset{|}{C_6H_4}}-COOH \xrightarrow[H_2SO_4]{C_2H_5OH} \underset{NH_2}{\underset{|}{C_6H_4}}-COOC_2H_5$$

上述两种方法尽管合成路线合理，但由于需要的试剂量大且反应时间长，因此，从绿色化学的角度本实验采用微量法来合成。

反应式：

$$\underset{NO_2}{\underset{|}{C_6H_4}}-CH_3 \xrightarrow[CH_3COOH]{CrO_3+H_2SO_4} \underset{NO_2}{\underset{|}{C_6H_4}}-COOH \xrightarrow{Sn+HCl} \underset{NH_2}{\underset{|}{C_6H_4}}-COOH \xrightarrow[\text{② }Na_2CO_3]{\text{① }C_2H_5OH,HCl(g)} \underset{NH_2}{\underset{|}{C_6H_4}}-COOC_2H_5$$

此反应路线及反应条件与前两种略有不同，第一步反应采用铬酸酐-冰醋酸为氧化剂，操作简便，产物分离也较容易。第二步用 Sn-HCl 为还原剂，其反应速率快，收率也较高。第三步进行酯化时，不能按常规方法使用浓硫酸催化，因为氨基可与浓硫酸形成盐，从而使过量硫酸不易分离。本步反应采用 Fischer-Spier（费歇尔-斯皮尔）酯化法。即以 HCl 气体作为催化剂，虽然在反应中同样会生成盐酸盐，但过量的 HCl 较硫酸易于除去。

5.5.4 实验仪器、试剂与材料

仪器与材料：锥形瓶、圆底烧瓶、球形冷凝管、毛细滴管、烧杯、蒸发皿、抽滤装

置等。

试剂：铬酸酐、浓硫酸、对硝基甲苯、冰醋酸、甲醇、锡粉、盐酸、氨水、氯化氢、乙醇、乙醚、碳酸钠。

5.5.5 实验操作

(1) 对硝基苯甲酸的制备

在锥形瓶中加入1.5g (0.015mol) 铬酸酐和3mL水，小心滴入1.5mL浓硫酸并混合均匀。把0.5g (0.0077mol) 对硝基甲苯和2.7mL冰醋酸加入到10mL圆底烧瓶中，装上球形冷凝管，温热、回流、搅拌，使反应物溶解成均匀的液体。用毛细滴管将配好的CrO_3+H_2SO_4从冷凝管顶端逐滴加入，当全部加入后，温热搅拌回流0.5h。然后加入7mL水后，即有对硝基苯甲酸析出。抽滤，再用水洗涤，所得粗产物，用适量甲醇溶解，滤去不溶物[1]。滤液中加适量的水，直至析出晶体为止。再温热使之溶解，放冷后有晶体析出[2]，过滤，控制温度在100～110℃下烘干，得浅黄色对硝基苯甲酸针状结晶，约0.95g。

(2) 对氨基苯甲酸的制备

在5mL圆底烧瓶中加入上步自制的0.25g (0.0015mol) 对硝基苯甲酸，0.9g (0.0076mol) 锡粉及2.5mL盐酸，装上球形冷凝管，搅拌并缓慢加热至微沸。若反应太剧烈，可移去热浴。待溶液澄清后（加入的锡不一定全部溶解），放冷后把液体倾滗到烧杯中，剩余的锡用少量水洗涤，洗涤液与烧杯中液体合并在一起。

在不断搅拌下滴加浓氨水至刚好呈碱性。放置后滤去生成的二氧化锡，滤渣用少量水洗涤。收集滤液于一个适当大小的蒸发皿中，滴加冰醋酸于滤液中使呈微酸性，在水浴上浓缩直至有晶体析出。放置后冷却过滤，干燥后得粗品[3]约为160mg。若要获得纯品可用乙醇或乙醇-乙醚混合溶剂重结晶，得黄色晶体，熔点为184～186℃。

(3) 对氨基苯甲酸乙酯的制备

在一锥形瓶内加入5mL无水乙醇，在冰浴中冷却，通入经浓硫酸干燥的氯化氢气体至饱和状态 [100mL饱和溶液中含HCl：45.4g (0℃)；42.7g (10℃)，41.0g (20℃)]。

酯化方法Ⅰ：在一个5mL圆底烧瓶中，加入150mg对氨基苯甲酸及1.5mL上述制备的氯化氢-乙醇溶液，装上球形冷凝管，加热回流1h左右，即生成对氨基苯甲酸乙酯盐酸盐（熔点为243℃）。

将制得的盐酸盐趁热倾入25mL沸水中，加入饱和碳酸钠水溶液至溶液呈中性，即有白色沉淀生成。抽滤，用水洗涤沉淀，抽滤后干燥，得白色粉状对氨基苯甲酸乙酯固体。粗品用乙醇-水混合溶剂重结晶[4]，得白色针状晶体。

酯化方法Ⅱ：将对氨基苯甲酸先溶于无水乙醇，然后通入干燥的氯化氢使之饱和，回流加热，所得结果相同。

对氨基苯甲酸乙酯的熔点为88～90℃。

实验所需的时间为7～10h。

5.5.6 注释

【1】对硝基苯甲酸粗产物溶解于甲醇后的不溶物为反应后生成的硫酸铬 $[Cr_2(SO_4)_3]$ 以及过量的氧化剂等无机物。

【2】对硝基苯甲酸粗产物的纯化操作实际上是甲醇-水混合溶剂的重结晶。
【3】对氨基苯甲酸粗品不需重结晶,可直接用于下一步合成。
【4】对氨基苯甲酸乙酯粗品重结晶前,必要时可加入 10mg 活性炭脱色。

5.5.7 思考题

微量法合成苯佐卡因有哪些优点?

5.6 微量法合成 2,2′-二羟基-1,1′-联萘

5.6.1 应用背景

2,2′-二羟基-1,1′-联萘(2,2′-dihydroxy-1,1′-naphthyl),又称 1,1′-联-2-萘酚,β,β'-联萘酚或联萘酚(简称 BINOL)。它在有机不对称合成、染料、农药、香料、食品添加剂,尤其在特种医药行业有着重要的用途。

手性联萘酚及其衍生物在不对称催化领域应用广泛:在羰基化合物的不对称亲核加成、酮的不对称还原、不对称杂-Diels-Alder(HDA)反应及其他新型反应中都取得了较好的应用效果。其中,作为不对称 HDA 反应产物的六元杂环化合物,在天然产物的全合成和其他高度官能团化的杂环化合物的合成中占有十分重要的地位。

5.6.2 实验目的和要求

① 掌握手性联萘酚合成的原理和方法。
② 通过实验掌握微量法进行回流、重结晶的操作。

5.6.3 实验原理

β-萘酚在三价铁离子氧化下偶联生成 2,2′-二羟基-1,1′-联萘,这个反应显示了在过渡金属氧化剂的存在下,酚进行的偶联反应,它模拟了自然界中的生物遗传过程。

该氧化偶联反应包括 β-萘酚由于电子转移被氧化产生芳氧自由基,然后二聚成产物。其可能机理如下:

产物β-联萘酚由于邻位两个羟基的立体位阻，使碳碳联萘键的自由旋转受到阻碍，两个萘环不能共平面因而该化合物分子具有手性，其光学异构体易于被分别拆开。本实验中得到的是外消旋体。

5.6.4 实验仪器、试剂与材料

仪器与材料：圆底烧瓶、搅拌磁子、球形冷凝管、磁力搅拌器、毛细滴管、玻璃钉漏斗等。

试剂：β-萘酚、$FeCl_3 \cdot 6H_2O$、氢氧化钠、活性炭、浓盐酸、95%乙醇。

5.6.5 实验操作

在20mL圆底烧瓶中加入300mg（2.07mmol）β-萘酚、90mg（2.25mmol）NaOH、9.0mL水及一颗搅拌磁子，装上球形冷凝管，开启磁力搅拌器，于120℃油浴中加热搅拌回流。将891mg（3.3mmol）的$FeCl_3 \cdot 6H_2O$、3.0mL水和0.3mL浓盐酸配成溶液。用毛细滴管将此溶液从冷凝管上口滴入，再用0.6mL水冲洗冷凝管使三氯化铁全部进入圆底烧瓶。反应物在120℃油浴上加热45～60min。冷却至室温后用冰浴冷却，有结晶析出[1]。用玻璃钉漏斗抽滤，收集到棕褐色固体粗产品。将粗产品加5% NaOH溶解并加入少量活性炭脱色，过滤，滤液用稀盐酸酸化至pH=2左右，即析出产品。此产品可用95%乙醇重结晶，得晶体210mg，熔点为214～216℃。

纯2,2'-二羟基-1,1'-联萘熔点为218℃。

实验所需的时间为2～3h。

5.6.6 注释

【1】粗产品是酚，可先溶于碱，然后在酸性条件下析出，可使非酚类杂质除去。如直接用有机溶剂重结晶，往往只能得到棕褐色产品，熔点也较低。

5.6.7 思考题

① 用α-萘酚进行该氧化偶联反应可能得到哪些产物？

② 已知空气中的氧对此类反应不利，试推测可能由氧气引起的副反应。如何使反应体系隔绝氧气？

5.7 微波辅助合成乙酰苯胺

5.7.1 应用背景

乙酰苯胺（acetanilide）主要的合成方法是苯胺与酰化试剂反应，常用的酰化试剂是乙酰氯、乙酐或冰醋酸等，由于冰醋酸具有反应温和、价廉易得的特点，是理想的酰化试剂，但其合成的乙酰苯胺产率较低，而以微波辐射替代常规加热法，取得了较佳的效果。

自从1986年Gedye等首次报道了微波作为有机反应的热源可以促进有机化学反应以来，微波技术特有的优点受到各国化学工作者的关注。与常规加热法相比，微波辐射促进合

成方法具有显著的节能、提高反应速率、缩短反应时间、减少污染且能实现一些常规方法难以实现的反应等优点。

5.7.2 实验目的和要求

① 了解微波辐射下合成乙酰苯胺的原理。
② 学习微波加热技术的实验操作方法。

5.7.3 实验原理

苯胺的酰化在有机合成中有着重要的作用。在某些情况下，酰化可以避免氨基与其他官能团或试剂之间发生不必要的反应。因此，常用酰化来保护氨基。

制备乙酰苯胺通常采用相对便宜的冰醋酸，反应式如下：

$$C_6H_5NH_2 + CH_3COOH \xrightleftharpoons{\triangle} C_6H_5NHCOCH_3 + H_2O$$

5.7.4 实验仪器、试剂与材料

仪器与材料：1000W 微波炉、圆底烧瓶、空气冷凝管、刺形分馏柱、温度计、直形冷凝管、抽滤装置、锥形瓶、沸石等。

试剂：苯胺、冰醋酸、冰块。

5.7.5 实验操作

在 25mL 圆底烧瓶中，加入 2mL 苯胺，3mL 冰醋酸，置于微波炉中[1]，装上空气冷凝管，其上接刺形分馏柱，分馏柱上端装上一温度计，刺形分馏柱支管连接直形冷凝管并与锥形瓶瓶相连，接收瓶外部用冷水浴冷却。

将微波炉调至低挡，保持反应物微沸 5min，然后调至中挡，当温度达 90℃ 时有液体流出，10min 左右结束（即收集水与冰醋酸 1.4~1.6mL 左右）。这期间温度保持在 90~106℃ 之间，生成的水及大部分多余的冰醋酸已被蒸出。在搅拌下趁热将反应物倒入 40mL 冰水中，冷却后抽滤，析出固体，用冷水洗涤。粗产物用水重结晶[2]，干燥、称量、计算产率。产品预期为 1.8~2g，熔点为 113~114℃。纯乙酰苯胺熔点为 114.3℃。

实验所需的时间为 2~3h。

5.7.6 注释

【1】圆底烧瓶置于微波炉底部时，微波对反应物作用可能太强烈，使反应难于控制。因此可用 250mL 烧杯将烧瓶托高，从而降低微波对反应物的作用。

【2】在微波条件下制备乙酰苯胺，可得纯度高、晶型好的产物。

5.7.7 思考题

① 为什么要用低挡微波作用几分钟，随后改用中挡微波反应？
② 为什么微波辐射能加速乙酰苯胺的合成反应？

5.8 微波辅助合成 2-甲基苯并咪唑

5.8.1 应用背景

2-甲基苯并咪唑（2-methylbenzimidazole），呈针状结晶体，溶于醇、醚、热水及氢氧化钠溶液，不溶于苯。

苯并咪唑及其衍生物是一类重要的有机中间体，具有良好的生物活性和抗蚀性，被广泛应用于医药、农药、染料、高性能复合材料、金属防腐蚀等领域，特别是在药物化学中具有非常重要的意义。

苯并咪唑类化合物的合成，传统方法主要在盐酸、多聚磷酸（PPA）、硼酸等酸性催化剂作用下，通过羧酸与邻苯二胺的加热反应制得，然而通常需要较高的温度或较长的反应时间。本实验通过微波辐射，快速合成 2-甲基苯并咪唑。

5.8.2 实验目的和要求

① 了解微波辐射合成 2-甲基苯并咪唑的原理和方法。
② 熟练掌握微波加热技术的原理和实验操作方法。

5.8.3 实验原理

反应式：

$$\text{邻苯二胺} + CH_3COOH \xrightarrow{\text{微波}} \text{2-甲基苯并咪唑} + 2H_2O$$

5.8.4 实验仪器、试剂与材料

仪器与材料：1000W 微波炉、圆底烧瓶、空气冷凝管、烧杯、抽滤装置、球形冷凝管等。
试剂：邻苯二胺、冰醋酸、氢氧化钠、冰块。

5.8.5 实验操作

在 25mL 圆底烧瓶中放入 1g（0.009mol）邻苯二胺和 1.0mL（0.017mol）冰醋酸，摇动混合均匀后，置于微波炉中心（下面垫一个倒置的 250mL 烧杯或培养皿），烧瓶上口接一个空气冷凝管从上方通到微波炉外，空气冷凝管上口再接一支球形冷凝管。使用低挡微波辐射[1]。反应完毕得淡黄色黏稠液，冷却至室温，用 10% 氢氧化钠溶液调节至碱性[2]。有大量沉淀析出，冰水冷却使析出完全。抽滤，冷水洗涤，用水重结晶，干燥得无色晶体 1.0g，产率为 85%，熔点为 176～177℃。

实验所需的时间为 2～3h。

5.8.6 注释

【1】辐射功率不宜过高，一般以 162W 为宜，反应时间为 6～8min 较佳。
【2】反应液的碱性一般调至 pH=8～9，碱性不宜过强。

5.8.7 思考题

① 为什么合成 2-甲基苯并咪唑的温度不能过高？
② 为什么咪唑杂环化合物是重要的有机化合物反应的中间体，它能合成哪些有机化合物？
③ 微波辐射合成有机化合物的优点是什么？

5.9 外消旋苦杏仁酸的拆分

5.9.1 应用背景

苦杏仁酸（mandelic acid）是一种手性分子，有（R）-(－)-苦杏仁酸和（S）-(＋)-苦杏仁酸两种构型，其单一对映异构体在药效上存在较大差异。如（R）-苦杏仁酸用作头孢菌类系列抗生素羟苄四唑头孢菌素的侧链修饰剂，（S）-苦杏仁酸是用于合成治疗尿急、尿频和尿失禁药物(S)-奥昔布宁的前体原料。化学方法合成得到的是苦杏仁酸的外消旋体，若要得到有旋光性的 R 型或 S 型的单体，需要将其进行拆分。一般是利用形成非对映体盐的方法进行拆分。由于非对映体盐具有不同的物理性质，便可采用常规的分离手段分开。

5.9.2 实验目的和要求

① 掌握酸性外消旋体的拆分原理和实验方法。
② 掌握萃取、重结晶等基本操作。

5.9.3 实验原理

由于（±)-苦杏仁酸是酸性外消旋体，可以用碱性旋光体作拆分剂，常用的拆分剂有马钱子碱、麻黄碱、奎宁等碱性拆分剂，本实验用（－)-麻黄碱。拆分时，（±)-苦杏仁酸与（－)-麻黄碱反应形成两种非对映异构的盐，进而可以利用其物理性质（如溶解度）的差异对其进行分离。

拆分方法如下：

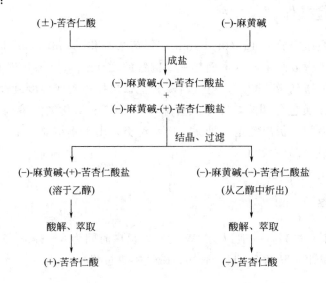

5.9.4　实验仪器、试剂与材料

仪器与材料：圆底烧瓶、烧杯、球形冷凝管、蒸馏头、直形冷凝管、接液管、分液漏斗、温度计、布氏漏斗、抽滤瓶等。

试剂：(±)-苦杏仁酸、盐酸麻黄碱、氢氧化钠、无水乙醇、乙醚、盐酸、无水硫酸钠。

5.9.5　实验操作

(1) 麻黄碱的制备

称取 4g 市售盐酸麻黄碱[1]，用 20mL 水溶解，过滤，滤液中加入 1g 氢氧化钠，使溶液呈碱性。然后用乙醚对其萃取三次（每次 20mL），醚层用无水硫酸钠干燥，过滤，水浴蒸馏除去乙醚，得无色油状液，即游离的 (−)-麻黄碱。

(2) 非对映体的制备与分离

在 50mL 圆底烧瓶中加入 2.5mL 无水乙醚、1.5g (±)-苦杏仁酸，使其溶解。缓慢加入 (−)-麻黄碱-乙醇溶液（1.5g 麻黄碱与 10mL 乙醇配成），在 85～90℃ 水浴中加热回流 1h。回流结束后，冷却混合物至室温[2]，再用冰浴冷却使晶体析出完全。析出晶体为 (−)-麻黄碱-(−)-苦杏仁酸盐，(−)-麻黄碱-(+)-苦杏仁酸盐仍留在乙醇中，过滤即可将其分离。

(−)-麻黄碱-(−)-苦杏仁酸盐粗品用 20mL 无水乙醇重结晶，可得白色粒状纯化晶体，熔点为 166～168℃。将晶体溶于 20mL 水中，滴加 1mL 浓盐酸使溶液呈酸性，用 15mL 乙醚分三次萃取，合并醚层并用无水硫酸钠干燥，过滤除去干燥剂，水浴蒸馏除去乙醚[3]即得 (−)-苦杏仁酸的白色结晶，熔点为 131～133℃。称量，计算产率。

(−)-麻黄碱-(+)-苦杏仁酸盐的乙醇溶液加热除去有机溶剂后，用 10mL 水溶解残余物，再滴加 1mL 浓盐酸使固体全部溶解，用 30mL 乙醚分三次萃取，合并醚层并用无水硫酸钠干燥，过滤除去干燥剂，水浴蒸馏除去乙醚后即得 (+)-苦杏仁酸，熔点为 131～133℃。

(3) 麻黄碱的回收

将上面萃取后含有麻黄碱的水溶液在圆底烧瓶中加热除去大部分水，然后移至烧杯中浓缩至一定体积后，冷却结晶，减压过滤，干燥，即得 (−)-麻黄碱。

实验所需的时间为 5～7h。

5.9.6　注释

[1] 麻黄碱属精神类药品，口服有害。

[2] 为保证 (−)-麻黄碱-(−)-苦杏仁酸盐析出晶体的纯度，在反应瓶冷却时，不要振摇，也不要用玻璃棒摩擦瓶壁，待静置自然结晶，以免 (−)-麻黄碱-(+)-苦杏仁酸盐随之析出。

[3] 乙醚易燃，蒸馏除去乙醚时不可用明火，一定要在水浴中进行。

5.9.7　思考题

① 试提出拆分下列化合物的方法：

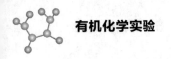

② 成盐法拆分光学异构体的原理是什么？

5.10 外消旋 α-苯乙胺的拆分

5.10.1 应用背景

α-苯乙胺（α-phenylethylamine）是制备精细化工产品的一种重要中间体，它的衍生物广泛用于医药化工领域，主要用于合成医药、染料、香料及乳化剂等。由于光学对映体在生物活性、毒性及代谢机理上都有所不同，因此，单一对映体的制备极为重要。

手性物 α-苯乙胺就是制备单一对映体的重要中间体之一，它既可作外消旋体的手性拆分试剂，又可作不对称合成的手性原料。

5.10.2 实验目的和要求

① 掌握碱性外消旋体的拆分原理和实验方法。
② 掌握萃取、重结晶、蒸馏等基本操作。

5.10.3 实验原理

由于（±）-α-苯乙胺是碱性外消旋体，可以用酸性旋光体作拆分剂，常用的拆分剂有酒石酸、樟脑磺酸、苹果酸、苯乙醇酸等。本实验用（+）-酒石酸为拆分剂，它与（±）-α-苯乙胺形成两个非对映异构体的盐，这两个盐在甲醇中的溶解度有显著差异，用分步结晶法可以将它们分离开。由于（－）-α-苯乙胺和（+）-酒石酸所形成的盐在甲醇中的溶解度比（+）-α-苯乙胺和（+）-酒石酸所形成的盐的溶解度小，所以先从溶液中结晶析出；再用碱对这个已分离的非对映异构体盐进行处理，就可得到（－）-α-苯乙胺。溶液中所含的（+）-α-苯乙胺-（+）-酒石酸盐经过类似处理，则可得到（+）-α-苯乙胺。

5.10.4 实验仪器、试剂与材料

仪器与材料：锥形瓶、球形冷凝管、圆底烧瓶、沸石、减压过滤装置、分液漏斗等。

试剂：（±）-α-苯乙胺、（+）-酒石酸、甲醇、氢氧化钠、乙醚、无水硫酸镁、无水乙醇、浓硫酸、丙酮。

5.10.5 实验操作

(1) (S)-(－)-α-苯乙胺的制备

在 250mL 锥形瓶中放入 7.8g（0.051mol）（+）-酒石酸、90mL 甲醇和几粒沸石，装上球形冷凝管，水浴加热至沸腾。待（+）-酒石酸全部溶解后，停止加热，稍冷后移去冷凝管，在搅拌下慢慢将 6.5g（0.051mol）（±）-α-苯乙胺[1]滴入热溶液中，注意加入时可能会起泡沫溢出，不要加得太快。将溶液慢慢冷至室温后，塞紧瓶塞，静置 24h 后，析出棱柱形

结晶；若析出的是针形结晶或与棱柱形结晶混合物，要重新加热溶解，重新冷却至棱形结晶析出才行。减压过滤，晶体用少量冷甲醇洗涤，晾干，得到（－）-α-苯乙胺-（＋）-酒石酸盐。称量（预期为 4.0～5.0g）并计算产率。母液保留用于制备另一种对映异构体。

将上述所得的（－）-α-苯乙胺-（＋）-酒石酸盐转入 250mL 锥形瓶中，加入 15mL 水，再加入 3.8mL 50％氢氧化钠溶液，搅拌使混合物完全溶解，溶液呈强碱性。将溶液转入分液漏斗中，用 30mL 乙醚萃取 3 次（每次 10mL）。合并乙醚萃取液，用粒状氢氧化钠干燥。水层倒入指定的容器中待回收（＋）-酒石酸。

将干燥后的乙醚溶液转入 50mL 事先已称量的圆底烧瓶[2]，先在水浴上尽可能蒸馏除去乙醚[3]，然后再用减压蒸馏除净乙醚。称量圆底烧瓶，即可得（S）-（－）-α-苯乙胺，沸点为 187～189℃。称量，计算产率，测定产物的旋光度，并计算其光学纯度。

（2）（R）-（＋）-α-苯乙胺的制备

水浴加热蒸馏浓缩上述结晶母液，蒸出甲醇[4]。残留物为白色固体，用 40mL 水和 6.5mL 50％氢氧化钠溶液溶解，用乙醚萃取 3 次（每次 12mL）。合并萃取液，用无水硫酸镁干燥，过滤，先水浴蒸出乙醚后，然后再减压蒸出无色油状液体，即（R）-（＋）-α-苯乙胺粗品。粗产品需要进一步重结晶才能达到一定纯度。

将蒸出的粗胺液溶于 22mL 乙醇中，加热溶解，向此热溶液中加入含浓硫酸的乙醇溶液约 45mL（约加入浓硫酸 0.8g），待析出白色片状（R）-（＋）-α-苯乙胺的硫酸盐，过滤结晶。浓缩母液，得第二批结晶物，合并晶体，共约 7g。再将所得结晶溶于 12mL 热水中，煮沸后滴入适量丙酮至恰好浑浊，放置慢慢冷却后得白色针状结晶。过滤后，用 10mL 水、1.5mL 50％NaOH 水溶液溶解。该溶液用乙醚萃取 3 次（每次 10mL），合并乙醚萃取液，用无水硫酸镁干燥。过滤，水浴蒸出乙醚后，减压蒸馏得无色透明油状物，即得（R）-（＋）-α-苯乙胺，沸点为 187～189℃。称量，计算产率（预期约 1.4g），测定产物的旋光度[5]，并计算其光学纯度[6]。

实验所需的时间为 30～33h。

5.10.6 注释

【1】苯乙胺具有腐蚀性，能引起烧伤，避免吸入和接触皮肤和眼睛。

【2】作为一种简化处理，可将干燥后的乙醚溶液直接过滤到事先称重的干燥的圆底烧瓶中，先在水浴上尽可能蒸出乙醚，再用水泵抽出残留的乙醚。这样，即可省去进一步的蒸馏操作。在进行减压蒸馏时，一定要按照正确的操作规程进行，以免发生意外事故。

【3】乙醚、乙醇、甲醇均易燃易爆，操作时就远离明火，防止火灾。

【4】甲醇有毒，切勿吸入其蒸气，吸入过多甲醇会使双目失明。

【5】在使用旋光仪时，切不可将旋光管随意放在实验桌上，以免滚落在地上摔碎。

【6】在外消旋体拆分或不对称合成中并非得到纯净的对映体，通常用"光学纯度"来评价对映体的过量百分率。

$$光学纯度＝(实测的比旋光度/纯试样的比旋光度)×100\%$$

例如：某一试样左旋的光学纯度为 90％，即左旋体过量 90％（该试样中左旋体含量为95％，而右旋体含量为 5％）。

5.10.7 思考题

本实验的关键步骤是什么？如何控制反应条件才能分离出纯的旋光异构体？

5.11 从茶叶中提取咖啡因

5.11.1 应用背景

咖啡因（caffeine）又称咖啡碱，是一种中枢神经系统兴奋剂，也是一种新陈代谢的刺激剂，具有刺激心脏、兴奋中枢神经系统、松弛平滑肌和利尿等作用，还可用作治疗脑血管性头痛，尤其是偏头痛，但过度使用咖啡因会增加耐药性和产生轻度上瘾。超量携带咖啡因视为携带毒品。

茶叶中含有的化学成分主要有生物碱类、黄酮类、酚类、酯类、纤维素、蛋白质和氨基酸等。茶叶中主要包括咖啡因、可可碱和茶碱等多种生物碱，其中咖啡因的含量占茶叶干质量的 2%～5%，是医用咖啡因的重要来源。

5.11.2 实验目的和要求

① 学习从茶叶中提取咖啡因的原理和方法。
② 掌握固-液萃取有机物的方法，掌握索氏提取器、去除溶剂及升华的操作方法。

5.11.3 实验原理

咖啡因是杂环化合物嘌呤的衍生物，化学名称为 1,3,7-三甲基-2,6-二氧嘌呤，其结构式如下：

纯无水咖啡因是白色针状晶体，熔点为 235℃，味苦，能溶于氯仿、水、乙醇、苯等溶剂中，在 100℃时失去结晶水并开始升华，120℃时升华显著，至 178℃升华很快。

从茶叶中提取咖啡因，可利用合适的溶剂（通常采用乙醇）在索氏提取器中连续抽提，然后蒸馏除去溶剂得粗品，再利用升华法提纯。

5.11.4 实验仪器、试剂与材料

仪器与材料：索氏提取器、平底烧瓶、蒸发皿、玻璃棒、蒸馏烧瓶、石棉布、玻璃漏斗、电加热套、圆底烧瓶、球形冷凝管、滤纸、棉花、茶叶末、沸石等。

试剂：95%乙醇、生石灰粉。

5.11.5 实验操作

(1) 用索氏提取器提取

称取 8g 茶叶末，将其装入滤纸套筒[1]中，把套筒小心地插入索氏提取器[2]提取筒中，

套筒的高度略低于虹吸管的高度,并在提取筒中加入 30mL 95％乙醇;取 90mL 95％乙醇加入 250mL 平底烧瓶中,加入少许沸石,安装好提取装置。用水浴加热,连续提取 2~2.5h 后,提取液颜色较淡(接近无色),待溶液刚刚虹吸流回烧瓶时,立即停止加热。

安装好蒸馏装置,水浴上进行蒸馏,蒸出大部分乙醇并回收乙醇[3]。将残液(5~10mL)趁热倒入蒸发皿中,加入 2g 研细的生石灰粉[4],在玻璃棒不断搅拌下于蒸气浴上将溶剂蒸干。生石灰起中和作用,以除去单宁酸等酸性物质。微热,小心地将固体焙炒至干。此时应注意防止着火!尤其是临近蒸干时,固体易溅出蒸发皿外。若不慎着火,则立即移去热源,再用石棉布盖于蒸发皿上隔绝空气使火自灭。搅拌时不断刮下黏附于蒸发皿上的固体并轻轻研碎。

取一只合适的玻璃漏斗,罩在隔以刺有许多小孔的滤纸的蒸发皿上。用电加热套小火小心加热升华[5],若漏斗上有水汽应用滤纸擦干。当滤纸上出现白色针状物时,可暂停加热,稍冷后仔细收集滤纸正反面的咖啡因晶体。残渣经搅拌后可用略大的火再次升华。合并产品后称重,计算产率,测熔点,产量预期为 20~30mg。

实验所需的时间为 5~6h。

(2) 用回流冷凝装置提取

称取研细的茶叶末 8g,放入 250mL 的圆底烧瓶中,在烧瓶内加入 120mL 95％乙醇,投入少许沸石,装上球形冷凝管,然后用水浴加热使缓缓回流 1h(浴温为 85~90℃)。将混合物冷却后抽滤,滤液转入 250mL 蒸馏烧瓶中,安装好蒸馏装置,添加少许沸石后在水浴上蒸馏,回收大部分乙醇(倒入指定的回收瓶中)。

把残液(10~15mL)倒入蒸发皿,再用 5mL 乙醇清洗一下烧瓶,也并入蒸发皿中,然后加入 2g 研细的生石灰粉。在玻璃棒不断搅拌下,先用蒸气浴将乙醇基本蒸干;再微热将固体慢慢焙炒至干,务必要使水分完全除去。稍冷后,取一只合适的玻璃漏斗,罩在隔以刺有许多小孔的滤纸的蒸发皿上,并在漏斗茎部塞一团疏松的棉花。将蒸发皿放在热源上小心加热升华。要适当控制温度,尽可能使升华速度放慢,以提高结晶纯度和产量。当发现有棕色烟雾时,即升华完毕,停止加热。冷却后,揭开漏斗和滤纸,仔细收集附在滤纸上方(或下方)的咖啡因白色针状结晶。残渣经搅拌后可提高温度再加热片刻,使升华完全。合并所得产品并称量,计算产率。

实验所需的时间为 4~6h。

5.11.6 注释

【1】滤纸套要既紧贴器壁,又能取放方便,其高度不得超过虹吸管;滤纸包茶叶末时要严紧,防止漏出,堵塞虹吸管。在纸套上面折出凹形,以保证回流液均匀浸润萃取物。

【2】索氏提取器的虹吸管极易折断,安装和拆卸装置时必须特别小心。

【3】烧瓶中乙醇不可蒸得太干,否则残液黏度很大,转移时损失较大。

【4】生石灰起吸水和中和作用,还可以除去部分杂质,如单宁酸,防止它与咖啡因成盐,降低咖啡因的蒸气压。

【5】在萃取回流充分的情况下,升华操作的好坏是本实验成败的关键。在升华过程中,始终都须用小火间接加热。温度太高会使滤纸炭化变黑,并把一些有色物烘出来,使产品不纯。第二次升华时,火力亦不能太大,控制温度在 220℃左右。否则会使被加热物质大量冒

烟，导致产物损失。

5.11.7 思考题

① 索氏提取器的原理是什么？与直接用溶剂回流提取比较有何优点？
② 升华前加入生石灰起什么作用？
③ 升华操作的原理是什么？
④ 为什么升华前要将水分除尽？
⑤ 为什么在升华操作中，加热温度一定要控制在被升华物熔点以下？

5.12 从红辣椒中分离红色素

5.12.1 应用背景

辣椒红色素（capsanthin）是一种色价高的天然类胡萝卜素食用色素，是一类脂溶性色素，具有很好的上色功能，而且营养丰富，还有一定的保健功能。辣椒红色素色泽鲜艳，稳定性极强，不易受外界光、热及较强酸碱性物质干扰，而且不易被氧化，没有任何不良反应，是国际上公认的绝对高品质的天然色素，在食品加工过程中对其用量不作任何限制。辣椒红色素被广泛应用于食品、医药、化妆品和儿童玩具等领域。

目前，国内外辣椒红色素的生产方法主要有油溶法、超临界萃取法和有机溶剂法三种。

5.12.2 实验目的和要求

① 学习用薄层色谱和柱色谱方法分离和提取天然产物的原理。
② 掌握柱色谱的操作方法。

5.12.3 实验原理

红辣椒果皮中含有多种色泽鲜艳的天然色素，红辣椒一旦成熟，其中几乎所有的色素都会以酯类的形式稳定存在于辣椒中。其中呈深红色的色素主要是由辣椒红脂肪酸酯和少量辣椒玉红素脂肪酸酯所组成，呈黄色的色素则是 β-胡萝卜素。

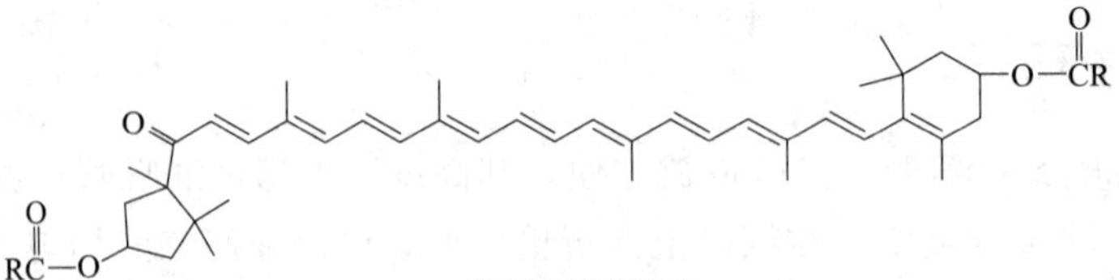

辣椒红脂肪酸酯

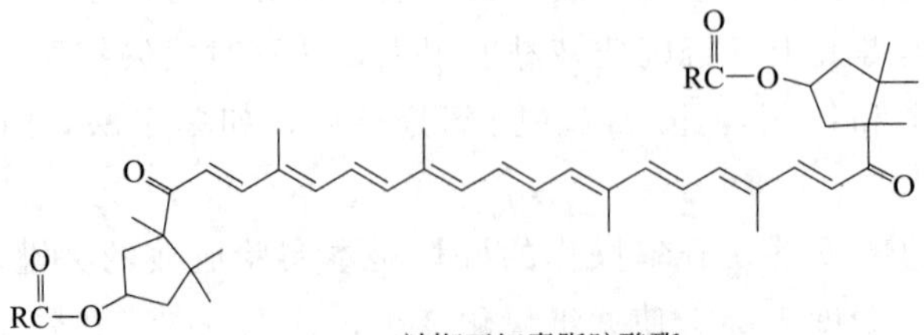

辣椒玉红素脂肪酸酯

β-胡萝卜素

天然有机化合物目前较为有效的纯化方法之一是色谱法。这些色素可以通过色谱法分离。本实验以二氯甲烷作萃取剂，从红辣椒中提取红色素，然后采用薄层色谱分析，确定各组分的 R_f 值，再经柱色谱分离，分段接收并蒸除溶剂，即可获得各个单一组分。

5.12.4 实验仪器、试剂与材料

仪器与材料：圆底烧瓶、球形冷凝管、色谱缸、硅胶 G 薄板、广口瓶、试管、色谱柱、旋转蒸发仪、电加热套、干燥红辣椒、沸石等。

试剂：二氯甲烷、硅胶 G、丙酮。

5.12.5 实验操作

在 50mL 圆底烧瓶中放入 1g 干燥并研细的红辣椒[1]和 2 粒沸石，加入 10mL 二氯甲烷，装上球形冷凝管，用电加热套加热回流 20min。待提取液冷却至室温，过滤，除去不溶物，蒸馏滤液，回收二氯甲烷，得到浓缩的粗色素混合物黏稠液。

以 200mL 广口瓶作薄板色谱缸，以二氯甲烷作展开剂。取极少量色素粗品置于小试管中，滴入 2～3 滴二氯甲烷使之溶解，并在一块 3cm×8cm 硅胶 G（200～300 目）薄板上点样，然后置于色谱缸进行色谱分离。展开后出现红色、深红色、黄色三个斑点，计算各种色素的 R_f 值。

在 20cm 的色谱柱中，湿法装入硅胶 G 吸附剂，柱高 15cm。柱上端加入粗辣椒红色素溶于 1mL 二氯甲烷的浓缩液中，用二氯甲烷作洗脱剂淋洗，柱上逐渐分离出黄、红、深红三条环状色带，按颜色收集三种流出液。红色带洗出后，用丙酮淋洗，收集深红色带。蒸馏或用旋转蒸发仪浓缩各组分，得到各组分产品。

实验所需的时间为 5～7h。

5.12.6 注释

【1】红辣椒要干燥、去籽且研细，若未研细，其用量会加倍。

5.12.7 思考题

① 硅胶 G 薄板失活对结果有什么影响？
② 点样时应该注意什么？点样毛细管太粗会有什么后果？
③ 如果样品不带色，如何确定斑点的位置？举 1～2 个例子说明。

5.13 菠菜色素的提取与分离

5.13.1 应用背景

菠菜（spinach）又称为赤根菜、鹦鹉菜和波斯草，含有丰富的蛋白质、糖类化合物、

维生素 A、维生素 B、维生素 C、磷、铁和钙等营养素物质，还含有叶绿素、胡萝卜素和叶黄素等多种天然色素，对人体具有较好的生理学作用。菠菜中丰富的绿色素，可用于食品工业，还可制作染料和涂料等，具有很高的开发价值。

色素是食品中重要的添加剂，也是医药、印染等行业的主要染料物质。目前食品行业中天然色素的使用比例偏小，因合成色素有轻微的毒性或不确定的致癌性而被人们所排斥，因此，开发和利用天然色素，制造有益于人体健康的产品已成为世界性的趋势。

5.13.2 实验目的和要求

① 通过绿色植物色素的提取和分离，学习植物色素的提取原理和方法。

② 通过柱色谱和薄层色谱分离操作，加深理解微量有机物色谱分离鉴定的原理，掌握色谱的操作技能。

5.13.3 实验原理

绿色植物的茎、叶中含有叶绿素（绿）、胡萝卜素（橙）和叶黄素（黄）等多种天然色素。

叶绿素存在两种结构相似的形式，即叶绿素 a（$C_{55}H_{72}O_5N_4Mg$）和叶绿素 b（$C_{55}H_{70}O_6N_4Mg$）。其差别仅是叶绿素 a 中卟啉环上的一个甲基被甲酰基所取代，从而形成了叶绿素 b。它们都是吡咯衍生物与金属镁的络合物，是植物进行光合作用所必需的催化剂。植物中叶绿素 a 的含量通常是叶绿素 b 的 3 倍。尽管叶绿素分子中含有一些极性基团，但大的烃基结构使它易溶于醚、石油醚等一些非极性的溶剂。

胡萝卜素（$C_{40}H_{56}$）是具有长链结构的共轭多烯。它有 3 种异构体，即 α-胡萝卜素、β-胡萝卜素和 γ-胡萝卜素。其中 β-胡萝卜素含量最多，也最重要。在生物体内，β-胡萝卜素受酶催化氧化形成维生素 A。目前，β-胡萝卜素已可进行工业生产，可作为维生素 A 使用，也可作为食品工业中的色素。

叶黄素（$C_{40}H_{56}O_2$）是胡萝卜素的羟基衍生物，它在绿叶中的含量通常是胡萝卜素的 2 倍。与胡萝卜素相比，叶黄素较易溶于醇，而在石油醚中溶解度较小。

叶绿素、胡萝卜素、叶黄素和维生素 A 的结构式如下所示：

β-胡萝卜素(R—H)　　叶黄素(R—OH)

维生素A

α-胡萝卜素

γ-胡萝卜素

本实验将从菠菜叶中提取上述几种色素，并通过薄层色谱和柱色谱进行分离。

5.13.4　实验仪器、试剂与材料

仪器与材料：研钵、分液漏斗、硅胶 G 色谱板、菠菜叶、剪刀、烧杯、布氏漏斗、抽滤瓶、色谱缸、点样毛细管等。

试剂：甲醇、无水硫酸钠、石油醚、乙酸乙酯、丙酮、硅胶 G、中性氧化铝、正丁醇、乙醇。

5.13.5　实验操作

(1) 菠菜色素的提取

取 5g 新鲜菠菜叶[1]，与 10mL 甲醇拌匀在研钵中研磨 5min，然后抽滤，弃去滤液。

将菠菜汁放回研钵，每次用 10mL 的石油醚-甲醇（体积比 3∶2）混合液萃取两次，每次需加以研磨并且抽滤。合并萃取液，转入分液漏斗中，每次用 10mL 水洗涤两次，以除去萃取液中的甲醇。洗涤时要轻轻旋荡，以防产生乳化。然后弃去水-甲醇层，石油醚层用无水硫酸钠干燥后，滤入圆底烧瓶，在水浴上蒸去大部分石油醚至体积约为 1mL 为止。

(2) 薄层色谱

将上述的浓缩液点在活化后的硅胶 G 色谱板上[2]，分别用石油醚-丙酮（体积比 8∶2）和石油醚-乙酸乙酯（体积比 6∶4）两种溶剂系统展开，经过显色后，进行观察比较不同展开剂系统的展开效果，观察斑点在板上的位置并计算比移值。

如需取出色素，可分别将不同组分的薄层板硅胶小心刮下，收集同组分的硅胶于小锥形瓶中，用有机溶剂（醇或酯）浸泡后，将硅胶过滤掉。有机溶剂蒸干即可得到不同组分的色素。

(3) 柱色谱

取 10g 中性氧化铝进行湿法装柱。填料装好后，从柱顶加入上述浓缩液，用石油醚-丙酮（9∶1）、石油醚-丙酮（7∶3）和正丁醇-乙醇-水（3∶1∶1）进行洗脱，依次接收各色素

带【3】，即得胡萝卜素（橙黄色溶液）、叶黄素（黄色溶液）、叶绿素 a（蓝绿色溶液）以及叶绿素 b（黄绿色溶液）。

实验所需的时间为 5～7h。

5.13.6 注释

【1】取洗净后用滤纸吸干的新鲜菠菜叶或冷冻菠菜叶皆可，用剪刀剪碎。研磨时，不要研成糊状，否则会给分离造成困难。

【2】制板时注意使板上硅胶厚度尽量一致。

【3】叶黄素易溶于醇而在石油醚中溶解度较小，从嫩绿菠菜得到的萃取液中，叶黄素含量很少，柱色谱中不易分出黄色带。

5.13.7 思考题

① 试比较叶绿素、叶黄素和胡萝卜素 3 种色素的极性。

② 为什么胡萝卜素在色谱柱中移动最快？

5.14 自主设计实验：分离苯酚、苯甲酸

5.14.1 应用背景

设计实验是学生在教师的指导下，运用已学过的知识和技能，根据设计实验题目，自己独立查阅文献，拟定实验方案，独立操作完成合成、分离、提纯或鉴定化合物的一种实验。设计实验能激发学生的学习积极性，培养学生查阅文献资料、独立思考、设计实验的能力，提高学生的思维能力和独立开展化学研究的能力。

查阅文献是进行科学研究工作必不可少的一个环节。通过设计实验，学生可初步学会查阅文献，即学会利用化学实验方面的参考书、各种物理常数手册、试剂手册和国内外一些有代表性的期刊、杂志，也包括从计算机网络中查阅。由于原始文献中记载的实验步骤和条件往往彼此间有所不同，有时也没有实验教材那么详细，所以有关仪器装置、操作条件的选择、产物的鉴定都需要灵活而正确地运用以往所获得的知识和技能。同时，原料的纯化、试剂的配制也需要自行处理，这都能培养学生的独立工作能力，为以后参加科学研究工作打下良好的基础。

设计实验报告要求应比一般实验报告要严格一些，可按小论文形式进行撰写。报告格式应以一般化学杂志的化学论文作为借鉴，由题目、作者、日期、摘要、讨论、实验步骤和结果讨论组成。设计实验报告要能简要地介绍题目的背景和实验的目的意义；要有实验和结果的精确描述，包括原料的用量、产物的产量和收率、产物的物理常数及文献值、图表、波谱及其他有关数据，要根据实验结果写上自己的心得体会及对实验的改进意见，在报告结尾引录实验所依据的参考文献。

在设计实验教学过程中，教师要充分发挥指导作用，教师对各设计实验都要心中有数，要随时解答和处理学生在实验中出现的各种问题，在安全上也要做到万无一失。

在下面的设计实验中都没有列出参考文献，可在教师的指导下由学生自己来查阅以锻炼

查阅文献的能力。

5.14.2 实验目的和要求

① 初步了解进行科学研究的基本过程，提高应用知识和技能进行综合分析、解决实际问题的能力。

② 掌握分离有机混合物的基本思路和方法。在文献调研的基础上，学会独立设计完成多组分混合物的分离实验方案，并根据自己设计的实验方案独立组装实验装置，并完成实验操作。

5.14.3 实验原理

根据所学有机化合物基本性质，分析苯酚与苯甲酸的结构特点，利用有机化合物物理、化学性质上的差异进行分离（可利用二者的酸性强度差异进行分离）。

5.14.4 实验仪器、试剂与材料

学生根据自己的设计方案选择。

5.14.5 实验操作

根据实验原理，以混合物中苯酚、苯甲酸各 3g 的量设计分离提纯具体实验操作步骤，明确所使用试剂的用量，并完成实验，计算回收率。

5.15 自主设计实验：分离甲苯、苯胺、苯甲酸

5.15.1 应用背景

参见 5.14，本实验与其相似，只是具体内容不同。

5.15.2 实验目的和要求

① 初步了解进行科学研究的基本过程，提高应用知识和技能进行综合分析、解决实际问题的能力。

② 掌握分离有机混合物甲苯、苯胺、苯甲酸的基本思路和方法。在文献调研的基础上，学会独立设计完成多组分混合物的分离实验方案，并根据自己设计的实验方案独立组装实验装置，并完成实验操作。

5.15.3 实验原理

根据所学有机化合物基本性质，分析甲苯、苯胺、苯甲酸各组分的结构特点，利用有机化合物物理、化学性质上的差异进行分离。

5.15.4 实验仪器、试剂与材料

学生根据自己的设计方案选择。

5.15.5 实验操作

根据实验原理，以混合物中甲苯、苯胺、苯甲酸各 10mL、5mL、1.5g 的量设计分离提纯具体实验操作步骤，明确所使用试剂的用量，并完成实验，计算回收率。

5.16 有机化合物立体化学模型组装

5.16.1 应用背景

在有机化学知识中，立体结构是比较难掌握的内容之一，尤其对初学者更是如此。一方面因为立体结构的知识中有很多新的概念，需要经过学生反复琢磨、比较、总结、归纳，并经过一定量的习题练习才能理解、掌握。另一方面，立体结构是研究分子的空间结构，要求学生具有较好的空间想象能力，但对于对初学者来讲，对空间结构的想象比较困难。因此，选编了"有机化合物立体化学模型组装"这一实验内容，让学生亲手组装化合物分子模型，观察分子中原子之间的排列位置，了解各异构体之间的联系和差别，帮助学生学好立体结构的知识。

5.16.2 实验目的和要求

① 通过组装有机化合物分子的球棒模型，加深对有机物化合物立体结构的认识。
② 掌握球棒模型建造的方法。
③ 了解球棒模型的立体结构与透视式、纽曼投影式、费歇尔投影式之间的关系。
④ 学会用立体概念理解平面图形及某些有机分子的特有现象和性质。理解有机化合物同分异构现象产生的原因。

5.16.3 实验原理

有机化合物的性质取决于其分子结构，有机化合物分子中原子的空间排列方式不同，其物理性质及某些与空间排列有关的化学性质也不同。分子是很微小的，但可用宏观的模型形象地展现各类化合物的立体结构。

有机化合物立体化学模型组装实验是用模型来表示有机物分子内各种化学键之间的正确的角度，不过其不能准确地反映各原子的相对大小和原子核间的精确距离。但是，建造有机化合物立体化学模型，能把有机化合物分子中各原子在空间的相对位置表示出来，可以帮助我们辨别有机分子中各原子的各种空间排列，也可以帮助我们理解和掌握有机化合物的结构。

有机化合物分子的立体模型常用的有凯库勒模型和比例模型（称为斯陶特模型），应用最广的是凯库勒模型，它用不同大小和不同颜色的圆球代表不同种类的原子或原子团（如碳、氢、氧、羟基等），用木棒（也可用塑料棒或金属棒）代表化学键，各种圆球之间可以用木棒相连，各种球所代表的原子与其他原子成键时的价键夹角可加以钻孔，因此又称为球棒模型。

5.16.4 实验材料

有机化合物球棒模型一套。

5.16.5 实验操作

(1) 烷、烯、炔的构造

① 甲烷、乙烷、乙烯和乙炔 用球和棒组装成甲烷、乙烷、乙烯和乙炔的分子模型（一般黑球代表碳原子，较小的球代表氢原子）。观察比较 sp^3、sp^2、sp 杂化轨道间的夹角的大小和各原子间的相互位置关系。还应特别注意 sp^2 杂化轨道的取向、双键原子及其所连的原子的共平面性（双键碳原子之间不能相对自由旋转而造成）。

② 丁烯 用分子模型组装丁烯的各种异构体模型（先考虑位置异构有几种），了解位置异构的概念。

(2) 构象异构

① 乙烷的构象 组装乙烷的分子模型，旋转 C—C 单键可产生各种构象。找出重叠式和交叉式构象，观察两个碳原子上各个氢原子相对位置关系，分析优势构象。画出重叠式和交叉式构象的锯架式和纽曼投影式[1]。

② 丁烷的构象 用两个彩球代表两个甲基，组装丁烷的分子模型。旋转 C2—C3 单键可产生丁烷的各种构象。找出对位交叉式、部分重叠式、邻位交叉式和完全重叠式的构象，并按稳定性由大到小的顺序分别画出它们的纽曼投影式。

③ 环己烷的构象 用六个碳原子按 sp^3 杂化方式组装成环己烷的骨架（氢原子暂不连上）。

把环己烷的骨架扭成船式构象，观察船头碳原子 C1 和船尾碳原子 C4 的距离，然后再扭成椅式构象，观察 C1 和 C4 的距离[2]。

给环中每一个碳原子连接上两个氢原子，观察 C1 和 C4 上的氢原子分别在船式构象和椅式构象中的距离。然后沿 C2—C3 键和 C6—C5 键的方向观察两种构象中 C2、C3 上和 C5、C6 上的 C—H 键的位置关系，画出它们的透视式。指出哪种构象稳定，并分析原因。

逐一找出椅式构象中的六个 a 键（与分子的对称轴平行）和六个 e 键（与对称轴形成大于 90°的角度）。观察 a 键、e 键周围的环境：C1 上的 e 键受到 2a、2e、6a、6e 四个 C—H 键的排斥作用，C1 上的 a 键除受到四个键的排斥作用外，还受到 3a、5a 两个 C—H 键的作用。

把椅式构象中的六个 a 键上的氢原子都换成一种彩色球（或拿掉氢原子），然后扭成另一种椅式构象。注意原来的 a 键变成 e 键，原来的 e 键变成 a 键。画出椅式构象的透视式，标明所有 a 键、e 键。

④ 甲基环己烷的构象 将上述环己烷上的任意一个 a 键上的氢原子换成甲基（用一彩球代表），然后把模型扭成另一种椅式构象。判断此时甲基在 a 键上还是在 e 键上。画出上述两种椅式构象的透视式，比较两种构象的稳定性，并能解释原因。

(3) 顺反异构

① 2-丁烯 组装 2-丁烯的两种顺反构型的分子模型，注意二者能否重合。分别画出两者的平面式，并注明顺/反及 Z/E 构型。

② 2-丁烯酸　组装 2-丁烯酸的两种顺反构型的分子模型，注意二者能否重合。分别画出两者的平面式，并注明顺/反及 Z/E 构型。

③ 1,4-环己烷二甲酸　组装 1,4-环己烷二甲酸的顺反构型的分子模型（先思考顺式有几种，反式有几种）。分别画出各种异构体的透视式，并注明顺/反及 Z/E 构型，然后排列稳定次序。

④ 十氢萘　十氢萘由两个稳定的环己烷椅式构象稠合而成，按稠合处两个氢原子的空间位置不同而产生两种构型：顺式十氢萘和反式十氢萘。在十氢萘中，可以把一个环看作另一个环上的两个取代基。如图 5-1 所示，在顺式十氢萘中一个取代基在 e 键上，另一个取代基在 a 键上，称为 ea 稠合；而反式十氢萘中，两个取代基都在 e 键上，称 ee 稠合。

图 5-1　十氢萘的构型

组装顺式十氢萘和反式十氢萘的骨架，再连接所有的氢原子。观察两个环己烷的稠合方式，指出桥头碳上的两个氢原子位于环的同侧还是异侧，位于 e 键还是 a 键，比较两种异构体哪种稳定。

(4) 对映异构

① 甘油醛　组装两种不同构型的甘油醛分子模型，观察能否将两者重合。按规则写出各自的标准费歇尔投影式，并用 D、L 和 R、S 命名法命名。

将甘油醛分子模型中任意两个基团交换位置，观察重新组成的分子与原分子是否为同一物质，并和它的对映体进行比较，得出相应的结论。

将甘油醛费歇尔投影式在纸平面上旋转 90°、旋转 180°后得到的构型用模型组装，对照说明其结构是否改变，得出相应的结论。

② 2-羟基-3-氯丁二酸　用棒连接两个碳原子 C_A、C_B，在 C_A 上连接氢原子、羟基（用红球代表）和羧基（用蓝球代表），在 C_B 上连接氢原子、氯原子（用绿球代表）和羧基（用蓝球代表），组装成 2-羟基-3-氯丁二酸的一种旋光异构体的分子模型（Ⅰ）。画出其费歇尔投影式，注明 C_A、C_B 的 R、S 构型。

交换模型（Ⅰ）C_A 上的任意两个原子或基团，得到 2-羟基-3-氯丁二酸的第二个旋光异构体的模型（Ⅱ），画出其费歇尔投影式，注明 C_A、C_B 的 R、S 构型。

交换模型（Ⅰ）C_B 上的任意两个原子或基团，得到 2-羟基-3-氯丁二酸的第三个旋光异构体的模型（Ⅲ），画出其费歇尔投影式，注明 C_A、C_B 的 R、S 构型。

交换模型（Ⅱ）C_B 上的任意两个原子或基团，得到 2-羟基-3-氯丁二酸的第四个旋光异构体的模型（Ⅳ），画出其费歇尔投影式，注明 C_A、C_B 的 R、S 构型。

观察、比较四种不同构型的分子模型能否重合，判断模型（Ⅰ）、模型（Ⅱ）、模型（Ⅲ）和模型（Ⅳ）彼此之间是什么关系。

③ 2,3-二羟基丁二酸　组装模型的方法与步骤 (4) 或步骤 (2) 类似，分别画出各旋光异构体的费歇尔投影式，并注明 R、S 构型。根据模型判断彼此能否重合，相互关系如何。判断异构体的数目是否符合 2^n 并能解释原因。

④ D-葡萄糖的开链结构及 α,β-D-葡萄糖的稳定构象　葡萄糖的结构有链状式和环状式。环状结构是由 C5 上的羟基与醛基发生半缩醛反应，形成五个碳原子一个氧原子的六元环状半缩醛结构。原来的醛基碳原子变成了手性碳原子，因此，D-葡萄糖的环状结构有 α,β 两

种构型。

α-葡萄糖(立式环状)　　D-葡萄糖(开链结构)　　β-葡萄糖(立式环状)

葡萄糖的立式环状结构离葡萄糖的实际结构相差比较远，人们多用哈沃斯式表示葡萄糖的环状结构。哈沃斯式是把六元环假设成一个平面。葡萄糖环状结构的骨架与环己烷的骨架相似，只是环己烷中的一个碳原子换成了氧原子。因此，葡萄糖的稳定构象也是椅式构象，椅式构象式更接近葡萄糖的实际结构。D-葡萄糖的哈沃斯式和椅式构象式如下所示：

(哈沃斯式)　　　　　　　(哈沃斯式)

α-D-吡喃葡萄糖(椅式构象式)　　β-D-吡喃葡萄糖(椅式构象式)

用分子模型进行下列组装：

a. 链状结构　用棒把六个黑球（代表碳原子）连成一条链，C1 按 sp^2 杂化连上一个蓝球（代表羰基氧原子），连上一个小球（代表氢原子），然后将碳链竖立，羰基在上，从上到下，按横前竖后的规则依次确定每一个碳原子的构型，即让碳原子上的横键向前，竖键向后，在 C2、C4、C5 的右前侧和 C3 的左前侧以及 C6 上连上红球（代表羟基），其余价键连氢原子（小白球），组成葡萄糖的开链结构。

b. α-D-葡萄糖和 β-D-葡萄糖的构象　将上述葡萄糖的开链结构中 C1 换成 sp^3 杂化碳原子，然后将 C1 与 C5 上的羟基 O 连接起来，形成类似环己烷的椅式构象。

整理该构象式，使氧原子在右后方，并使氧原子、C2、C3、C5 处于同一平面，C4 处在该平面的上面，C1 处在该平面的下面。观察各羟基和羟甲基是在 a 键还是在 e 键上，当它们在 e 键上时，则为 β-D-葡萄糖的优势构象。

将 C1 上的羟基与氢原子对换位置，则得到 α-D-葡萄糖构象。试比较 α-D-葡萄糖和 β-D-葡萄糖哪一种构象更稳定[3]。

5.16.6　注释

【1】自备有机化学教科书、直尺、铅笔。实验过程中，一边进行模型操作一边在实验报

告上按要求画出结构式。

【2】对于较复杂的分子模型（如环己烷、含两个手性碳的对映异构体），可两个同学一组，对比观察，并进行构型、构象分析。

【3】在实验完毕后，要清点好所使用的球、棍模型，摆放整齐。

5.16.7 思考题

① 通过以上模型组装，你解决了立体异构的什么问题？还存在哪些问题？

② 为什么利用2,3-二羟基丁二酸的分子模型可以判断它是否是手性分子，还可以找它的对称中心或对称面，而利用其费歇尔投影式只能找它的对称面？

③ 组装戊烷、二氯丙烷、1,2-二氯乙烷所有异构体模型，指出哪些是碳链异构体，哪些是位置异构体。

④ 画出反-1-甲基-3-叔丁基环己烷的优势构象。

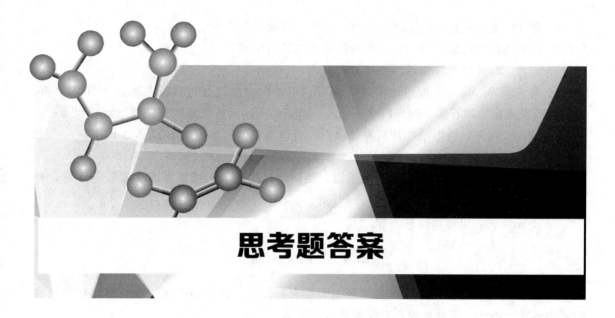

思考题答案

2.1 塞子的钻孔及简单玻璃工操作

① 塞子进入瓶颈或管颈的部分不能少于塞子本身高度的 1/2,也不能多于 2/3。如果使用新的软木塞,只需要能塞入 1/3~1/2 即可。

② 截断时将锉刀的锋棱压在玻璃管要截断处,然后用力把锉刀向前或向后拉,不可来回锉。弯制时把要弯曲的地方预热,然后再加热,使玻璃管受热缓慢、均匀,当玻璃管颜色变黄即从火焰中取出,两手水平持着轻轻用力,逐渐弯成所需要的角度,然后放在石棉网上自然冷却。如果需要弯成较小的角度,则需要按上述方法分几次弯成,每次弯一定的角度后,再次加热的位置需稍有偏移,用累积的方式逐渐完成所需要的角度,不可一次弯成。

③ 刚弯制好的玻璃管,如果立即和冷的物体接触,会发生炸裂;应放在石棉网上自然冷却。

④ 要先用水或甘油润湿选好玻璃管或温度计的一端,左手拿住橡胶塞或软木塞,右手捏住玻璃管一端(距管口约 4cm 处),稍加用力转动逐渐插入,切不可用力过猛,最好用指布包住玻璃管较为安全。拔出玻璃弯管时,手指不能捏住弯曲的部位。

2.2 熔点的测定

① 均有影响。a. 熔程变大;b. 熔点高;c. 熔点高;d. 熔点低,熔程大;e. 熔程变大。

② 不可以。原因是有机物受热后可能发生性质的改变,成为其他物质。

③ 将两种样品分别以 1:9、1:1、9:1 不同比例混合,分别测熔点,与原来未混合试样的熔点比较,如熔点相同即为同一物质,若熔点下降则为不同物质。

2.3 蒸馏及沸点测定

① a. 安装蒸馏装置时一般要自下而上、由左向右安装,做到横平竖直,整齐美观。

b. 保持圆底烧瓶底部距加热套 1cm 左右。

c. 保证温度计水银球的上缘与蒸馏头支管下沿在一个水平线上。

d. 固定冷凝管的铁夹应夹在冷凝管的重心部位（中部）。

e. 装置应与外界大气相通。

② 防止暴沸。应该在加热之前加入沸石，不能向沸腾或接近沸腾的液体中加入沸石；若加热后发现忘加沸石须待溶液稍冷后加入；若蒸馏间断后再继续时，需要重新补加沸石。

③ 应停止加热，待溶液冷却后补加沸石，通冷水，然后再加热蒸馏。

④ 应用热水浴加热。

⑤ 温度计位置高于蒸馏头支管的下沿，使测定结果偏高；低于蒸馏头支管的下沿，使测定结果偏低。

⑥ 不能。因为也可能是共沸物。

2.4 分　　馏

① 原理相类似，不同之处就是将蒸馏头换为分馏柱，使液体汽化、冷凝的过程由一次改进为多次。因此，简单地说，分馏即是多次蒸馏。

② 加热太慢，分馏柱便会变成冷凝管，难以蒸出液体；加热过快，会出现液泛现象。因此必须要平稳加热，控制好回流比，提高分离效率。

③ 液泛现象，即为回流液体在柱内聚集。如果出现液泛现象，应减缓加热速度，对分馏柱进行保温处理。

④ 因为共沸混合物具有恒定的沸点，因此无法用分馏法进行分离。

2.5 水蒸气蒸馏

① 水蒸气蒸馏适用于以下几种情况：

a. 某些沸点高的有机化合物，在常压蒸馏虽可与副产品分离，但易被破坏。

b. 混合物中含有大量树脂状杂质，采用蒸馏、萃取等方法都难于分离。

c. 从较多固体反应物中分离出被吸附的液体。

② 被提纯物质必须具备以下几个条件：

a. 不溶或难溶于水。

b. 共沸腾下与水不发生化学反应。

c. 在100℃左右时，必须具有一定的蒸气压（至少5～10mmHg以上）。

③ 使水蒸气与待提纯物充分接触。

④ 取一盛有清水的试管接1滴馏出液，若清水中无油滴即为水蒸气蒸馏的终点。

⑤ 因为苯甲醛的沸点高，且常压蒸馏容易被氧化，同时具备水蒸气蒸馏法被提纯物质的条件。不能用蒸馏法提纯苯甲醛，因为常压蒸馏苯甲醛容易被氧化生成苯甲酸。

2.6 减压蒸馏

① 在低于大气压力下进行的蒸馏称为减压蒸馏。减压蒸馏是分离提纯高沸点有机化合物的一种重要方法，特别适用于在常压下蒸馏未达到沸点时即受热分解、氧化或聚合的物质。

② 反应瓶和接收瓶必须用圆底烧瓶或梨形烧瓶，不可用平底烧瓶或锥形瓶；加热器最好用磁力搅拌器，或者用拉细的毛细管通入反应瓶起搅拌作用；蒸馏少量物质或150℃以下物质时，接收器前应连接直形冷凝管冷却，若超过150℃，需要用空气冷凝管冷却；接液管一般采用多尾接液管；安全瓶一般用吸滤瓶；如用油泵减压须连接冷却阱、干燥塔、吸收塔。蒸馏少量物质时，可用简化的装置。

③ 应先减到一定的压力再加热，因为液体的沸点随压力的降低而下降，若先加热后再抽真空容易发生暴沸，严重时可能冲料。

④ 尽可能减少低沸点有机物损坏油泵。

⑤ 冷却阱用来冷凝水蒸气和一些挥发性物质；干燥塔内装硅胶或无水氯化钙，用来吸收水蒸气；氢氧化钠吸收塔内装粒状氢氧化钠，用来吸收酸性蒸气；石蜡片吸收塔内装石蜡片，吸收某些烃类气体。

2.7　萃　取

① 定义：使用某种溶剂从混合物中提取的物质，如果是我们所需要的，这种操作叫萃取；如果不是我们所需要的，这种操作叫洗涤。

相同点：萃取和洗涤均是利用物质在不同溶剂中的溶解度不同来进行分离的操作，二者在原理上是相同的。

不同点：二者的目的不同，萃取是从混合物中萃取所需要的物质，而洗涤是将混合物中所不需要的物质除去。

② 在使用分液漏斗前必须检查：

a. 分液漏斗的旋塞有没有用橡胶筋或橡胶圈绑住。

b. 玻璃塞和旋塞是否紧密，如有漏水现象，应及时按下述方法处理：脱下旋塞，用纸或干布擦净旋塞及旋塞孔道的内壁，然后，用玻璃棒蘸取少量凡士林，避开旋塞孔道，在旋塞近把手端抹上一层凡士林，再在远离把手端也抹上一层凡士林，注意一定不要抹在旋塞的孔道中，然后插上旋塞，旋转几圈将凡士林涂抹均匀，直至测试不漏水为止。

使用分液漏斗时应注意：

a. 不能把旋塞上附有凡士林的分液漏斗放在烘箱内烘干。漏斗上口的玻璃塞不要涂抹凡士林。

b. 不能用手拿分液漏斗的下端。

c. 振摇过程中必须随时放出产生的气体。

d. 不能用手拿着分液漏斗进行分离液体。

e. 打开上口的玻璃塞（或旋转玻璃塞，使玻璃塞的凹槽对准漏斗上口颈部的小孔，以便与大气相通），才能使溶液很好地分层。

f. 下层的液体应从下口放出，而上层的液体必须从上口倒出。

分液漏斗用后，应清洗干净，玻璃塞和旋塞用纸包裹后塞回去。

③ 影响液-液萃取法萃取效率的因素主要是萃取次数和萃取剂的性质。选择萃取剂一般应考虑如下因素：与原溶剂不相混溶、对被提取物的溶解度大、纯度高、沸点低、毒性小、价格低廉等。

④ 长时间静置、加无机盐、过滤、滴加数滴醇类化合物、加热等。当然，在处理之前，

应分析产生乳化的原因，进而采取恰当的破乳方法。如因为萃取剂与水部分互溶引起的乳化，可长时间静置达到分层目的；由于两种溶剂的相对密度极为接近不易分层而引起的乳化，可以加入无机盐溶于水溶液中，增加比重促进分层；由于有树脂状、黏液状悬浮物等轻质固体存在而引起的乳化，可将分液漏斗中的混合物，用质地密致的滤纸，进行减压过滤。过滤后物料则容易分层和分离；在提取含有表面活性剂的溶液而形成的乳化时，只要改变溶液的 pH 值就能分层。

2.8 重　结　晶

① a. 与被提纯的有机物不起化学反应。
   b. 被提纯的有机物必须具备在热溶剂中溶解度较大，而在冷溶剂中则溶解度较小的特性。
   c. 杂质在溶剂中溶解度很大（杂质不随被提纯的有机物析出，而留在母液中）或很小（趁热过滤可除去杂质）。
   d. 纯的物质能生成较整齐的晶体。
   e. 溶剂的沸点适中，不宜太低，容易损耗；也不宜过高，否则附着于晶体表面的溶剂不易除去。
   f. 价廉易得，毒性低，回收率高，操作安全。

② 一般包括：选择适宜溶剂、将样品制成热的饱和溶液、热过滤（除去不溶性杂质包括脱色）、冷却结晶、抽滤（除去母液）、洗涤、干燥（除去附着的母液和溶剂）、测定熔点，检验重结晶后样品的纯度。

③ 溶剂过量太多，不能形成热饱和溶液，冷却时析不出结晶或结晶太少。溶剂过少，有部分待结晶的物质热溶时未溶解，热过滤时和不溶性杂质一起留在滤纸上被滤掉，造成损失。考虑到热过滤时，有部分溶剂被蒸发损失掉，使部分晶体析出留在滤纸上或漏斗颈中造成结晶损失，所以溶剂的适宜用量是制成热的饱和溶液后，再多加 20% 左右。

④ 活性炭可吸附有色杂质、树脂状物质以及均匀分散的物质。因为有色杂质虽可溶于沸腾的溶剂中，但当冷却析出结晶体时，部分杂质又会被结晶吸附，使得产物带有颜色。所以用活性炭脱色要待固体物质完全溶解后才加入，并煮沸 5~10min。要注意不能直接将活性炭加入到已沸腾的溶液中，以免溶液暴沸而从容器中冲出。

⑤ 在溶解过程中会出现油状物，此油状物不是杂质。乙酰苯胺的熔点为 114℃，但当乙酰苯胺用水重结晶时，往往于 83℃ 就熔化成液体，这时在水层有溶解的乙酰苯胺，在熔化的乙酰苯胺层中含有水，故油状物为未溶于水而已熔化的乙酰苯胺，所以应继续加入溶剂，直至完全溶解。

⑥ 如果滤纸大于漏斗瓷孔面时，滤纸将会折边，固体在抽滤时将会自滤纸边缘吸入瓶中。所以滤纸不能太大，只要盖住瓷孔即可。

⑦ 会发生水倒吸现象，如果抽滤瓶和水泵中间没有安全瓶，水会直接倒吸入抽滤瓶。

2.9 升　华

① 升华是提纯固体有机化合物的常用方法之一。若固态混合物中各个组分具有不同的

挥发度，则可利用升华使易升华的物质与其他难挥发的固体杂质分离开来，从而达到分离提纯的目的。这里的易升华物质指的是在其熔点以下具有较高蒸气压的固体物质，如果它与所含杂质的蒸气压有显著差异，则可取得良好的分离提纯效果。

② 升华法只能用于在不太高的温度下有足够大蒸气压（在熔点前高于 20mmHg）的固态物质的分离与提纯，因此具有一定的局限性。升华法的优点是不用溶剂，产品纯度高，操作简便。它的缺点是产品损失较大，一般用于少量（1~2g）化合物的提纯。

2.10 液体有机化合物折射率的测定

① 阿贝折射仪是一种精密的光学仪器，使用时应注意以下几点。

a. 阿贝折射仪使用时应注意保护棱镜，擦镜面时只能用擦镜纸而不可用滤纸等。加试样时切勿将管口触及镜面。滴管口要烧光滑，以免不小心碰到镜面造成刻痕。

b. 对于酸碱等腐蚀性液体不得使用阿贝折射仪，可用浸入式折射仪测定。

c. 试样不宜加得太多，一般只需滴入 2~3 滴即可铺满一薄层。

d. 读数时，有时在目镜中看不到半明半暗界线而是畸形图案，这是由于棱镜间未曾充满液体；若出现弧形光环，则可能是有光线未经过棱镜而直接照射在聚光透镜上。

e. 用完后，要流尽金属套中的恒温水，拆下温度计并放在纸套筒中将仪器擦净，放入盒中。

f. 折射仪不能放在日光直射或靠近热源的地方，以免样品迅速蒸发。

g. 折射仪不用时需放在木箱内，木箱应放在干燥的地方。

② 阿贝折射仪测定液体折射率的范围是 1.3~1.7，若折射率不在此范围内，则阿贝折射仪不能测定，也看不到明暗界线。

2.11 旋光度的测定

① 测定旋光度时所用溶液的浓度、样品管的长度、温度、光源的波长及溶剂的改变都会引起旋光度的变化。

② 应尽量将待测液装满样品管，若有气泡，应先让气泡浮在凸颈处，否则将影响测定结果。

③ 重复测定时，应注意样品管的方向，不要将样品管颠倒过来，否则将影响测定结果。

2.12 色 谱 法

2.12.1 柱色谱

① 相似相溶原理。极性大的组分在极性大的溶剂中溶解度较大，易于和极性小的组分分离洗脱。

② 各种物质分离区间互相重叠，分离效果变差。

③ 荧光黄是极性化合物，它与氧化铝有三种相互作用力存在：一是荧光黄的羧基与氧化铝成盐；二是羟基能与氧化铝形成氢键；三是羰基的极性与氧化铝的极性存在偶极-偶极相互作用。因此，荧光黄在氧化铝上吸附得很牢固。碱性湖蓝 BB 氮原子上的孤对电子也能与氧化铝发生配位作用，但该作用力与荧光黄相比弱得多。

④ 因为在极性色谱柱上流动相的极性越强则洗脱能力越强,如果一开始就用强极性的洗脱剂,就一次性把所有东西都洗下来了,达不到分离效果。

2.12.2 薄层色谱

① 薄层吸附色谱的吸附剂最常用的是氧化铝和硅胶。

② 薄层板的活性与含水量有关,其活性随含水量的增加而下降。把涂好的薄层板置于室温晾干后,放在烘箱内加热活化,活化条件根据需要而定。硅胶板一般在烘箱中逐渐升温,维持105～110℃活化30min。氧化铝板在200℃烘4h可得活性Ⅱ级的薄层,150～160℃烘4h可得活化Ⅲ、Ⅳ级的薄层。

③ 在薄层色谱中,样品的用量对物质的分离效果有很大影响,所需样品的量与显色剂的灵敏度、吸附剂的种类、薄层厚度均有关系。样品太少时,斑点不清楚,难以观察,但是样品量太多时往往出现斑点太大或拖尾现象,以致不容易分开。

④ 薄层色谱常用的展开方法有:

a. 上升法:用于含黏合剂的色谱板,将色谱板垂直于盛有展开剂的容器中。

b. 倾斜上行法:色谱板倾斜15°角,适用于无黏合剂的软板。含有黏合剂的色谱板可以倾斜45°～60°角。

c. 下降法:展开剂放在圆底烧瓶中,用滤纸或纱布等将展开剂吸到薄层板的上端,使展开剂沿板下行,这种连续展开的方法适用于R_f值小的化合物。

⑤ 腐蚀性的显色剂如浓硫酸、浓盐酸和浓磷酸等。对于含有荧光剂(硫化锌镉、硅酸锌、荧光黄)的薄层板在紫外线下观察,展开后的有机化合物在亮的荧光背景上呈暗色斑点。另外也可用卤素斑点试验法来使薄层色谱斑点显色,这种方法是将几粒碘置于密闭容器中,待容器充满碘的蒸气后,将展开后的色谱板放入,碘与展开后的有机化合物可逆地结合,在数秒钟内化合物斑点的位置呈黄棕色。但是当色谱板上仍含有溶剂时,由于碘蒸气亦能与溶剂结合,致使色谱板显淡棕色,而展开后的有机化合物则呈现较暗的斑点。色谱板自容器内取出后,呈现的斑点一般在2～3s内消失。因此必须用铅笔标出化合物的位置。

⑥ 展开剂若高于样品点,会使薄层板上少量的样品溶于展开剂,难以随展开剂的展开而分离。

2.12.3 纸色谱

① 当温度、滤纸质量和展开剂等都相同时,同一化合物的R_f值是一个特定的常数,故可作为定性分析的依据。但由于影响因素很多,实验结果常出现不一致的情况。为了避免此问题,常在同一张滤纸上用标准品点样作对照,如果测定样品与标准品的R_f值相同,则可视为同一化合物。

② 如果化合物本身无颜色,可在紫外灯下观察有无荧光斑点,也可在溶剂蒸发后,用合适的显色剂喷雾显色,显色后用铅笔画出斑点的位置。

③ 按溶剂在滤纸上流动方向的不同,有上行展开、下行展开、环形展开和双向展开四种方式。

a. 上行展开:将滤纸点样的一端向下浸入溶剂中,溶剂因毛细引力作用从下向上流动。上行展开操作简单,重现性好,是最常用的展开方法,但展开时间较长。

b. 下行展开：在色谱缸上部有一盛展开剂的液槽，将滤纸点样的一端向上浸入槽中，在重力作用下，溶剂自上而下流动，能较快地展开。此方式迁移率重现性较差，斑点易扩散。

c. 环形展开：将样品点于圆形滤纸距圆心 1cm 左右的环形线（原线）上，滤纸水平放置，溶剂由滤纸条引向圆心，然后不断向四周水平方向扩散，展开后得到呈弧形的图谱。

d. 双向展开：样品组分较多时，用一种溶剂（常为酸性）常不能将各组分全部分开，可将样品点在方形滤纸的一角，用一种溶剂展开吹干后，再将滤纸旋转 90°后用另一种溶剂（常为碱性）再次展开。

3.1 环己烯的制备

① a. 磷酸的氧化性小于浓硫酸，不易使反应物炭化；b. 无刺激性气体 SO_2 放出。

② 因为反应中环己烯与水形成共沸混合物，沸点为 70.8℃，含水 10%；环己醇与环己烯形成共沸混合物，沸点为 64.9℃，含环己醇 30.5%；环己醇与水形成共沸混合物，沸点为 97.8℃，含水 80%。因此，在加热时温度不可过高，蒸馏速度不宜过快，以减少未反应的环己醇蒸出。

③ 目的是降低环己烯在水中的溶解度；尽可能除去粗产品中的水分，有利于分层。

④ a. 取少量产品，向其中滴加溴的四氯化碳溶液，若溴的红棕色消失，说明产品是环己烯。

b. 取少量产品，向其中滴加冷的稀高锰酸钾碱性溶液，若高锰酸钾的紫色消失，说明产品是环己烯。

⑤ 用无水氯化钙干燥的时间一般要在半个小时以上，并不时摇动。但实际实验中，由于时间关系，只能干燥 5～10min。因此，水可能没有除净，在最后蒸馏时，会有较多的前馏分（环己烯和水的共沸物）蒸出，蒸出的环己烯会仍然浑浊。另外如果粗制品的最后一步蒸馏所用的仪器不干燥或干燥不彻底，则蒸出的产品也会浑浊。

⑥ a. 环己醇的黏度较大，尤其室温低时，量筒内的环己醇很难倒净而影响产率。b. 磷酸和环己醇混合不均，加热时产生炭化。c. 反应温度过高、馏出速度过快，使未反应的环己醇因与水形成共沸混合物或产物环己烯与水形成共沸混合物而影响产率。d. 干燥剂用量过多，吸附一部分产物，或干燥剂用量过少，干燥时间过短，致使最后蒸馏时前馏分增多而影响产率。

3.2 硝基苯的制备

① 因硝化反应是一个放热反应，温度过高，苯会溢出损失，副产物增多，易生成二硝基苯，增加分离提纯难度，降低硝基苯产率。

② 除去未反应完的酸。

③ 甲苯生成邻硝基甲苯和对硝基甲苯，苯甲酸生成间硝基苯甲酸。苯甲酸硝化反应温度要高于甲苯，因为硝化反应为亲电取代反应，而甲基为致活基团，羧基为致钝基团，故反应活性甲苯大于苯甲酸，即硝化反应温度苯甲酸高于甲苯。

3.3 2-苯基乙醇的制备

油泵的结构较精密,工作条件要求较严,蒸馏时如有挥发性的有机溶剂会损坏泵和改变真空度,所以要先用水泵除去四氢呋喃。

3.4 二苯甲醇的制备

① 氢化铝锂是很强的负氢还原剂,遇到含有活泼氢的化合物会迅速分解;而硼氢化钠是较缓和的负氢还原剂,所以用氢化铝锂作还原剂一般在醚溶液中进行,而硼氢化钠可以在水和乙醇中进行。

② 作为溶剂,二苯甲酮虽然易溶于甲醇,且反应速率快,但与95%乙醇相比,甲醇的毒性要大,且甲醇的价格昂贵,故在制备二苯甲醇的时候,溶剂一般用95%的乙醇而不是甲醇。

③ a. 分解过量的硼氢化钠,此时滴加速度不宜过快,有大量气泡放出,严禁明火。b. 水解硼酸酯的配合物。

3.5 乙醚的制备

① 由于反应是可逆的,采用蒸出产物(乙醚或水)的方法向生成醚的方向移动。

滴液漏斗的下端应浸入反应液液面以下,若在液面以上,则滴入的乙醇易受热蒸出,无法参与反应,使产率降低,杂质增多。

如果滴液漏斗的下端较短不能伸到指定位置,应在其下端接一段玻璃管。但要注意,橡胶管不能接触到反应液,以免硫酸腐蚀橡胶管。

② 反应温度过高(≥170℃)会生成乙烯等副产物;反应温度过低,大量未反应的乙醇会被蒸出,减少醚的生成。

③ 制乙醚时,反应液加热到130~140℃时,产生乙醚。此时再滴加乙醇,乙醇将继续与硫酸氢乙酯作用生成乙醚。若此时滴加乙醇的速度过快,不仅会降低反应液的温度,而且,滴加的部分乙醇来不及作用就会被蒸出。若滴加乙醇的速度过慢,则反应时间会太长,瓶内的乙醇易被热的浓硫酸氧化或炭化,因此滴加乙醇的速度应控制到能保持与蒸出乙醚的速度相等为宜(1滴/s)。

④ 通过稀NaOH溶液、饱和NaCl溶液和饱和$CaCl_2$溶液除去酸以及未反应的乙醇,再通过蒸馏收集33~38℃馏分,除去水以及一些沸点高于乙醚的杂质。

NaOH洗涤后,常会使醚层碱性太强,接下来直接用饱和$CaCl_2$溶液洗涤时,将会有氢氧化钙沉淀析出。为减少乙醚在水中的溶解度,以及洗去残留的碱,在用$CaCl_2$溶液洗涤之前先用饱和NaCl溶液洗涤。

⑤ 在实验室使用或蒸馏乙醚时,实验台附近严禁明火。因为乙醚容易挥发,且易燃烧,与空气混合到一定比例时即发生爆炸。所以蒸馏乙醚时,只能用热水浴加热,蒸馏装置要严密不漏气,接收器支管上接的橡胶管要引入水槽或室外,且接收器要用冰水冷却。另外,蒸馏保存较久的乙醚时,应事先检验是否含过氧化物。因为乙醚在保存期间与空气接触和受光照射的影响可能产生二乙基过氧化物,过氧化物受热容易产生爆炸。

检验方法：取少量乙醚，加等体积的 2％KI 溶液，再加几滴稀盐酸振摇，振摇后的溶液若能使淀粉显蓝色，则表明有过氧化物存在。

除去过氧化物的方法：在分液漏斗中加入乙醚（含过氧化物），加入相当乙醚体积 1/5 的新配制的硫酸亚铁溶液（55mL 水中加 3mL 浓硫酸，再加 30g 硫酸亚铁），剧烈振动后分去水层即可。

⑥ 不同。在制备乙醚时，温度计的水银球必须浸入反应液的液面以下，因为此时温度计的作用是测量反应温度；而蒸馏时，温度计的位置是在液面上即水银球的上端与蒸馏烧瓶的支管下沿平齐，因为此时温度计的作用是测量乙醚蒸气的温度。

3.6　正丁醚的制备

① 分水器全部被水充满时，可认为反应比较完全。

② 反应物倒入 50mL 水中用以除去正丁醇。在 5％NaOH 溶液中用以除去副产品丁烯，加水除 NaOH，加饱和 $CaCl_2$ 除去水与醇。

③ 不能，因为会发生重排反应，使副产物增多。可使用威廉姆逊（Williamson）制醚法。

3.7　环己酮的制备

① Cr^{3+} 的盐。不能，使用碱性高锰酸钾氧化会得到己二酸。

② 这是一个强氧化剂，反应剧烈并且放出大量热，为了控制反应平稳进行，重铬酸钠-浓硫酸混合物需冷却至 0℃以下使用。

③ 本反应是一个放热反应，温度高反应过于激烈，不易控制，易冲出；温度过低反应不宜进行，导致反应不完全。

④ 从反应混合物中分离出环己酮，除了采用水蒸气蒸馏法外，还可采用直接分液萃取法。

⑤ a. 重铬酸钠的氧化性比较强，若一次加入太多，环己醇将氧化成环己酮，并进一步氧化开环生成己二酸，所以加入重铬酸钠时要分批加入，防止过度氧化。

b. 橙红色消失是重铬酸钠反应完全的标志。

c. 如果温度过高的话，环己酮会被氧化成己二酸，热的重铬酸钠的氧化性太强。控制温度能减少副产物的生成。

3.8　苯乙酮的制备

① 水和潮气会破坏试剂，影响产率，导致实验失败。注意事项：a. 药品仪器均需干燥；b. 回流冷凝管上装一个干燥管；c. 整个装置密合不漏气。无水三氯化铝的质量是实验成败的关键之一，研细、称量、投料要迅速，避免长时间暴露在空气中吸水水解。

② 用酸处理是为了破坏酰基氧与 $AlCl_3$ 形成的络合物，析出产物苯乙酮，同时防止碱性铝盐产生沉淀析出，影响产品质量。由于分解络合物的反应是放热的，故用冰水分解降温。

③ Friedel-Craffs 烷基化反应中，Lewis 酸仅作催化剂。Friedel-Craffs 酰基化反应中，无水 AlCl₃ 不仅作催化剂，还能与酰基苯中的羰基氧结合成盐。故为了反应顺利进行，需要多加一些 AlCl₃。

④ a. 1,2-二苯乙烷；b. 对氯苯丙酮；c. 对溴苯乙酮。

3.9 苯甲酸的制备

① 通过康尼扎罗（Cannizzaro）反应，无 α-H 的醛在浓碱溶液作用下发生歧化反应，一分子醛被氧化成羧酸，另一分子醛则被还原成醇。

② 滤液如果呈紫色，是由过量高锰酸钾所致，可加入少量亚硫酸氢钠使紫色褪去，并重新抽滤。

3.10 邻硝基苯酚和对硝基苯酚的制备

① 苯酚可被继续硝化生成 2,4-二硝基苯酚，或被氧化生成对苯醌，还可能聚合成树脂状副产物等。为此采用硝酸钠与硫酸的混合物在水溶液中进行硝化，振摇下用滴管逐滴滴加苯酚溶液，且保持反应温度在 15~20℃ 之间。

② 水蒸气蒸馏是将水蒸气通入不溶或难溶于水但有一定蒸气压的有机物中，使有机物在低于 100℃ 下，随水蒸气一起蒸馏出来的提纯方法。

采用这种方法，被提纯化合物应具备下列条件：

a. 不溶或难溶于水。

b. 在 100℃ 左右具有一定的蒸气压（一般不低于 1.33kPa）。

c. 在沸腾条件下，与水不发生化学反应。

3.11 安息香缩合反应

① 维生素 B₁ 溶液和碱溶液必须用冰水冷透，否则在碱溶液中，维生素 B₁ 的噻唑环易打开失效，使实验失败。

② pH 值在 9~10 条件下最有利于反应进行。pH 值过低，碱性不足，不利于维生素 B₁ 开环；pH 值过高，碱性过强，使苯甲醛发生歧化反应，生成副产物。

③ 安息香缩合反应：芳香醛在氰化钠（钾）催化下，发生分子间缩合反应，生成二苯乙醇酮的反应。在安息香缩合反应的过程中，其中一羰基被还原成羟基，另一羰基保留。

歧化反应：反应中，氧化作用和还原作用发生在同一分子内部处于同一氧化态的元素上，使该元素的原子（或离子）一部分被氧化，另一部分被还原的自身氧化还原反应。

羟醛缩合反应：具有 α-H 的醛，在碱催化下生成碳负离子，然后碳负离子作为亲核试剂对醛酮进行亲核加成，生成 β-羟基醛，β-羟基醛受热脱水成不饱和醛。

3.12 肉桂酸的制备

① 醛基与苯环直接相连的芳香醛能发生 Perkin 反应。

② 不可以，纯水不能将其中的杂质分离出来。

③ 因乙酸酐遇水能水解成乙酸，无水碳酸钾也应烘干至恒重，否则将会使乙酸酐水解而导致实验产率降低。放久了的乙酸酐易潮解吸水成乙酸，故在实验前必须将乙酸酐重新蒸馏，否则会影响产率。久置的苯甲醛易自动氧化成苯甲酸，不但影响产率而且苯甲酸在产物中不易除净，影响产物的纯度，故苯甲醛使用前必须蒸馏。

④ 加热回流，控制反应呈微沸状态，若激烈沸腾，易使乙酸酐蒸气从冷凝管蒸出，影响产率。

3.13 己二酸的制备

① 此反应为强烈放热反应，温度是衡量反应进行程度的主要因素。必须等先加入的环己醇全部作用后，才能继续滴加，维持反应温度在 50～60℃，以免反应过于激烈而引起爆炸。

② 不可以，因为环己醇和硝酸二者相遇会发生剧烈反应，容易发生意外。

3.14 苯甲酸和苯甲醇的制备

① 发生康尼扎罗反应的醛在结构上要求是无 α-H 的醛，如苯甲醛、呋喃甲醛等；发生羟醛缩合反应的醛在结构上要求具有 α-H 的醛，如乙醛、丙醛等。

② 白色的糊状物是反应生成的苯甲酸盐，因为有机物苯甲醛及歧化反应生成的苯甲醇存在的缘故，降低了白色的苯甲酸盐在水中的溶解度，不能完全溶解，以固体状态存在，从而形成了白色糊状物。后续再加入足够量的水，可以溶解苯甲酸盐，白色糊状物溶解。

③ 苯甲醛容易被直接氧化为苯甲酸，一般使用的苯甲醛中就有少量的苯甲酸，而且在反应过程中也有一些苯甲醛被氧化。所以该实验一般得到的苯甲酸较多，而苯甲醇产率较低。还有歧化反应可能不完全，后处理过程中损失掉一些产品，也将导致苯甲醇的产率过低。

④ 亚硫酸氢钠溶液洗掉未反应的苯甲醛，用水洗涤上一步残留的亚硫酸氢钠。

⑤ 无水氯化钙不能用来干燥醇、胺、氨、酮、醛、酸、腈。乙醚溶液中含有的苯甲醇会与氯化钙形成络合物而影响产率，故不能用无水氯化钙代替无水硫酸镁。

3.15 呋喃甲酸和呋喃甲醇的制备

① 黄色的糊状物是呋喃甲醛歧化反应生成的呋喃甲醇和呋喃甲酸盐的混合物，因为呋喃甲醇存在的缘故，降低了呋喃甲酸盐在水中的溶解度，不能完全溶解。同时生成的呋喃甲酸和呋喃甲醛结构中的呋喃环易开环产生了黄色的杂质，从而形成了黄色蜡状物。

② 因为呋喃甲醛在强碱中发生的歧化反应是放热反应，放出大量的热会使反应温度升高，从而加速反应进行，更加激烈。若反应温度高于 12℃时，则反应温度极易升高而难以控制，致使反应物呈深红色。若反应温度低于 8℃时，则反应速率过慢，可能造成部分呋喃甲醛积累，一旦发生反应，反应就会过于猛烈而使温度升高，最终也使反应物变成深红色。所以在进行歧化反应时，为避免氧化剂的蓄积与剧烈反应，应控制反应温度在 8～12℃之间较宜。

③ 不合适。在酸性条件下呋喃环不稳定，50%硫酸酸性太强，会使呋喃环水解开环生成 2,5-二羰基戊酸。同时 50%的硫酸也可能会使呋喃环发生磺化反应。

④ 加入甲醛即可。当甲醛存在时，甲醛在反应中容易被氧化成甲酸盐，而呋喃甲醛只发生还原反应，全部变成呋喃甲醇。这是因为甲醛位阻比呋喃甲醛小，氢氧根更容易进攻甲醛的羰基，然后产生 H^- 去还原呋喃甲醛。

⑤ 呋喃甲醛存放时间过久易变成棕褐色甚至黑色，同时往往含有水分。因此使用前需要蒸馏提纯，收集 155~162℃的馏分。新蒸馏的呋喃甲醛为无色或淡黄色的液体。

⑥ 无水氯化钙不能用来干燥醇、胺、氨、酮、醛、酸、腈。乙醚溶液中含有的呋喃甲醇会与氯化钙形成络合物而影响产率，故不能用无水氯化钙代替无水硫酸镁。

3.16 阿司匹林的制备

① 浓磷酸和乙酸酐均有很强的腐蚀性，使用时须小心。如果溅在皮肤上，应立即使用大量的水冲洗。

② 因为制备乙酰水杨酸时所用的试剂乙酸酐易水解生成乙酸，影响酰化反应效果，所以采用干燥仪器以避免乙酸酐水解。

③ 催化剂。因为水杨酸分子中的羧基与酚羟基之间形成了分子间氢键，阻碍了酚羟基的酰化。为了使酰化反应顺利进行，常加入磷酸或硫酸将氢键破坏。

④ 乙酰水杨酸制备中存在多种副反应，因而副产物较多，例如水杨酰水杨酸酯、乙酰水杨酰水杨酸酯和聚合物（更多的水杨酸分子之间通过酯键连接而成）。其中分子量较小的水杨酰水杨酸酯、乙酰水杨酰水杨酸酯，可以通过重结晶的方法将这些副产物留在溶液中，从而与产品分开。而分子量很大的大分子聚合物难溶于弱碱碳酸氢钠溶液中，则可以通过过滤的方法除去。

⑤ 长时间放置的乙酸酐遇空气中的水，容易分解成乙酸，所以在使用前必须重新蒸馏，收集 139~140℃馏分。

⑥ 为了检验产品中是否含有水杨酸，利用水杨酸属酚类物质可与三氯化铁发生颜色反应的特点，取少许产品加入盛有 2mL 95%乙醇的试管中，加入 1~2 滴 1% $FeCl_3$ 溶液，观察反应。如果溶液出现了紫色，说明产品中含有水杨酸，就可以鉴定出阿司匹林已经变质了。

3.17 乙酸乙酯的制备

① 在本实验中硫酸起催化作用。

② 酯化反应是可逆的平衡反应。为了提高反应的收率，本实验同时采取了两种措施：一是用过量价廉的乙醇，使乙酸转化率提高；二是把反应中生成的乙酸乙酯或水及时地蒸出，进一步促进乙酸的转化。

③ 蒸出的粗乙酸乙酯中含有的杂质主要有未反应的乙酸、乙醇、生成的水、副反应产生的乙醚等。

④ 不能。因为碳酸钠是弱碱，而氢氧化钠是强碱，乙酸乙酯在强碱的作用下能够发生部分的水解反应，故不能用浓氢氧化钠溶液代替饱和碳酸钠溶液来洗涤粗乙酸乙酯馏

出液。

⑤ 用饱和氯化钙溶液洗涤，能除去粗产物中的未反应的乙醇。

洗涤乙酸乙酯粗产物时碳酸钠必须洗去，否则下一步用饱和氯化钙溶液洗去乙醇时，会产生絮状的碳酸钙沉淀，造成分离的困难，故要先用饱和食盐水洗涤除去上一步残留的碳酸钠。

不可用水代替饱和食盐水来洗涤粗产物中残留的碳酸钠，使用饱和食盐水是为了降低乙酸乙酯在水中的溶解度（每17份水溶解1份乙酸乙酯），减少乙酸乙酯的损失。

3.18 乙酸正丁酯的制备

① 该反应是可逆反应的。本实验是根据正丁酯与水形成恒沸混合物的原理，在回流反应装置中加一分水器，以不断除去酯化反应生成的水，使反应向生成酯的方向进行，从而达到提高乙酸正丁酯产率的目的。

② 酯化反应是可逆反应。利用分水器分去反应中生成的水，使反应向生成酯的方向进行，提高乙酸正丁酯的产率。

③ 正丁醇在浓硫酸的催化下，如果反应温度过高，会发生副反应，例如分子间脱水生成正丁醚、分子内脱水生成正丁烯，甚至发生聚合反应，出现严重的炭化现象。

④ 乙酸正丁酯的粗产品中，除产品乙酸正丁酯外，还可能有副产物丁醚、1-丁烯、未反应的少量正丁醇、乙酸和催化剂（少量）硫酸等。可以分别用水洗和碱洗的方法将其除掉。产品中微量的水可用干燥剂无水氯化钙除掉。

⑤ 正丁醇的沸点是117.7℃，乙酸正丁酯的沸点是126.5℃，二者的沸点相差比较小，能用分馏的方法将少量的正丁醇除去。但这样做不好，丁醇会与乙酸正丁酯形成二元共沸混合物蒸出，前馏分增多，从而降低产率。

3.19 乙酰苯胺的制备

① 因为该反应为可逆反应，不断除去反应生成物水，能有效地使平衡正向进行，从而提高反应产率。而水的沸点为100℃，乙酸的沸点为118℃，温度保持在105℃，能使水被蒸馏出去而乙酸不会，进而既除了水，又减少反应物乙酸的损失。

② 用苯胺与乙酰氯、乙酸酐进行酰化反应制备乙酰苯胺；或用苯乙酮先与盐酸羟胺作用生成肟，再在酸作用下进行贝克曼重排反应制备乙酰苯胺；或用乙酸酯进行酯的苯胺解作用制备乙酰苯胺。

③ a. 正确选择溶剂；b. 溶剂的加入量要适当；c. 活性炭脱色时，一是加入量要适当，二是切忌在沸腾时加入活性炭；d. 吸滤瓶和布氏漏斗必须充分预热；e. 滤液应自然冷却，待有晶体析出后再适当加快冷却速度，以确保晶型完整；f. 最后抽滤时要尽可能将溶剂除去，并用母液洗涤有残留产品的烧杯。

④ 假设在室温（25℃）时用100mL水对4.5g乙酰苯胺重结晶，25℃时乙酰苯胺在水中的溶解度是0.563g，于是在室温25℃时，经过重结晶抽滤后得到100mL母液，100mL母液中溶解0.563g乙酰苯胺处于饱和状态，即留在母液中的乙酰苯胺的量为0.563g。就是说要有0.563g乙酰苯胺不能沉淀析出，只能析出4.5g－0.563g＝3.937g，重结晶能得到的

产物质量最多为 3.937g，即重结晶的最大收率为 3.937/4.5×100％＝87.5％。

⑤ a. 使用新蒸馏的苯胺（除去苯胺中的杂质对产品质量的影响，也可提高产量）；b. 加入适量的锌粉（防止在反应过程中苯胺被空气中的氧气所氧化）；c. 增加反应物之一的浓度（使冰醋酸过量一倍多）；d. 减少生成物之一的浓度（不断分出反应过程中生成的水）；e. 控制温度计读数在 105℃（确保将生成的水蒸去，可防止乙酸被蒸出去）。

⑥ 这一油珠是溶液温度大于 83℃ 时未溶于水但已经熔化了的乙酰苯胺，因其密度大于水而沉于杯底，切不可认为是杂质而将其丢弃。可补加少量热水，使其完全溶解。

⑦ a. 用乙酰氯作乙酰化剂，其优点是反应速率快，缺点是反应中生成的 HCl 可与未反应的苯胺成盐，从而使半数的胺因成盐而无法参与酰化反应。为解决这个问题，需在碱性介质中进行反应；另外，乙酰氯价格昂贵，在实验室合成时，一般不采用。

b. 用乙酐作酰化剂，其优点是产物的纯度高，收率好，虽然反应过程中生成的乙酸可与苯胺成盐，但该盐不如苯胺盐酸盐稳定，在反应条件下仍可以使苯胺全部转化为乙酰苯胺。其缺点是除原料价格昂贵外，该法不适用于钝化的胺（例如邻或对硝基苯胺）。

c. 用乙酸作酰化剂，其优点是价格便宜；缺点是反应时间长。

3.20 苯胺的制备

① 反应物内所含硝基苯和稀乙酸不相混合，而这两种液体与固体铁屑又很少接触，故反应过程中，必须充分搅拌或振荡反应混合物，以加速反应。

② 由于本实验反应结束后，反应混合物中含有大量的四氧化三铁固体，采用通常的蒸馏、过滤、萃取等方法都不适用。同时要分离的苯胺具有用水蒸气蒸馏提纯物质必须具备的 3 个条件：不溶或难溶于水；共沸腾下与水不发生化学反应；在 100℃ 时，必须具有一定的蒸气压（至少 666.4～1332.8Pa，即 5～10mmHg）。

③ 因苯胺在水中要溶解一部分（22℃ 时，每 100mL 水溶有 3.48mL 苯胺）。为减少损失，故加食盐饱和以减小苯胺在水中的溶解度。

④ 本实验中，硝基苯的用量是 0.1mol，则硝基苯完全被还原后将产生 0.1mol 苯胺，故苯胺的理论产量应该是 93.1×0.1＝9.31（g）。

采用水蒸气蒸馏提纯苯胺时，蒸出的馏出液中苯胺与水的质量比是 3.3∶1，说明每蒸出 3.3g 水，可带出 1.0g 苯胺。所以说 9.31g 苯胺完全带出需要水的质量是 9.31×3.3＝30.7（g），但由于苯胺略溶于水，实际上水的用量应该比计算结果要多一些才行。

⑤ 利用硝基苯不溶于盐酸的性质，可以加盐酸使苯胺成盐溶于水后将硝基苯分离除去，再碱化而恢复成游离的苯胺。

⑥ 无水硫酸镁的干燥效能较弱，而且干燥所需的时间比较长；无水氯化钙的干燥效能中等，但吸水后其表面被薄层液体所覆盖，放置时间要长一些，同时 $CaCl_2$ 与苯胺形成分子化合物；粒状氢氧化钠干燥效能较好，而且干燥速度很快，这样避免了苯胺长时间放置过程中，被空气中的氧气氧化，颜色变暗。

⑦ 反应完全后硝基苯将全部转化为苯胺，苯胺与盐酸作用形成溶于水的苯胺盐酸盐，反应液中不存在硝基苯，反应液滴入盐酸中摇振看不到油珠；如果反应不完全的话，反应液中还会有未反应完的硝基苯，故反应液滴入盐酸中摇振仍然会看到有淡黄色油珠。

3.21 羧甲基纤维素钠的制备

① 纤维素的结构单元为 β-D-(+)-吡喃葡萄糖。纤维素是由 β-D-(+)-吡喃葡萄糖基以 β-1,4-苷键连接而成的多糖。

② 纤维素分子中含有大量的—OH，不仅在分子链之间形成氢键，在分子链内也形成氢键，从而大大减弱了纤维素分子与水之间形成氢键，因此纤维素不溶于水。而羧甲基纤维素钠是一种钠盐，取代基破坏了部分氢键，同时还增加了分子的极性，所以羧甲基纤维素钠可溶于水。

③ 羧甲基纤维素钠具有黏合、增稠、增强、乳化、保水、悬浮等作用。a. 羧甲基纤维素钠在食品应用中不仅是良好的乳化稳定剂、增稠剂，而且具有优异的冻结、熔化稳定性，并能提高产品的风味，延长储藏时间。b. 羧甲基纤维素钠在医药行业中可作针剂的乳化稳定剂，片剂的黏结剂和成膜剂。c. 羧甲基纤维素钠可用作涂料的防沉剂、乳化剂、分散剂、流平剂、黏合剂，能使涂料的固体成分均匀地分布于溶剂中，使涂料长期不分层，还大量应用于油漆中。d. 羧甲基纤维素钠在电子、农药、皮革、塑料、印刷、陶瓷、日用化工等领域可作为絮凝剂、螯合剂、乳化剂、增稠剂、保水剂、上浆剂、成膜材料等广泛应用。

羧甲基纤维素钠以其优异的性能和广泛的用途，还在不断地开拓新的应用领域，市场前景极为广阔。

4.1 乙酰乙酸乙酯的合成

① 这个反应要用到纯的金属钠，有水会发生局部过热以致碎瓶（或爆炸）；另在加热过程中，如果有水会有碱生成，导致乙酰乙酸乙酯中碱的浓度高，就会有更复杂的产物产生。如 R—CH_2—COOH 等。

② 二甲苯沸点为 137～140℃，甲苯沸点为 110.6℃，苯沸点为 80.1℃，钠熔点为 97.5℃。显然苯沸腾了钠也不会熔融；甲苯的挥发性（钠的熔点与甲苯沸点相差很小，此时甲苯的蒸汽压很高）和毒性都比二甲苯大，故应选用二甲苯。

③ 由于乙酰乙酸乙酯的钠盐 pK_a 为 10.7，乙酰乙酸乙酯的 pK_a 为 3.3，要生成乙酰乙酸乙酯要用一个酸性接近的酸。而乙酸 pK_a 接近 3.3，因此选用乙酸。用稀盐酸或稀硫酸的话，酸性太强，会增大乙酰乙酸乙酯在水中的溶解度，而乙酸的酸性比较适合。且在常温下乙酰乙酸乙酯易分解为烯醇式结构，为黄白色固体，利用酸化法除去，因此不是中性。

④ 因为制备乙酰乙酸乙酯时，脱醇反应之后的乙酰乙酸乙酯是以钠盐的形式存在的，要用乙酸酸化才能使它游离出来，最后加饱和食盐水的作用是盐析，降低酯在水中的溶解度，提高产率。

⑤ 析出的是烯醇盐。

⑥ 虽然乙酰乙酸乙酯的沸点并不高，但在常压蒸馏时易分解，产生去水乙酸。所以为了减少副反应的发生，提高产率采用减压蒸馏的方式比较好。

4.2 苯佐卡因的合成

① 加入碳酸钠溶液的作用主要是洗去残留的反应物对硝基苯甲酸和乙醇，乙醇易溶于

水，而对硝基苯甲酸也能与碱形成盐从而进入水相，而它们生成的酯在油相中，所以能分离纯化生成的酯。

② 氢氧化钠碱性强，会引起酯的水解。

③ 使氨基充分游离出来。

④ 加碳酸钠饱和溶液调 pH 至碱性，加活性炭，抽滤。

4.3　对氨基苯磺酰胺的合成

① 对乙酰氨基苯磺酰氯有腐蚀性，有毒；对皮肤和黏膜有刺激性。制备过程中应注意防护措施，必须移入通风橱中进行。在充分搅拌下缓缓倒入碎冰中，以免局部过热而使对乙酰氨基苯磺酰氯水解。可以补加少量碎冰，避免局部过热使对乙酰氨基苯磺酰氯水解。

② 因为氯磺酸具有强氧化性，若直接用氯磺酸会把氨基氧化，生成磺酰胺；故先将苯胺乙酰化后再氯磺化。

③ 会引起倒吸，发生危险。

④ 路线 b 较好；A 转化率高，反应条件温和，能源消耗低，反应时间短，总产率较高。

4.4　香豆素-3-羧酸的合成

① a. 反应机理是水杨醛与丙二酸二乙酯在六氢吡啶催化下，缩合生成中间体香豆素-3-甲酸乙酯。后者再加碱水解，此时酯基和内酯均被水解，然后经酸化再次闭环形成内酯，即为香豆素-3-羧酸。

b. 实验中加入少量冰醋酸的目的是水杨醛先与六氢吡啶在酸催化下形成亚胺化合物，然后再与丙二酸二乙酯的负离子反应。

② 羧酸盐酸化时，必须控制好 pH 值，因为如果酸性太弱，则羧酸析出不彻底，如果酸性太强，则羧酸的羧基容易脱去。因此必须选择一定浓度的酸（浓度太大也容易脱羧），然后用 pH 试纸检测，慢慢滴加。一般控制 pH 值在 7～8 可以让苯甲酸类酸性较强但是溶解度不大的酸完全析出。

5.1　环己烯的绿色合成

① 因为在反应过程中环己烯与环己醇、水之间会形成三种共沸混合物，其中环己烯与水形成共沸混合物的沸点是 70.8℃、环己醇与环己烯形成共沸混合物的沸点是 64.9℃、环己醇与水形成共沸混合物的沸点是 97.8℃，而且环己烯的沸点是 82℃，与环己醇-水的共沸混合物沸点相差小于 30℃，因此，用分馏的方法分离能够防止未反应的环己醇与水形成共沸混合物而蒸出，提高环己醇转化为环己烯的产率，所以要使用刺形分馏柱。

② 避免了使用腐蚀性的酸，无毒性副产物生成，减少了对环境的污染，初步实现了绿色化。

5.2　乙酸异戊酯的绿色合成

在不用任何催化剂的条件下，用乙酸酐为酰化试剂得到的乙酸异戊酯产率较高。其原因，一方面是乙酸酐比乙酸具有更高的反应活性，另一方面反应生成的乙酸对酯化反应具有一定的催化作用，从而提高了反应速率和产物的产率。如果全用过量的异戊醇，反应体系中生成的乙酸含量少，影响反应速率和产率。

5.3 苦杏仁酸的相转移催化合成

① 相转移催化剂能通过在不同相之间转移物质从而加快反应速率，提高效率。

由于相转移催化剂的介入，在水相-有机相两相体系中产生二氯卡宾已变得十分方便，其催化机理如下：

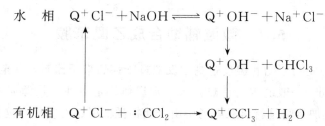

② 如果不加入季铵盐，水相与有机相混合不均匀，会降低反应速率和产率。

③ 用水稀释是让生成的苦杏仁酸盐完全溶于水中，而后用乙醚萃取，是除去水溶液中没有反应完的苯甲醛及氯仿等有机物。

④ 酸化后再萃取的目的是：萃取苦杏仁酸到乙醚溶剂中，除去水溶性杂质。

5.4 二茂铁的相转移催化合成

① 常用的相转移催化剂有聚乙二醇-400 或聚乙二醇-600，也可使用三聚四乙二醇。

$$HO(CH_2CH_2O)_nH + M^+Nu^- \rightleftharpoons \left[\cdots \right] Nu^-$$

聚乙二醇类化合物可以看作是开链的冠醚，是环氧乙烷与乙二醇反应生成的聚合物。聚乙二醇可以折叠成不同大小的空穴，具有和各种不同大小的阳离子或分子生成络合物的独特性质，从而能使无机盐或碱金属以离子对形式迁移到有机相，增大负离子的亲核取代反应活性，加速反应的进行。

② 因为环戊二烯在室温下会迅速聚合生成二聚环戊二烯。当二聚环戊二烯处于170℃沸腾时，单体与二聚体之间能建立平衡，故可用分馏的方法得到纯的环戊二烯单体。

③ 纯化方法有：a. 升华法纯化；b. 石油醚重结晶纯化；c. 柱色谱法纯化。

④ 二茂铁具有类似夹心面包的夹层结构，铁原子夹在两个环戊二烯中间，依靠环中 π 电子与中间的亚铁离子键合。它有类似于苯的一些芳香性，比苯更容易发生亲电取代反应。

⑤ Fe^{2+} 容易被空气中的氧气氧化成 Fe^{3+}，因此，二茂铁对氧化剂比较敏感，通常需在隔绝空气下进行反应。

5.5 微量法合成苯佐卡因

操作简便，反应速率快，收率高，产物较易分离，合成成本低。

5.6 微量法合成 2,2′-二羟基-1,1′-联萘

① 1,1′-二羟基-5,5′-联萘、1,1′-二羟基-4,4′-联萘、1,1′-二羟基-8,8′-联萘。

② 氧气可能将酚羟基氧化。隔绝氧气可以使用氮气保护的方法或加入少量乙醚用乙醚蒸气将空气挤出。

5.7 微波辅助合成乙酰苯胺

① 先用低挡加热是为了防止温度过高，反应过于强烈难于控制，甚至发生炭化现象。

② 微波加热不同于一般的常规加热方式。常规加热是由外部热源通过热辐射由表及里的传导式加热。微波加热则是材料在电场中由介质损耗而引起的加热，这意味着将微波电磁能转变为热能，其能量是通过空间或介质以电磁波形式来传递的，对物质的加热过程与物质内部分子的极化有着密切的关系。因此，微波作用下的有机反应的速率较传统的加热方法快数倍甚至数十倍，且具有操作方便、产率高和易于纯化等特点。

5.8 微波辅助合成 2-甲基苯并咪唑

① 温度过高容易引起反应物和产物的氧化、分解，甚至炭化灼焦变黑，从而影响产率。

② 苯并咪唑类化合物是含有两个氮原子的杂环化合物，可作为药物中间体，制备人、畜的驱虫药物和柑橘属果类的杀真菌剂，以及果品保鲜剂，在医药、耐高温材料、光电新材料、抗腐蚀剂等方面具有广泛用途。

③ 微波辐射的有机化学反应具有加热时间短、产率高、对环境友好等优点。

5.9 外消旋苦杏仁酸的拆分

① A 是碱性外消旋体，可以用酸性旋光体作拆分剂，常用的拆分剂有酒石酸、樟脑磺酸、苹果酸、苯乙醇酸等。

B 是酸性外消旋体，可以用碱性旋光体作拆分剂，常用的拆分剂有马钱子碱、麻黄碱、奎宁等。

② 成盐法拆分光学异构体的原理是：利用形成非对映体盐的方法进行拆分。由于非对映体盐具有不同的物理性质，便可采用常规的分离手段分开。然后经过一定的处理，去掉拆分剂，再转变成原来的化合物。

5.10 外消旋 α-苯乙胺的拆分

本实验的关键是（－）-α-苯乙胺·（＋）-酒石酸盐析出结晶的操作。从针状结晶得到的晶体光学纯度差，所以，必须得到棱柱状结晶，结晶前可用棱柱状晶体接种，再让溶液慢慢冷却，静置 24h 后，析出棱柱状结晶，待结晶完全后再进行后面的操作。

5.11 从茶叶中提取咖啡因

① 索氏提取器是利用溶剂回流和虹吸原理，使固体物质中的可溶成分连续不断地被热的纯溶剂所萃取的仪器。当溶剂沸腾时，其蒸气通过侧管上升，被冷凝管冷凝成液体，滴入提取筒中，浸润固体物质，使固体物质中的可溶成分溶于溶剂中。当提取筒内溶剂液面超过虹吸管的最高处时，即发生虹吸，流入烧瓶中。通过反复的回流和虹吸，从而将固体物质中的可溶成分富集在烧瓶中。

与直接回流方法相比，减少了溶剂用量，缩短了提取时间，因而提取率较高。

② 生石灰起吸水和中和作用，还可以除去部分杂质，如单宁酸，防止它与咖啡因成盐，增加咖啡因的蒸气压，有利于咖啡因的升华。

③ 升华指的是物质从固态不经过液态而直接气化为气态的过程。若易升华的物质中含有不挥发的杂质，可以用升华法进行纯化。

④ 水分除不干净，会给后面的升华带来烟雾。

⑤ 升华操作是实验成败的关键，升华过程中一定要严格控制加热的温度，若温度太高，会使产物发黄（分解），还可能发生有机物炭化。

5.12 从红辣椒中分离红色素

① 若硅胶 G 薄板失活，不同色素在吸附剂上的吸附、解吸附的性能差异小，达不到分离的目的。

② 点样时，毛细管应该垂直轻轻地点在原点标记上，毛细管在板上接触的时间不宜过长。一般样点直径在 2～3mm。如果毛细管太粗，则样点直径过大，影响色谱分离效果。

③ 如果样品本身无色，可把色谱板放在紫外灯下观察有无荧光斑点，也可用合适的显色剂如 I_2 或 $KMnO_4$ 显色。

5.13 菠菜色素的提取与分离

① 3 种色素的极性大小是叶绿素＞叶黄素＞胡萝卜素。

② 柱色谱洗脱时，要先用非极性或弱极性的溶剂洗脱，再用较强极性的溶剂洗脱。根据相似相溶原理，几种色素中，胡萝卜素的极性最小，因此最先被洗脱下来。

5.16 有机化合物立体化学模型组装

① 略。

② 因为费歇尔投影式将立体结构转化为平面结构来表示，因而只能找到其对称面。

③ 略。

④

$$\begin{array}{c}CH_3\\ \diagup\\ \diagdown C(CH_3)_3\end{array}$$

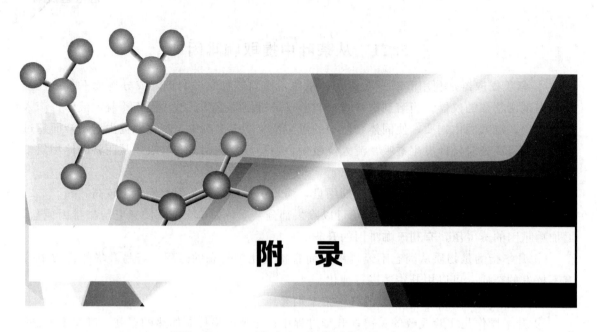

附录 1　常用元素的原子量

元素名称	原子量	元素名称	原子量
银（Ag）	107.8682	镁（Mg）	24.3050
铝（Al）	26.981539	锰（Mn）	54.93805
溴（Br）	79.904	氮（N）	14.006747
碳（C）	12.011	钠（Na）	22.989768
钙（Ca）	40.08	镍（Ni）	58.69
氯（Cl）	35.4527	氧（O）	15.9994
铬（Cr）	51.996	磷（P）	30.973762
铜（Cu）	63.546	铅（Pb）	207.2
氟（F）	18.9984032	钯（Pd）	106.42
铁（Fe）	55.847	铂（Pt）	195.08
氢（H）	1.0079	硫（S）	32.06
汞（Hg）	200.59	硅（Si）	28.0855
碘（I）	126.90447	锡（Sn）	118.69
钾（K）	39.0983	锌（Zn）	65.38

附录 2　有机化学实验常用有机化合物的物理常数

名称	化学式	分子量	折射率	相对密度	熔点/℃	沸点/℃	水中溶解度
氯仿	$CHCl_3$	119.38	1.4459	1.4832	−63.5	61.7	0.82[20]
甲醛	HCHO	30.03		0.815[20]	−92	−21	s
甲酸	HCOOH	46.03	1.3174	1.220	8.4	100.8	∞

续表

名称	化学式	分子量	折射率	相对密度	熔点/℃	沸点/℃	水中溶解度
一氯甲烷	CH_3Cl	50.49	1.3389	0.9159	−97.73	−24.2	2.80_{mL}^{16}
甲醇	CH_3OH	32.04	1.3288	0.7920	−93.9	64.96	∞
四氯化碳	CCl_4	153.82	1.4601	1.5940	−22.99	76.54	难溶
甲胺	CH_3NH_2	31.6		0.699^{11}	−93.9	−6.3	959_{mL}^{25}
尿素	H_2NCONH_2	60.06		1323^0	135	分解	100^{17}; ∞热
乙炔	$CH≡CH$	26.04		$0.5674_{4}^{-\frac{1}{4}}$	−80.8	−84.0	100_{mL}^{18}
乙烯	$CH_2=CH_2$	28.05		$0.6208_{4}^{-\frac{8}{4}}$	−169.2	−103.7	25.6_{mL}^{0}
草酸	HO_2CCO_2H	90.04		1.90	(α)189.5, (β)182	升华 >100	10^{20} 120^{100}
乙醛	CH_3CHO	44.05	1.3316	0.783_{4}^{18}	−121	2.08	∞
乙酸	CH_3COOH	60.05	1.3716	1.049	16.6	117.9	∞
乙醇	CH_3CH_2OH	46.07	1.3611	0.7893	−117.3	78.5	∞
环氧乙烷		44.05	1.3597	0.8824	−111	13.5	s
乙酰胺	CH_3CONH_2	59.07	1.4278^{78}	1.159	82.3	221.2	s
乙酰氯	CH_3COCl	78.50	1.3898	1.105	−112.0	50.9	分解
丙酮	CH_3COCH_3	58.08	1.3588	0.7899	−95.35	56.5	∞
正丙醇	$n\text{-}C_3H_7OH$	60.11	1.3850	0.8035	−126.5	97.4	∞
异丙醇	$CH_3CH(OH)CH_3$	60.11	1.3776	0.7855	−89.5	82.4	∞
N,N-二甲基甲酰胺	$HCON(CH_3)_2$	73.09	1.4305	0.9487	−60.48	149~156	∞
甘油	$C_3H_8O_3$	92.11	1.4746	1.2613	20	290	∞
顺丁烯二酸酐	$C_4H_2O_3$	98.06			60	197~199	16.3^{30}
咪唑		68.08	1.4214	0.9514	−85.65	31.36	难溶
乙酸酐	$(CH_3CO)_2O$	102.09	1.3901	1.082	−73.1	140.0	冷12; 热分解
正丁醛	$CH_3CH_2CH_2CHO$	72.12	1.3843	0.817	−99	75.7	4
酒石酸(dl)	$HOOC(CHOH)_2COOH$	150.09	1.4955	1.7598	171~174	分解	139^{20}
乙酸乙酯	$CH_3CO_2C_2H_5$	88.12	1.3723	0.9003	−83.58	77.06	8.5^{15}
1-溴丁烷	$n\text{-}C_4H_9Br$	137.03	1.4401	1.2758	−112.4	101.6	0.06^{16}
正丁醇	$n\text{-}C_4H_9OH$	74.12	1.3993	0.8098	−89.53	117.3	9^{15}
异丁醇	$(CH_3)_2CHCH_2OH$	74.12	$1.3968^{17.5}$	0.8020	−108	108.1	10^{15}
仲丁醇	$CH_3CH(OH)C_2H_5$	74.12	1.3978	0.8063	−114.7	99.5	12.5^{20}
叔丁醇	$(CH_3)_3COH$	74.12	1.3878	0.7887	25.5	82.2	∞

续表

名称	化学式	分子量	折射率	相对密度	熔点/℃	沸点/℃	水中溶解度
乙醚	$(C_2H_5)_2O$	74.12	1.3526	0.7138	-116.2	34.2	7.5^{20}
呋喃	(结构式)	68.08	1.4214	0.9514	-85.65	31.36	难溶
四氢呋喃	(结构式)	72.12	1.405	0.8893	-108.56	67	s
1,2-二氯乙烷	$ClCH_2CH_2Cl$	98.96	1.4448	1.2351	-35.36	83.47	0.9^{30}
糠醛	(结构式)—CHO	96.09	1.5261	1.1594	-38.7	161.7	9.1^{13}
糠酸	(结构式)—COOH	112.09			131~134	230~232	s
糠醇	(结构式)—CH_2OH	98.10	1.4868	1.1296		≥171	∞
异戊醇	$(CH_3)_2CHCH_2CH_2OH$	88.15	1.4053	0.8092	-117.2	128.5	2^{14}
甲基叔丁基醚	$CH_3OC(CH_3)_3$	88.15	1.3690	0.7405	-109	55.2	s
苯	C_6H_6	78.12	1.5011	0.8787	5.5	80.1	0.07^{22}
环己烷	C_6H_{12}	84.16	1.4266	0.7786	6.55	80.74	i
环己烯	C_6H_{10}	82.15	1.4465	0.8102	-103.5	83.0	极难溶解
氯苯	C_6H_5Cl	112.56	1.5241	1.1058	-45.6	132.0	0.049^{20}
溴苯	C_6H_5Br	157.02	1.5597	1.4950	-30.8	156.4	i
苯酚	C_6H_5OH	94.11	1.5509^{21}	1.0576	13	181.8	8.2^{15}; ∞^{63}
苯胺	$C_6H_5NH_2$	93.12	1.5863	1.0217	-6.3	184.1	3.6^{18}
乙酰乙酸乙酯	$CH_3COCH_2CO_2C_2H_5$	130.15	1.4194	1.0282	<-80	180.4	13^{17}
环己醇	$C_6H_{11}OH$	100.16	1.4641	0.9624	25.15	161.1	3.6^{20}
环己酮	(结构式)	98.15	1.4507	0.9478	-16.4	155.65	s
对苯二酚	HOC_4H_4OH	110.11		1.328^{15}	173~174	285730	6^{15}
D-葡萄糖	$C_6H_{12}O_6$	180.16		1.544^{25}	146(无水)		$82^{17.5}$
三乙胺	$(C_2H_5)_3N$	101.19	1.4010	0.7275	-114.7	89.3	s
硝基苯	$C_6H_5NO_2$	123.11	1.5562	1.2037	5.7	210.8	0.19^{20}
对硝基苯胺	$H_2NC_6H_4NO_2$	138.13		1.424	148.5	331.73	$0.08^{18.5}$
2,4-二硝基苯肼	$(NO_2)_2C_6H_3NHNH_2$	198.14			198		i
甲苯	$C_6H_5CH_3$	92.15	1.4961	1.8669	-95	110.6	i
苯甲醛	C_6H_5CHO	106.13	1.5463	1.0415	-26	178.1	0.3
苯甲酸	C_6H_5COOH	122.12	1.504^{132}	1.2659	122.4	249.6	$0.21^{17.5}$

续表

名称	化学式	分子量	折射率	相对密度	熔点/℃	沸点/℃	水中溶解度
水杨酸	C₆H₄(COOH)(OH)	138.12	1.565	1.443	159 升华	21120	0.16[4]
乙酸异戊酯	$CH_3COOCH_2CH_2CH(CH_3)_2$	130.19	1.4003	0.8670	−78.5	142	0.25[15]
丙二酸二乙酯	$CH_2(COOC_2H_5)_2$	160.17	1.4139	1.0551	−48.9	199.3	2.08[20]
苄氯	$C_6H_5CH_2Cl$	126.59	1.5391	1.1002	−39	179.3	i
苯甲胺	$C_6H_5CH_2NH_2$	107.16	1.5401	0.9813		185	∞
苯甲醇	$C_6H_5CH_2OH$	108.15	1.5396	1.0419	−15.3	205.35	4[17]
对甲苯磺酸	$CH_3C_6H_4SO_3H$	172.21			104~105	14020	s
N-甲基苯胺	$C_6H_5NHCH_3$	107.16	1.5684	0.9891	−57	196.3	0.01[25]
苯乙酮	$CH_3COC_6H_5$	120.16	1.5372	1.0281	20.5	202.2	i
苯乙醚	$C_6H_5OC_2H_5$	122.17	1.5076	0.9666	−29.5	170	极难溶解
N,N-二甲基苯胺	$C_6H_5N(CH_3)_2$	121.18	1.5582	0.9557	2.45	194.15	i
乙酸正丁酯	$C_6H_{12}O_2$	116.16	1.3941	0.8825	−77.9	126.5	0.7
正丁醚	$(n\text{-}C_4H_9)_2O$	130.23	1.3992	0.7689	−95.3	142.2	<0.05
正辛醇	$CH_3(CH_2)_7OH$	130.23	1.4295	0.8270	−16.7	194.45	0.054[20]
二乙二醇二乙醚	$C_8H_{18}O_3$	162.23	1.4115	0.9063	44.3	189	s
对硝基乙酰苯胺	$NO_2C_6H_4NHCOCH_3$	180.16			216		溶于热水,溶于KOH
乙酰苯胺	$C_6H_5NHCOCH_3$	135.17		1.219[15]	114.3	304	0.56[6]
咖啡碱	$C_8H_{10}O_2N_4$	194			235	升华178	45.6
肉桂酸(反式)	$C_6H_5CH=CHCO_2H$	148.15		1.2475[14]₄	135.6	300	0.04[18]
苯甲酸乙酯	$C_6H_5CO_2C_2H_5$	150.18	1.5057	1.0468	−34.6	213	i
β-萘酚	C₁₀H₇OH	144.16		1.217[4]	122~123	285~286	0.1 冷;1.25 热
二苯甲酮	$(C_6H_5)_2CO$	182.21	1.607[19](α), 1.6059[23](β)	1.146(α), 1.1076(β)	48.1(α), 26.1(β)	30.59	i
二苯乙二酮	$C_{14}H_{10}O_2$	210.23		1.084	95~96	347(分解)	难溶
二苯羟乙酮	$C_{14}H_{12}O_2$	212.25		1.310	137	194	194
三苯甲醇	$(C_6H_5)_3COH$	260.34		1.188	164.2	380	380

注:1. 折射率,如未特别说明,一般表示为 n_D^{20},即以钠光灯为光源,20℃时所测得的值。
2. 相对密度,如未特别注明,一般表示为 d_4^{20},即表示物质在20℃时相对于4℃的水的相对密度。
3. 沸点,如不注明压力,指常压(101.3kPa,760mHg)下的沸点,140[20]表示20mmHg压下沸点为140℃。
4. 溶解度,数字为每100份溶剂最多可溶解该化合物的份数,右上角的数字为摄氏温度,如气体的溶解度为 2.80_{mL}^{16},表示在16℃时100g溶剂溶解该气体2.80mL。s为可溶,i为不溶,sl为微溶,∞为混溶(可以任意比例相溶)。

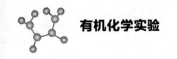

附录3 水的饱和蒸气压

温度/℃	蒸气压/kPa	温度/℃	蒸气压/kPa	温度/℃	蒸气压/kPa	温度/℃	蒸气压/kPa
0	0.611	26	3.363	52	13.623	78	43.665
1	0.657	27	3.567	53	14.303	79	45.487
2	0.706	28	3.782	54	15.012	80	47.373
3	0.758	29	4.008	55	15.752	81	49.324
4	0.814	30	4.246	56	16.522	82	51.342
5	0.873	31	4.495	57	17.324	83	53.428
6	0.935	32	4.758	58	18.159	84	55.585
7	1.002	33	5.034	59	19.028	85	57.815
8	1.073	34	5.323	60	19.932	86	60.119
9	1.148	35	5.627	61	20.873	87	62.499
10	1.228	36	5.945	62	21.851	88	64.958
11	1.313	37	6.280	63	22.868	89	67.496
12	1.403	38	6.630	64	23.925	90	70.117
13	1.498	39	6.997	65	25.022	91	72.823
14	1.599	40	7.381	66	26.163	92	75.614
15	1.706	41	7.784	67	27.347	93	78.494
16	1.819	42	8.205	68	28.576	94	81.465
17	1.938	43	8.646	69	29.852	95	84.529
18	2.064	44	9.108	70	31.176	96	87.688
19	2.198	45	9.590	71	32.549	97	90.945
20	2.339	46	10.094	72	33.972	98	94.301
21	2.488	47	10.620	73	35.448	99	97.759
22	2.645	48	11.171	74	36.978	100	101.320
23	2.810	49	11.745	75	38.563		
24	2.985	50	12.344	76	40.205		
25	3.169	51	12.970	77	41.905		

附录4 常用有机溶剂的纯化

1. 无水乙醇（absolute ethyl alcohol）

高纯度的无水乙醇一般可用含量为99.5%的市售无水乙醇经金属镁或金属钠处理制得。

如果使用含量更低的工业乙醇，则需经初步脱水制成 99.5% 的乙醇。

(1) 用 95.5% 的乙醇初步脱水制取 99.5% 的无水乙醇

在 250mL 圆底烧瓶中，放入 45g 生石灰、100mL 95.5% 乙醇，装上带有无水氯化钙干燥管的球形冷凝管，回流脱水 2～3h 后，蒸馏，收集 99.5% 乙醇 70～80mL。

(2) 用 99.5% 的乙醇制取无水乙醇（99.99%）

方法一（用金属 Mg 制取）

【反应原理】

$$2CH_3CH_2OH + Mg \xrightarrow{I_2} (CH_3CH_2O)_2Mg + H_2 \uparrow$$

$$(CH_3CH_2O)_2Mg + H_2O \longrightarrow 2CH_3CH_2OH + MgO$$

【操作步骤】

在 250mL 圆底烧瓶中，放置约 0.8g 干燥纯净的镁条、7～8mL 99.5% 乙醇，装上带有无水氯化钙干燥管的球形冷凝管，在沸水浴上或用小火直接加热达微沸。移去热源，立即加入几粒碘片（此时不要振荡），顷刻即在碘粒附近发生反应，最后可以达到相当剧烈的程度，有时作用太慢则需加热，如果在加碘后反应仍不开始，可再加入数粒碘（一般来说，乙醇与镁的作用是缓慢的，如所用乙醇含水量超过 0.5% 时，反应尤为困难）。待全部镁已经反应完毕后，加入 100mL 99.5% 乙醇和几粒沸石，回流 1h，蒸馏，收集产品并密封保存。

【注意事项】

由于无水乙醇具有很强的吸湿性，操作时应防止一切水汽进入仪器中，所用仪器必须事先充分干燥。在使用时宜快取快放，尽量避免吸收空气中的水分。

方法二（用金属钠制取）

【反应原理】

$$2CH_3CH_2OH + 2Na \longrightarrow 2CH_3CH_2ONa + H_2 \uparrow$$

$$CH_3CH_2OH + H_2O \longrightarrow CH_3CH_2OH + NaOH$$

金属钠与金属镁的反应相似，当金属钠溶于乙醇时生成乙醇钠，乙醇钠水解形成乙醇和氢氧化钠，经蒸馏即可得所需的无水乙醇。由于以上反应的可逆性，这样制备的乙醇还含有极微量的水，但已经符合一般实验的要求。

2. 无水乙醚（absolute diethyl ether）

市售的乙醚中常含有一定量的水、乙醇和少量其他杂质，如储藏不当还容易产生少量的过氧化物，对于一些要求以无水乙醚作为介质的反应，实验室中常常需要把普通乙醚提纯为无水乙醚。

(1) 过氧化物的检验与除去

取 0.5mL 乙醚，加入 0.5mL 2% 碘化钾溶液和几滴稀盐酸（2mol/L）一起振荡，再加几滴淀粉溶液。若溶液显蓝色或紫色，即证明乙醚中有过氧化物存在。为了除去过氧化物，可在分液漏斗中加入普通乙醚和相当于乙醚体积 20% 的新配制的硫酸亚铁溶液，剧烈振荡后分去水层，将乙醚按下述方法精制。

(2) 无水乙醚的制备

在 250mL 圆底烧瓶中，放置 100mL 除去过氧化物的普通乙醚和几粒沸石，装上冷凝管。冷凝管上端通过一带有侧槽的橡胶塞，插入盛有 10mL 浓硫酸的滴液漏斗，通入冷凝水，将浓硫酸慢慢滴入乙醚中。由于脱水作用所产生的热，使乙醚自行沸腾，加完浓硫酸后振荡反应物。待乙醚停止沸腾后，拆下冷凝管，改成蒸馏装置。在接收乙醚的接液管支管上连一氯化钙干燥管，并用橡胶管将乙醚蒸气引入水槽。向蒸馏瓶中加入沸石后，水浴加热（禁止明火）蒸馏。蒸馏速率不宜太快，以免冷凝管不能冷凝全部的乙醚蒸气。当蒸馏速率显著下降时（收集到 70~80mL），即可停止蒸馏。瓶内所剩残液，倒入指定的回收瓶中（切记，不能向残余液内加水）。将蒸馏收集到的乙醚倒入干燥的锥形瓶中，加入少量钠丝或钠片，然后用一个带有干燥管的软木塞塞住，放置 48h，使乙醚中残余的少量水和乙醇转变成氢氧化钠和乙醇钠。如果在放置之后全部的金属钠消失，或钠的表面全部被氢氧化钠所覆盖，就需要再加入少量的钠丝或钠片。观察有无气泡发生，放置至无气泡产生为止，再倒入或滤入一干燥的玻璃瓶中，加入少许钠片，然后将其用一个有锡纸的软木塞塞住。除非在必要时，不要把无水乙醚由一个瓶移入另一个瓶（由于乙醚的高度挥发，在蒸发时温度下降，于是空气中的水汽凝聚下来，使乙醚受潮，这种现象在夏天潮湿的季节特别明显）。这样制备的乙醚符合一般要求。如果需要纯度更高的乙醚（用于敏感化合物），需在氮气保护下，将上述处理的乙醚再加入钠丝，回流，直至加入二苯酮，使溶液变深蓝色，经蒸馏使用。

【注意事项】

① 硫酸亚铁溶液的配制　在 110mL 水中加入 6mL 浓硫酸和 60g 硫酸亚铁溶解即可。硫酸亚铁溶液久置后容易氧化变质，需在使用前临时配制。

② 除去乙醚中的少量过氧化物　加入质量分数为 2% 的氯化亚锡溶液，回流 0.5h。

3. 丙酮（acetone）

市售丙酮往往含有甲醇、乙醛、水等杂质，利用简单的蒸馏方法，不能把丙酮和这些杂质分离开。含有上述杂质的丙酮需经过处理后才能使用。

两种处理方法如下：

① 于 100mL 丙酮中，加入 0.50g 高锰酸钾进行回流。若高锰酸钾的紫色很快褪掉，需再加入少量高锰酸钾继续回流，直至紫色不再褪时，停止回流，将丙酮蒸出。于蒸出的丙酮中加入无水碳酸钾进行干燥 1h 后，将丙酮滤入蒸馏瓶中蒸馏，收集 55~56.5℃ 的馏出液。

② 于 100mL 丙酮中，加入 4mL 10% 的硝酸银溶液及 3.5mL 0.1mol/L 的氢氧化钠溶液，振荡 10min；然后再向其中加入无水硫酸钙干燥 1h 后蒸馏，收集 55~56.5℃ 的馏出液。

4. 无水甲醇（absolute methyl alcohol）

市售的甲醇大多数是通过合成法制备，一般纯度能达到 99.85%，其中可能含有极少量的杂质，如水和丙酮。由于甲醇和水不能形成恒沸点混合物，故无水甲醇可以通过高效精馏柱分馏得到纯品。甲醇有毒，处理时应避免吸入其蒸气。制备无水甲醇也可参照镁制无水乙醇的方法。

5. 正丁醇（n-butyl alcohol）

用无水碳酸钾或无水硫酸钙进行干燥，过滤后，将滤液进行分馏，收集纯品。

6. 苯（benzene）

普通苯可能含有少量噻吩。

（1）噻吩的检验

取 5 滴苯于小试管中，加入 5 滴浓硫酸及 1～2 滴 1％的 α,β-吲哚醌的浓硫酸溶液，振摇后呈墨绿色或蓝色，说明含有噻吩。

（2）噻吩的去除

用相当于苯体积 15％的浓硫酸洗涤数次，直至酸层呈无色或浅黄色；然后再分别用水、10％碳酸钠水溶液和水洗涤，用无水氯化钙干燥过夜，过滤后进行蒸馏，收集纯品。若要进一步除水，可在上述苯中加入钠丝，再经蒸馏。

7. 甲苯（toluene）

用无水氯化钙将甲苯进行干燥，过滤后加入少量金属钠片，再进行蒸馏，即得无水甲苯。普通甲苯中可能含有少量甲基噻吩。除去甲基噻吩的方法：在 1000mL 甲苯中加入 100mL 浓硫酸，摇荡约 30min（温度不要超过 30℃），除去酸层；然后再分别用水、10％碳酸钠水溶液和水洗涤，以无水氯化钙干燥过夜；过滤后进行蒸馏，收集纯品。

8. 氯仿（chloroform）

普通氯仿含有 1％乙醇（作稳定剂，可防止氯仿分解为光气）。对氯仿进行纯化时，可用其体积一半的水洗涤 5～6 次，然后用无水氯化钙干燥 24h，进行蒸馏，收集的纯品要放置于暗处，以免受光照分解而形成光气。氯仿不能用金属钠干燥，否则会发生爆炸。

9. 乙酸乙酯（ethyl acetate）

市售的乙酸乙酯中含有少量水、乙醇和乙酸，可用下列方法提纯：

① 用等体积的 5％碳酸钠水溶液洗涤后，再用饱和氯化钙水溶液洗涤数次，以无水碳酸钾或无水硫酸镁进行干燥，过滤后蒸馏，即得纯品。

② 于 100mL 乙酸乙酯中加入 10mL 乙酸酐、1 滴浓硫酸，加热回流 4h，除去乙醇和水等杂质，然后进行分馏。馏液用 2～3g 无水碳酸钾振荡，干燥后再蒸馏，纯度可达 99.7％。

10. 石油醚（petroleum）

石油醚为轻质石油产品，是低分子量烃类（主要是戊烷和己烷）的混合物。其沸程为 30～150℃，收集的温度区间一般为 30℃左右，如有 30～60℃，60～90℃，90～120℃，120～150℃等沸程规格的石油醚。石油醚中含有少量不饱和烃，沸点与烷烃相近，不能用蒸馏法分离，必要时可用浓硫酸和高锰酸钾把它除去。通常将石油醚用其体积的 1/10 的浓硫酸洗涤 2～3 次，再用 10％的浓硫酸加入高锰酸钾配成的饱和溶液洗涤，直至水层中的紫色不再消失为止；然后再用水洗，经无水氯化钙干燥后蒸馏。如需要绝对干燥的石油醚，则需加入钠丝（见无水乙醚处理）。使用石油醚作溶剂时，由于轻组分挥发快，溶解能力降低，通常在其中加入苯、氯仿、乙醚等以增加其溶解能力。

11. 吡啶（pyridine）

吡啶纯化时可用粒状氢氧化钠或氢氧化钾干燥过夜，然后进行蒸馏，即得无水吡啶。吡啶容易吸水，蒸馏时要注意防潮。

12. 四氢呋喃（tetrahydrofuran）

四氢呋喃是具有乙醚气味的无色透明液体。市售的四氢呋喃含有少量水和过氧化物（过氧化物的检验和除去方法同乙醚）。可将市售无水四氢呋喃用粒状氢氧化钾干燥，放置 1~2 天，若干燥剂变形，变为棕色糊状，说明含有较多水和过氧化物。经上述方法处理后，可用氢化铝锂（$LiAlH_4$）在隔绝潮气下回流（通常 1000mL 四氢呋喃需 2~4g 氢化铝锂），以除去其中的水和过氧化物，直至在处理过的四氢呋喃中加入钠丝和二苯酮，出现深蓝色且加热回流蓝色不褪为止。然后在氮气保护下蒸馏，收集 66~67℃的馏分。蒸馏时不宜蒸干，防止残余过氧化物爆炸。处理四氢呋喃时，应先用少量进行实验，以确定其中只有少量水和过氧化物。精制后的四氢呋喃应在氮气中保存，如需久置，应加入 0.025%的抗氧化剂 2,6-二叔丁基-4-甲基苯酚。

13. N,N-二甲基甲酰胺（N,N-dimethylformamide）

市售三级纯以上 N,N-二甲基甲酰胺含量不低于 95%，主要杂质为胺、氨、甲醛和水，在常压蒸馏会有些分解，产生二甲胺和一氧化碳，若有酸、碱存在，分解加快。

纯化方法：先用无水硫酸镁干燥 24h，再加固体氢氧化钾振摇干燥，然后减压蒸馏，收集 76℃/4.79kPa（36mmHg）的馏分。如其中含水较多时，可加入 1/10 体积的苯，常压蒸去苯、水、氨和胺，然后用硫酸镁干燥，再进行减压蒸馏。若含水量较少时（低于 0.05%），可用 4A 型分子筛干燥 12h 以上，再蒸馏。

N,N-二甲基甲酰胺见光可缓慢分解为二甲胺和甲醛，故宜避光储存。

14. 二甲亚砜（dimethylsulfoxide，DMSO）

二甲亚砜为无色、无味、微带苦味的吸湿性液体，是一种优异的非质子极性溶剂，常压下加热至沸腾可部分分解。市售试剂级二甲亚砜含水量约为 1%。纯化时，通常先减压蒸馏，然后用 4A 型分子筛干燥，或用氢化钙粉末（10g/L）搅拌 48h，再减压蒸馏，收集 64~65℃/533Pa（4mmHg）、71~72℃/2.80kPa（21mmHg）的馏分。蒸馏时，温度不宜高于 90℃，否则会发生歧化反应生成二甲砜和二甲硫醚。

二甲亚砜与某些物质（如氢化钠、高碘酸或高氯酸镁等）混合时可发生爆炸，应注意安全。

15. 二氯甲烷（dichloromethane）

二氯甲烷为无色挥发性液体，蒸气不燃烧，与空气混合也不发生爆炸，微溶于水，能与醇、醚混合。它可以代替醚作萃取溶剂用。二氯甲烷纯化可用浓硫酸振荡数次，至酸层无色为止。水洗后，用 5%的碳酸钠洗涤，然后再用水洗。用无水氯化钙干燥，蒸馏，收集 39.5~41℃的馏分。

二氯甲烷不能用金属钠干燥，因为会发生爆炸，同时注意不要在空气中久置，以免氧化，应储存于棕色瓶内。

16. 四氯化碳（tetrachloromethane）

普通四氯化碳中含二硫化碳约 4%。

纯化方法：1L 四氯化碳与由 60g 氢氧化钾溶于 60mL 水和 100mL 乙醇配成的溶液中，然后在 50~60℃剧烈振荡半小时。用水洗后，减半量重复振荡一次。分出四氯化碳，先用水洗,再用少量浓硫酸洗至无色,然后再用水洗,用无水氯化钙干燥,蒸馏即得。

四氯化碳不能用金属钠干燥,否则会发生爆炸。

17. 二氧六环(dioxane)

二氧六环又称1,4-二氧六环,与水互溶,无色,易燃,能与水形成共沸物(1,4-二氧六环含量为81.6%,沸点为87.8℃)。普通品中含有少量二乙醇缩醛与水。

纯化方法:可加入10%的浓盐酸,回流3h,同时慢慢通入氮气,以除去生成的乙醛。冷却后,加入粒状氢氧化钾直至其不再溶解;分去水层,再用粒状氢氧化钾干燥1天;过滤,在其中加入金属钠回流数小时,蒸馏。可加入钠丝保存。久储的二氧六环中可能含有过氧化物,应除去,然后再纯化处理。

18. 乙腈(acetonitrile)

乙腈是惰性溶剂,可用于反应及重结晶。乙腈与水、醇、醚可任意混溶,与水生成共沸物(含乙腈84.2%,沸点为76.7℃)。市售乙腈常含有水、不饱和腈、醛和胺等杂质,三级以上的乙腈含量应高于95%。

纯化方法:可将试剂乙腈用无水碳酸钾干燥,过滤,再与五氧化二磷(20g/L)加热回流,直至无色,用分馏柱分馏。乙腈可储存于放有分子筛(0.2nm)的棕色瓶中。乙腈有毒,常含有游离氢氰酸。

19. 苯胺(aniline)

苯胺在空气中或光照下颜色变深,应密封储存于避光处。苯胺稍溶于水,能与乙醇、氯仿和大多数有机溶剂互溶,可与酸成盐,所得苯胺盐酸盐熔点为198℃。市售苯胺可用氢氧化钾(钠)干燥。为除去苯胺中含硫的杂质,可在少量氯化锌存在下,用氮气保护,水泵减压蒸馏。

20. 苯甲醛(benzaldehyde)

苯甲醛为带有苦杏仁味的无色液体,能与乙醇、乙醚、氯仿相混溶,微溶于水。由于在空气中苯甲醛易氧化成苯甲酸,把苯甲醛溶于一定量的乙醚中,然后用Na_2CO_3溶液洗涤。洗过的有机溶液用无水Na_2SO_4干燥,然后减压除去溶剂(乙醚)。在处理过的苯甲醛中加入少量锌粉,减压蒸馏,沸点为64~65℃/1.60kPa(12mmHg)。本品有低毒,对皮肤有刺激,触及皮肤可用水洗。

21. 冰醋酸(acetic acid, glacial acetic acid)

将市售乙酸在4℃下慢慢结晶,并在冷却下迅速过滤,压干。少量水可用五氧化二磷(10g/L)回流干燥数小时除去。冰醋酸对皮肤有腐蚀作用,接触到皮肤或溅到眼睛里时,要用大量水冲洗。

22. 乙酸酐(acetic anhydride)

加入无水乙酸钠(20g/L)回流并蒸馏,乙酸酐对皮肤有严重腐蚀作用,使用时需戴防护眼镜及手套。

23. 氯化亚砜(thionyl chloride)

氯化亚砜为无色或微黄色液体,有刺激性,遇水强烈分解。工业品常含有氯化砜、一氯化硫、二氯化硫,一般需蒸馏纯化,但经常蒸馏纯化后仍有黄色。需要更高纯度的试剂时,可用喹啉和亚麻油依次重蒸纯化,但处理手续麻烦,收率低,剩余残渣难以洗净；用硫黄处理，操作较为方便，效果较好。搅拌下将硫黄（20g/L）加入亚硫酰氯中，加热，回流4.5h，用分馏柱分馏，得无色纯品。操作中要小心，本品对皮肤与眼睛有刺激性。

附录5　部分共沸混合物

附表1　二元共沸物

共沸体系	质量比	沸点/℃	共沸体系	质量比	沸点/℃	共沸体系	质量比	沸点/℃
水-苯	8.9：91.1	69.3	水-苄醇	91：9	99.9	己烷-苯	95：5	68.8
水-甲苯	19.6：81.4	84.1	水-烯丙醇	27.1：72.9	88.2	己烷-氯仿	28：72	60.8
水-乙酸乙酯	8.2：91.8	77.1	水-甲酸	22.5：77.5	107.3	丙酮-二硫化碳	34：66	39.2
水-苯甲酸乙酯	84：16	99.4	水-乙醚	1.3：98.7	34.2	丙酮-异丙醚	61：39	54.2
水-乙醇	4.5：95.5	78.1	水-三聚乙醛	30：70	91.4	丙酮-氯仿	20：80	65.5
水-正丁醇	38：62	92.4	乙酸乙酯-二硫化碳	7.3：92.7	46.1	四氯化碳-乙酸乙酯	57：43	74.8
水-叔丁醇	11.7：88.3	79.9	环己烷-苯	45：55	77.8			

附表2　三元共沸物

第一组分		第二组分		第三组分		沸点/℃
名称	质量分数/%	名称	质量分数/%	名称	质量分数/%	
水	7.8	乙醇	9.0	乙酸乙酯	83.2	70.0
水	4.3	乙醇	9.7	四氯化碳	86.0	61.8
水	7.4	乙醇	18.5	苯	74.1	64.9
水	7.0	乙醇	17.0	环己烷	76.0	62.1
水	3.5	乙醇	4.0	氯仿	92.5	55.5
水	7.5	异丙醇	18.7	苯	73.8	66.5
水	0.8	二硫化碳	75.2	丙酮	24.0	38.0

附录6　化学药品、试剂毒性分类参考举例

致癌物质	黄曲霉素B$_1$、亚硝胺、3,4-苯并芘等（以上为强致癌物质）；2-乙酰氨基酸、4-氨基联苯、联苯胺及其盐类、3,3-二氯联苯胺、4-二甲基氨基偶氮苯、1-萘胺、2-萘胺、4-硝基联苯、N-亚硝基二甲胺、β-丙内酯、4,4-亚甲基(双)-2-氯苯胺、亚乙亚胺、氯甲醚、二硝基萘、羰基镍、氯乙烯、间苯二酚、二氯甲醚
剧毒	六氯苯、羰基铁、氰化钠、氢氟酸、氯化氰、氯化汞、砷化汞、汞蒸气、砷化氢、光气、氟光气、磷化氢、三氧化二砷、有机砷化物、有机磷化物、有机氟化物、有机硼化物、铍及其化合物、丙烯酯、乙腈、氢氰酸、硝基苯
高毒	氟化钠、对二氯苯、偶氮二异丁腈、黄磷、三氯氧磷、五氯化磷、五氧化二磷、三氯甲烷、溴甲烷、三乙烯酮、氧化亚氮、铊化合物、四乙基铅、四乙基锡、三氯化锑、溴水、氯气、五氧化二钒、二氧化锰、二氯硅烷、三氯甲硅烷、苯胺、硫化氢、硼烷、氰化氢、氰乙酸、丙烯醛、乙烯酮、氰乙酰胺、碘乙酸乙酯、溴乙酸乙酯、氯乙酸乙酯、有机氰化物、芳香胺、叠氮钠、砷化钠、三氯化磷、甲基丙烯、丙酮氰醇、二氯乙烷、三氯乙烷

续表

中毒	苯、四氯化碳、三氯硝基甲烷、乙烯吡啶、三硝基甲苯、五氯酚钠、硫酸、砷化镓、丙烯酰胺、环氧乙烷、环氧氯丙烷、烯丙醇糖醛、二氯丙醇、三氟化硼、四氯化硅、硫酸镉、氯化镉、硝酸、甲醛、甲醇、肼（联氨）、二硫化碳、甲苯、二甲苯、一氧化碳、一氧化氮等
低毒	三氯化铝、钼酸胺、间苯二胺、正丁醇、叔丁醇、乙二醇、丙烯酸、甲基丙烯酸、顺丁烯二酸酐、二甲基甲酰胺、己内酰胺、亚铁氰化钾、氨及氢氧化铵、二苯甲烷、四氯化锡、氯化锗、对氯苯胺、硝基苯、三硝基甲苯、对硝基氯苯、苯乙烯、二乙烯苯、邻苯二甲酸、四氢呋喃、吡啶、三苯基磷、烷基铝、苯酚、三硝基酚、对苯二酚、丁二烯、异戊二烯、氢氧化钾、盐酸、甲酸、乙醚、丙酮、苯甲烷

附录7 实验室常见易制毒化学品

第一类	1-苯基-2-丙酮、3,4-亚甲基二氧苯基-2-丙酮、胡椒醛、黄樟素、黄樟油、异黄樟素、N-乙酰邻氨基苯酸、邻氨基苯甲酸、麦角酸①、麦角胺①、麦角新碱①、麻黄素、伪麻黄素、消旋麻黄素、去甲麻黄素、甲基麻黄素、麻黄浸膏、麻黄浸膏粉等麻黄素类物质①、N-苯乙基-4-哌啶酮、4-苯氨基-N-苯乙基哌啶、N-甲基-1-苯基-1-氯-2-丙胺
第二类	苯乙酸、乙酸酐、三氯甲烷、乙醚、哌啶、1-苯基-1-丙酮（苯丙酮）、溴素（液溴）
第三类	甲苯、丙酮、甲基乙基酮、高锰酸钾、硫酸、盐酸

① 这些品种为第一类中的药品类易制毒化学品，第一类中的药品类易制毒化学品包括原料药及其单方制剂。
注：第一类、第二类所列物质可能存在的盐类，也纳入管制。

附录8 常见有机化学实验常用名词及试剂缩写中英文对照

中文	英文	中文	英文
三口烧瓶	three-neck flask	空心塞	stopper
圆底烧瓶	round bottom boiling flask	温度计套管	thermometer adapter
梨形瓶	pear-shaped flask	抽滤瓶	filter flask
锥形瓶	erlenmeyer flask	布氏漏斗	Büchner funnel
直形冷凝管	west condenser	温度计	thermometer
空气冷凝管	air-cooled condenser	量筒	graduated cylinder
蒸馏头	distillation head	烧杯	beaker
分馏柱	fractionating column	搅拌棒	stir bar
克氏蒸馏头	claisen head	表面皿	watch glass
真空接引管	vacuum adapter	培养皿	cultural dish
U形干燥管	U-drying tube	蒸发皿	evaporation dish
分水器	trap for water	T形管	T-tube
梨形分液漏斗	pear-shaped separatory funnel	载玻片	carrier glass pellet
恒压滴液漏斗	pressure-equalized addition funnel	螺旋夹	screw clamp

续表

中文	英文	中文	英文
铁圈	metal ring	乙醇	EtOH
铁夹	metal clamp	六甲基磷酸三胺	HMPA
铁架台	metal stand	六甲基磷酰胺	HMPT
铝夹子	ordinary clamp	异丙醇	IPA
石棉网	asbestos wire gauze	酒精灯	alcohol lamp
橡胶管	rubber tube	毛细管	capillary tube
安全瓶	safety bottle	索氏提取器	Soxhelt extraction apparatus
浴液	bath liquid	真空泵	vacuum pump
干燥剂	drying agent	旋光度	optical rotation
分离纯化	isolation and purification	折射率	refractive index
乙醚	DEE	红外光谱	infrared spectroscopy
乙腈	AcCN	核磁共振谱	nuclear magnetic resonance spectroscopy
苯甲酸	BA	紫外光谱	ultra-violet spectroscopy
硝酸铈铵	CAN	质谱	mass spectroscopy
环己酮	CYC	气相色谱	gas chromatography
1,2-二溴乙烷	DBE	薄层色谱	thin layer chromatography
二环-1,8-二氮-7-壬烯	DBN	柱色谱	column chromatography
二环-1,5-二氮-5-十一烯	DBU	高效液相色谱	high pressure liquid chromatography
1,3-二环己基碳化二亚胺	DCC	升降台	laboratory jack
1,2-二氯乙烷	DCE	机械搅拌	mechanical stirring
二氯甲烷	DCM	磁力搅拌	magnetic stirring
2,3-二氯-5,6-二氰-1,4-苯醌	DDQ	吸附剂	absorbent
偶氮二甲酸二乙酯	DEAD	沸点	boiling point
二氧六环	Diox	熔点	melting point
异丙基醚	DIPE	展开剂	developer
4-二甲氨基吡啶	DMAP	洗脱	elution
碳酸二甲酯	DMC	蒸馏	distillation
乙二醇二甲醚	DME	减压蒸馏	vacuum distillation
二甲基甲酰胺	DMF	水蒸气蒸馏	steam distillation
丙酮	DMK	电泳	electrophoresis
二甲基亚砜	DMSO	酰化	acylation
双(二苯基膦基)二茂铁	dppf	酯化	esterification
1,3-双(二苯基膦基)丙烷	dppp	卤化	halogenation
乙二胺四乙酸	EDTA	水解	hydrolysis

续表

中文	英文	中文	英文
固定相	stationary phase	N-氯代丁二酰亚胺	NCS
流动相	mobile phase	雷尼镍	Ni(R)
重结晶	recrystallization	N-甲基氧化吗啉	NMO
回流	reflux	2-甲基吡咯烷酮	NMP
萃取	extraction	氯铬酸吡啶鎓盐	PCC
分液	separate	重铬酸吡啶鎓盐	PDC
过滤	filter	石油醚	PE
升华	sublimation	聚乙二醇	PEG
氢化铝锂	LAH	苯	PhH
二异丙基氨基锂	LDA	吡啶	Py
间氯过氧苯甲酸	m-CPBA	叔丁醇	TBA
乙二醇	MEG	氯仿	TCM
分子筛	MS	三乙胺	TEA
甲基叔丁基醚	MTBE	三氟乙酸	TFA
二甲硫醚	MTM	四氢呋喃	THF
正丁醇	NBA	甲苯	Tol
二环庚二烯	NBD	对甲苯磺酸	TsOH
N-溴代丁二酰亚胺	NBS	二甲苯	Xyl

参 考 文 献

[1] 汪秋安，范华芳，廖头根. 有机化学实验室技术手册. 北京：化学工业出版社，2012.
[2] 曾和平，王辉，李兴奇，等. 有机化学实验. 第4版. 北京：高等教育出版社，2014.
[3] 李霁良. 微型半微型有机化学实验. 北京：高等教育出版社，2003.
[4] 汪志勇，查正根，郑小琦. 实用有机化学实验高级教程. 北京：高等教育出版社，2016.
[5] 麦禄根，冯金城，鲁淑华. 有机合成实验. 北京：高等教育出版社，2002.
[6] 李吉海，刘金庭. 基础化学实验（Ⅱ）——有机化学实验，第2版. 北京：化学工业出版社，2010.
[7] 王清廉，李瀛，高坤，等. 有机化学实验. 第3版. 北京：高等教育出版社，2010.
[8] 高占先，于丽梅. 有机化学实验. 第5版. 北京：高等教育出版社，2016.
[9] 周峰岩，赵玉亮，周利，等. 有机化学实验. 北京：化学工业出版社，2017.
[10] 黄艳仙，黄敏. 有机化学实验. 北京：科学出版社，2016.
[11] 吉卯祉，黄家卫，胡冬华. 有机化学实验. 第4版. 北京：科学出版社，2016.
[12] 查正根，郑小琦，汪志勇. 有机化学实验. 合肥：中国科学技术大学出版社，2010.
[13] 张金桐，叶非. 实验化学. 第2版. 北京：中国农业出版社，2010.
[14] 熊万明，郭冰之. 有机化学实验. 北京：北京理工大学出版社，2017.
[15] 林璇，谭昌会，尤秀丽，等. 有机化学实验. 第2版. 厦门：厦门大学出版社，2016.
[16] 兰州大学. 有机化学实验. 第4版. 北京：高等教育出版社，2017.
[17] 刘湘，刘士荣. 有机化学实验. 第2版. 北京：化学工业出版社，2013.
[18] 徐雅琴，姜建辉，王春. 有机化学实验. 第2版. 北京：化学工业出版社，2016.
[19] 赵剑英，胡艳芳，孙桂滨，等. 有机化学实验. 第2版. 北京：化学工业出版社，2015.
[20] 初文毅，孙志忠，侯艳君. 基础有机化学实验. 北京：北京大学出版社，2016.
[21] 武汉大学化学与分子科学学院实验中心编. 有机化学实验. 第2版. 武汉：武汉大学出版社，2017.
[22] 王旭，石秀梅. 有机化学实验. 北京：中国医药科技出版社. 2013.
[23] 李兆陇，阴金香，林天舒. 有机化学实验. 北京：清华大学出版社，2001.
[24] 罗一鸣，唐瑞仁. 有机化学实验与指导. 长沙：中南大学出版社，2005.
[25] 王宁，李兆楼. 有机化学实验. 北京：化学工业出版社，2013.
[26] 张奇涵，关烨第，关玲，等. 有机化学实验. 第3版. 北京：北京大学出版社，2015.
[27] 吴景梅，王传虎. 有机化学实验. 合肥：安徽大学出版社，2016.
[28] 张锁秦，张广良，宋志光，等. 基础化学实验有机化学实验分册. 第2版. 北京：高等教育出版社，2017.
[29] 孙才英，于朝生. 有机化学实验. 哈尔滨：东北林业大学出版社，2012.
[30] 刘华，胡冬华，金永生，等. 有机化学实验教程. 北京：清华大学出版社，2015.
[31] 胡昱，吕小兰，戴延凤，等. 有机化学实验. 北京：化学工业出版社，2012.
[32] 廖蓉苏，丁来欣，李进民，等. 有机化学实验. 北京：中国林业出版社，2004.
[33] 胡春. 有机化学实验. 北京：中国医药科技出版社，2007.
[34] 龙盛京. 有机化学实验教程. 北京：高等教育出版社，2007.